供电企业业扩报装业务

岗位技能培训教材

国网冀北电力有限公司 编

U0381673

中国电力出版社
CHINA ELECTRIC POWER PRESS

图书在版编目（CIP）数据

供电企业业扩报装业务岗位技能培训教材 / 国网冀北电力有限公司编. —北京：中国电力出版社，2020.8
（2021.9重印）
　ISBN 978-7-5198-4774-6

　Ⅰ．①供…　Ⅱ．①国…　Ⅲ．①用电管理–技术培训–教材　Ⅳ．①TM92

　中国版本图书馆 CIP 数据核字（2020）第 121077 号

出版发行：中国电力出版社
地　　址：北京市东城区北京站西街 19 号（邮政编码 100005）
网　　址：http://www.cepp.sgcc.com.cn
责任编辑：周天琦（010-63412243）
责任校对：王小鹏
装帧设计：郝晓燕
责任印制：钱兴根

印　　刷：三河市百盛印装有限公司
版　　次：2020 年 8 月第一版
印　　次：2021 年 9 月北京第二次印刷
开　　本：787 毫米×1092 毫米　16 开本
印　　张：17.75
字　　数：437 千字
定　　价：63.00 元

版 权 专 有　侵 权 必 究

本书如有印装质量问题，我社营销中心负责退换

编 委 会

主　任　杨　威

副主任　杨振琦　马鲁晋

委　员　李　颖　陈宏伟　曹敬立　徐　斌　赵树志

　　　　杜　杰　周树刚　段丽荣　刘　岩　周辛南

　　　　张陆军　刘　倩　岳静媛　李　楠　李连浩

　　　　黎　明　石会英　李　超　岳金燕　丁慧靓

　　　　路　俊　张　磊

主　编　刘　岩　李连浩

副主编　姜　磊　赵　楠　马莉娜　王　靓　刘衡佳

编　委　宿　月　赵　卜　赵海初　劳天浩　刘杨洋

　　　　方世杰　李荣盛　马　骁　张　悦　宋琦楠

　　　　黄伟光　张立伟

前言
Preface

 为适应当前形势，提升企业内部培训效益，培养符合智能电网建设要求的优质人才，优化电力营销业扩服务，由国网冀北电力有限公司组织，国网冀北电力有限公司承德供电公司主编《供电企业业扩报装业务岗位技能培训教材》。本书将"以现场需求为导向，以提高技能为核心"的指导思想，在全面调研和分析研究的基础上，结合承德供电公司的培训经验及业务现状，力求从实用角度出发，提高职工解决实际问题的能力。

 本书涵盖基础知识、业扩报装、变更用电、客户档案、电能计量、电价电费、用电检查、优质服务以及电力营商环境等内容，四个基本要求：一是突出业扩报装岗位专业性特点，体现承德特色，反映新趋势、新政策、新规范；二是涵盖业扩报装岗位的主要内容，适当补充相关内容；三是以承德业扩报装岗位员工实际需求为出发点；四是注意教材的科学性、合理性，保证教材结构设计合理，章节内在逻辑联系紧密，内容详略得当，定义准确清晰。

 由于编者自身认识水平以及编写时间仓促，本书难免存在疏漏，恳请各位专家和读者批评指正。

编 者

2019 年 9 月

目录
Contents

第一章 基 础 知 识

●目的和要求

1. 了解电流、电压、电阻等基本电路参数
2. 理解基尔霍夫定律
3. 了解单相交流电路和三相交流电路的区别
4. 了解对称三相电路的功率计算
5. 了解特殊不对称三相电路的功率计算
6. 了解安全工器具的使用方法和注意事项

第一节 概 述

一、电路、电路组成及各部分的作用

1. 电路及电路组成

电路是为了获得电流而将各种电气设备和元件按照一定连接方式构成的电流通路。在电路中由一个或几个元件首尾相接构成的一段无分支电路称为支路，在同一支路内，流过所有元件的电流相等，有三条或三条以上支路的连接点称为节点。电路中的任意一个闭合路径称为回路。任何一个完整的实际电路，不论其结构和作用如何，通常总是由电源、负载、开关和导线等组成的。

2. 电路各部分的作用

电路中电源是电路的能源，其作用是将各种形式的能量转换为电能。负载是用电的设备，其作用是将电能转换为其他形式的能量。导线是用来连接电源和负载的。开关是控制电路接通和断开的装置。

二、电路的工作状态

有电流通过的电路称为闭路或通路，处于通路状态的各种电气设备的电压、电流、功率等数值不能超过其额定值；电源和负载未接成闭合电路称为断路或开路，此时电路没有电流；电源未经负载而直接由导线（导体）构成的通路称为短路，此时电源的端电压 $U=0$，而电流很大。

第二节 电 路 基 本 定 律

一、基本概念

1. 电流

单位时间内通过导体任一横截面的电量称为电流强度，简称电流。电流通常用字母 I 表示，国际制单位为安培，简称安，符号为 A，也指电荷在导体中的定向移动。获得电流需满足以下两个条件：

（1）电路中保持有恒定的电动势（电流场）。

（2）闭合电路，即电路连接好，闭合开关，电路处处相通（称为通路）。

用 Δt 表示时间，单位为秒，以 ΔQ 表示该时间内通过导体横截面的电荷量，单位为库仑，那么电流的定义公式为 $i = \dfrac{\Delta Q}{\Delta t}$。

用 U 表示电压，R 表示电阻，那么电流的计算式为 $I = \dfrac{U}{R}$。

注意：物理上规定电流的方向是正电荷定向运动的方向，电流运动的方向与电子运动的方向相反。

2. 电压

电压，也称为电势差或电位差，是衡量单位电荷在静电场中由于电势不同所产生的能量差的物理量，即电场力将单位正电荷从电场中某点经任意路径移到另一点所做的功。

电压通常用 U 表示，国际制单位为伏特，简称伏，符号为 V。电荷 q 在电场中从 A 点移动到 B 点，电场力所做的功 W_{AB} 与电荷量 q 的比值称为 A、B 两点间的电势差，用 U_{AB} 来表示，则 $U_{AB} = \dfrac{W_{AB}}{q}$。

3. 电阻

电阻表示导体对电流阻碍作用的大小，由导体两端电压 U 与通过导体的电流 I 的比值来定义。电阻通常用 R 表示，国际制单位为欧姆，简称欧，符号为 Ω。

根据定义，电阻的定义式为 $R = \dfrac{U}{I}$。电阻率是描述导体导电性能的参数。对于由某种材料制成的柱形均匀导体，其电阻 R 与长度 L 成正比，与电阻率 ρ 成正比，与横截面积 S 成反比，即 $R = \rho \dfrac{L}{S}$。

4. 电源与电动势

衡量电源的电源力大小及其方向的物理量称为电源的电动势，即衡量电源转换能量本领大小的物理量，区别于电压。它在数值上等于电源内部非静电力移送单位正电荷从负极到正极所做的功，其大小只取决于电源本身，与外电路无关。

电动势通常用符号 E 或 $e(t)$ 表示，E 表示大小与方向都恒定的电动势（即直流电源的电动势），$e(t)$ 表示大小与方向随时间变化的电动势（即交流电源的电动势），也可简记为 e。电动势的国际单位为伏特，简称伏，符号为 V。用 W 表示电源中非静电力把正电荷量 q 从负极经过电源内部移送到电源正极所做的功，则电动势的计算公式为 $E=\dfrac{W}{q}$。

注意：电动势的方向规定为从电源负极经过电源内部指向电源正极，即与电源两端电压的方向相反。

二、闭合电路的欧姆定律

在外电路为纯电阻的闭合电路中，电流的大小与电源的电动势成正比，与内、外电阻之和成反比，即 $I=\dfrac{E}{R+r}$。其中 E 表示电源的电动势；R 表示外电阻；r 表示内电阻。

外电路两端电压 $U=RI=E-rI=\dfrac{R}{R+r}E$。显然，外电阻 R 值越大，其两端电压 U 也越大；当 $R\gg r$ 时（相当于开路），$U=E$；当 $R\ll r$ 时（相当于与短路），$U=0$；此时一般情况下的电流很大，电源易烧毁。

三、基尔霍夫定律相关概念

基尔霍夫定律是分析与计算电路的基本定律。基尔霍夫第一定律是电流定律，应用于节点；基尔霍夫第二定律是电压定律，应用于回路。如图 1-1 所示，相关概念定义如下。

支路：电路中的每一分支称为支路，图 1-1 中所示电路中共有六条支路，每条支路中电流正方向如图 1-1 所示。

节点：三条或三条以上支路的连接点称为节点，如图 1-1 中的 A、B、C、D 都是节点。

回路：有一条或多条支路组成的闭合电路称为回路。图 1-1 中 $ABDA$、$ABCDA$ 和 $ABCA$ 都是回路，也可用回路 Ⅰ、回路 Ⅱ 和回路 Ⅲ 表示。

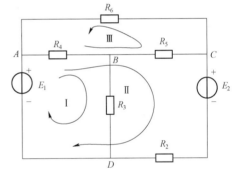

图 1-1　基尔霍夫定律电路图及对应的
电流正向示意图

四、基尔霍夫电流定律

基尔霍夫电流定律（kirchhoff's current laws，KCL）反映电路中任一节点各支路电流之间的关系。该定律可以描述为：在任一瞬间，通过电路中任一节点的各支路电流的代数和恒等于 0，即 $\sum I=0$。

该电流定律应用于电路中某一节点时，必须首先假定支路电流的参考方向，当假定流出节点的电流为负时，则流入该节点的电流为正。这里的流入与流出都是相对于参考方向而言的，因此可得 $\sum I_{入}=\sum I_{出}$。因此，基尔霍夫电流定律可以描述为：在任一瞬间，流入某一节点的电流之和应该等于流出该节点的电流之和。

五、基尔霍夫电压定律

基尔霍夫电压定律（kirchhoff voltage laws，KVL）用来确定任一闭合回路中各支路电压之间的关系。回路是由若干支路组成的闭合路径。该定律可表述为：在任一瞬时，电路中任一回路沿循行方向的各段电压的代数和等于零，即 $\sum U=0$。也可表述为：在任一瞬时，电路中任一回路沿循行方向的电源电动势 U_S 的代数和等于电阻压降 RI 的代数和，即 $\sum U_S=\sum RI$。

该定律用于电路的某一回路时，必须首先假定各支路电压的参考方向，并指定回路的运行方向（顺时针或逆时针），当支路电压的参考方向与回路运行方向一致时取"＋"号，相反时取"－"号。

基尔霍夫电压定律反映了电路中任一回路各支路电压必须服从的约束关系，而与构成回路的各支路上是什么元件无关。基尔霍夫电压定律既适用于闭合回路，又适用于部分开口电路（也称虚拟回路），而不论该虚拟回路中实际的电路元件是否存在。这就是说，电路中任一虚拟回路各电压的代数和恒等于零。

应该指出的是，基尔霍夫两大定律具有普遍性，不仅适用于直流电阻电路，还适用于由各种元件构成的直流和交流电路。

第三节　单相交流电路

在单相交流电路中可以有若干个独立的交流电源，它们必须是同频率的正弦量，涉及的无源元件有电阻、电感和电容。

在现代工农业生产及日常生活中，绝大多数应用交流电。交流电被广泛采用的主要原因有以下两点：① 交流电压易于升高和降低，便于高压输送和低压使用；② 交流电动机比直流电动机性能优越、使用方便。因而，发电厂发的电都是交流电，即使在需要直流电的地方，往往也是将交流电通过整流设备变换为直流电。

一、正弦交流电的基本概念

正弦交流电是指电流、电压和电动势的瞬时值可用三角函数式 $i = I_m \sin(\omega t + \psi)$ 表示的电流。交流电路电流、电压、电动势的大小、方向都随时间作周期性变化。

1. 正弦交流电的三大要素

I_m、ω、ψ 合称为正弦量的三要素。I_m 为幅值，决定正弦量的大小；ω 为频率，决定正弦量变化的快慢；ψ 为初相角，决定正弦量的起始位置。

（1）频率与周期。

周期：交流电变化一周所需要的时间，即正弦量变化一次所需的时间，符号为 T，单位为秒，记作 s。

频率：每秒变化的次数，符号为 f，单位为赫兹，记作 Hz。根据定义有 $f = \dfrac{1}{T}$。我国的电网频率是 50Hz，美国、日本的电网频率是 60Hz，称为工频。

角频率：正弦量变化的快慢，符号为 ω，单位为弧度/秒，记作 rad/s。根据定义有 $\omega = \dfrac{2\pi}{T} = 2\pi f$。

（2）幅值与有效值。

瞬时值：正弦量在任一瞬间的值，用小写字母表示，如 e、i、u。

幅值或最大值：瞬时值中最大的值，如 E_m、I_m、U_m。正弦交流电电流的表达式为 $i = I_m \sin \omega t$。

有效值：由电流热效应的定义可知，在同一周期时间内，若正弦交流电流 i 和直流交流电流 I 对同一电阻产生的热量相等，就用 I 表示 i 的有效值。

由热量相同，结合积分和 $i = I_m \sin \omega t$，推导可得 $I = \dfrac{I_m}{\sqrt{2}}$，同理可得 $U = \dfrac{U_m}{\sqrt{2}}$、$E = \dfrac{E_m}{\sqrt{2}}$。

说明或计量交流电时，一般不采用幅值或瞬时值，而采用有效值，也用有效值反映正弦量的大小，如民用电的 220V 和工业用电的 380V。

（3）相位及初相位。

公式中的 $(\omega t + \psi)$ 即为正弦电流的相位，$t = 0$ 时的相位为初相位，即 ψ 为初相位（后续根据实际应用决定是否再深入）。

2. 同频率正向量的相位差

相位差：同频率的两个正弦量的初相位角之差，记作 φ。

对于

$$\begin{cases} a = A_m \sin(\omega t + \psi_1) \\ i = I_m \sin(\omega t + \psi_2) \end{cases}$$

定义相位差

$$\varphi = \psi_1 - \psi_2 (-180° < \varphi \leqslant 180°)$$

（1）当 $\varphi > 0$ 时，称 a 比 i 越前 φ 角。

（2）当 $\varphi < 0$ 时，称 a 比 i 滞后 φ 角。

（3）当 $\varphi = 0$ 时，称 a 与 i 同相。

（4）当 $\varphi = 180°$ 时，称 a 与 i 反相或相差 $180°$。

二、正弦量的参考方向与实际方向

正弦交流电的电流、电压、电动势的大小、方向都随时间作周期性变化。若规定电路中顺时针为参考方向，则正弦波中正半周的电流实际方向为顺时针方向，负半周的电流实际方向为逆时针方向。

三、正弦交流电的特点

（1）使用广泛，包括电厂供电、生活用电、工业用电等。

（2）理论上，正弦函数经过四则运算法则、微分、积分后仍是正弦函数。

（3）正弦函数是基础，其他非正弦函数可通过傅里叶变换分解成不同频率的正弦量。

四、单一参数的正弦交流电路

1. 电阻元件的正弦交流电路

（1）电流与电压。

电流：$i = I_m \sin \omega t$。

瞬时值：$u = Ri = RI_m \sin \omega t = U_m \sin \omega t$（$u$ 与 i 同频且同相）。

幅值：$U_m = RI_m$ 或 $U = RI$。

（2）功率。

瞬时功率：u 与 i 的乘积，用 p 表示，则

$$p = ui = U_m I_m \sin^2 \omega t = \frac{U_m I_m}{2}(1 - \cos 2\omega t) = UI(1 - \cos 2\omega t)$$

平均功率：在一个周期内电路消耗电能的平均速率，即瞬时功率的平均值，记作 P。

$$P = \frac{1}{T}\int_0^T p \, \mathrm{d}t = \frac{1}{T}\int_0^T UI(1 - \cos 2\omega t) \mathrm{d}t = UI = I^2 R = \frac{U^2}{R}$$

（3）电能。

$$W = P\Delta t$$

2. 电感元件的正弦交流电路

（1）电流与电压。

电流：$i = I_m \sin \omega t$。

瞬时值：$u = L\dfrac{\mathrm{d}i}{\mathrm{d}t} = I_m \omega L \cos \omega t = U_m \sin(\omega t + 90°)$（$u$ 与 i 同频且超前 90°）。

幅值：$U_m = I_m \omega L$，$\dfrac{U}{I} = \omega L = X_L$（$X_L$ 为感抗，单位为 Ω）。

（2）功率。

瞬时功率：

$$p = ui = U_m I_m \sin(\omega t + 90°)\sin \omega t = UI \sin 2\omega t$$

当 u 与 i 同号时，$p \geqslant 0$，取用功率，磁场能增加；

当 u 与 i 异号时，$p \leqslant 0$，发出功率，磁场能减少。

平均功率：

$$P = \frac{1}{T}\int_0^T p\mathrm{d}t = \frac{1}{T}\int_0^T ui\mathrm{d}t = \frac{1}{T}\int_0^T UI \sin 2\omega t\mathrm{d}t = 0$$

电感元件正弦交流电路的平均功率（有功功率）表明：电感元件的正弦交流电路没有能量损耗，只与电源间进行能量交换，用无功功率 Q 来衡量瞬时功率的幅值：

$$Q_L = UI = I^2 X_L = \frac{U^2}{X_L} \quad （单位：乏，记作 \text{var}）$$

3. 电容元件的正弦交流电路

（1）电流与电压。

电压：$u = U_m \sin(\omega t - 90°)$。

瞬时值：$i = C\dfrac{\mathrm{d}u}{\mathrm{d}t} = U_m \omega C \sin \omega t = I_m \sin \omega t$（$u$ 与 i 同频且 i 比 u 超前 90°；规定 u 比 i 超前时，φ 为正）。

幅值：$I_m = U_m \omega C$，即 $\dfrac{U_m}{I_m} = \dfrac{U}{I} = \dfrac{1}{\omega C} = X_C$（$X_C$ 为容抗，单位为 Ω）。

当 U 和 C 一定时，$X_C = \dfrac{1}{\omega C} = \dfrac{1}{2\pi f C}$，$I = \dfrac{U}{X_C} = 2\pi f C U$。$X_C$ 与 f 成反比；I 与 f 成正比。

（2）功率。

瞬时功率：

$$p = ui = U_m I_m \sin(\omega t - 90°)\sin \omega t = -U_m I_m \sin \omega t \cos \omega t = -UI \sin 2\omega t$$

当 u 与 i 同号时，$p \geqslant 0$，电容充电，取用功率，电场能增加；

当 u 与 i 异号时，$p \leqslant 0$，电容放电，发出功率，电能减少。

平均功率：

$$P = \frac{1}{T}\int_0^T p\mathrm{d}t = \frac{1}{T}\int_0^T UI \sin 2\omega t\mathrm{d}t = 0$$

电容元件正弦交流电路的平均功率（有功功率）表明：电容元件的正弦交流电路没有能

量损耗，只与电源间进行能量交换，用无功功率 Q_C 来衡量：

$$Q_C = -UI = -I^2X_C = -\frac{U^2}{X_C}\ \text{（电容性无功功率取负值）}$$

功率表见表 1-1。

表 1-1 功 率 表

参数	阻抗	瞬时值	幅值式	功率
R	R	$u = Ri$	$U = RI$	$P = UI$ $Q = 0$
L	jX_C	$u = L\dfrac{\mathrm{d}i}{\mathrm{d}t}$	$U_m = I_m\omega L$	$P = 0$ $Q = UI = I^2X_L$
C	$-jX_C$	$i = C\dfrac{\mathrm{d}u}{\mathrm{d}t}$	$I_m = U_m\omega C$	$P = 0$ $Q = UI = I^2X_L$

五、串联正弦交流电路

1. 电阻与电感串联的交流电路

在实际应用中，单一元件的交流电路并不多见。以日
光灯为例，由于灯管和整流器是不同的负载，虽然同一电
流流过电阻和电感，但它们产生的电压降 U_R 和 U_L 的相位
是不同的。$\dot{I}$ 和 U_R 是相位相同，$\dot{I}$ 滞后 $U_L90°$，如图 1-2
所示。$\dot{U}_R$ 和 $\dot{U}_L$ 不能直接相加，U_R、U_L 和 U 构成直角三
角形，可根据勾股定律得

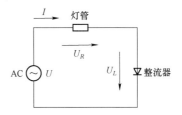

图 1-2 电阻与电感串联的交流电路

$$U = \sqrt{U_R^2 + U_L^2} = \sqrt{(IR)^2 + (IX_L)^2} = IZ$$

其中 $Z = \sqrt{R^2 + X_L^2}$ 称为阻抗，单位为欧姆。因此，交流电路的欧姆定律也可表述为
$I = \dfrac{U}{Z}$。

将电压三角形的每边除以 I，得到"阻抗三角形"；将电压三角形的每边乘以 I，得到"功
率三角形"，如图 1-3 所示。

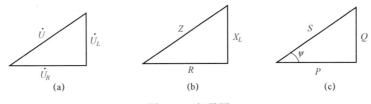

图 1-3 相量图

（a）电压三角形；（b）阻抗三角形；（c）功率三角形

2. 电阻、电感、电容串联的交流电路

电流与电压的瞬时关系：

$$u = u_R + u_L + u_C = iR + L\frac{\mathrm{d}i}{\mathrm{d}t} + \frac{1}{C}\int i\,\mathrm{d}t$$

若 $i = \sqrt{2}I\sin\omega t$，则

$$u = \sqrt{2}IR\sin\omega t + \sqrt{2}IX_L\sin(\omega t + 90°) + \sqrt{2}IX_C\sin(\omega t - 90°)$$
$$= \sqrt{2}U\sin(\omega t + \varphi)$$

其中：$U = I|Z|$，$|Z| = \sqrt{R^2 + (X_L - X_C)^2}$，$\varphi = \arctan\dfrac{X_L - X_C}{R}$。

综上所述，向量法分析正弦稳态电路的步骤

（1）变时域电路为频域模型；

（2）在频域用相量法求解相量响应；

（3）变频域响应为时域响应。

六、正弦交流电路的谐振

在一般情况下，含有电感和电容的交流电路，其端电压和电流是有相位差的。但在一定的条件下，端电压和电流可能出现同相位的现象，称为电路发生谐振。谐振在电信工程中有着广泛的应用，但在有些场合也可能造成某种危害，因此研究谐振有着重要的实用意义。

1. 串联谐振电路

在 RLC 串联电路中，当电路总电压与电流同相时，电路呈纯阻性，称为串联谐振。串联谐振的条件是电路的感抗与容抗相等。谐振的角频率表达式为

$$\omega_0 = 2\pi f_0 = \frac{1}{\sqrt{LC}} \text{ 或 } f_0 = \frac{1}{2\pi\sqrt{LC}}$$

串联谐振时，电路阻抗最小，电路中电流最大，并与电压同相，电阻两端电压等于总电压，电感与电容两端的电压相等，相位相反，且为总电压的 Q 倍（品质因数 Q）。电感和电容元件两端可能会产生过电压。

2. 并联谐振电路

感性负载与电容并联的电路呈现阻性，即电路的总电流和端电压同相，称为并联谐振。并联谐振的条件是电流的感性无功分量与容性无功分量相等。一般情况下，谐振的角频率表达式为

$$\omega_0 = \frac{1}{\sqrt{LC}} \text{ 或 } f_0 = \frac{1}{2\pi\sqrt{LC}}$$

并联谐振时，电路阻抗最大，总电流最小。谐振时两支路可能产生过电流。

为了提高谐振电路的选择性，常常需要较高的品质因数 Q 值。当信号源内阻较小时，可采用串联谐振电路。如信号源内阻很大，采用串联谐振，Q 值就很低，选择性会明显变坏，这种情况下，可采用并联谐振电路。

第四节 三相交流电路

一、三相交流电路的工作原理

三相电路是一种特殊的交流电路，是由三相电源供电的电路。正弦交流电路的分析方法

对三相电路完全适用。由于三相电路的对称性，可采用一相电路进行分析，以简化计算。

三相交流发电机的线圈在磁场中旋转时，导线切割磁力线会产生感应电动势，它的变化规律可用正弦曲线表示。如果取三个线圈，使相邻线圈在空间位置上相差 120° 角，三个线圈在磁场中以相同速度旋转，一定会感应出三个频率相同的感应电动势。由于三个线圈在空间位置上相差 120° 角，产生的电流也是三相正弦变化，称为三相正弦交流电。工业设备许多地方采用三相供电，如三相交流电动机等。

三相电源中各相电压超前或滞后的排列次序称为相序。若 a 相电压超前 b 相电压，b 相电压又超前 c 相电压，这样的相序是 a—b—c 相序，称为正序；反之，若是 c—b—a 相序，则称为负序（又称逆序）。三相电动机在正序电压供电时正转，改成负序电压供电则反转。因此，使用三相电源时必须注意它的相序。但是，许多需要正反转的生产设备可利用改变相序来实现三相电动机正反转控制。

实际中，电力系统所采用的供电方式绝大多数属于三相制，其中有三相三线制、三相四线制。日常用电取自三相制中的一相。三相制相对于单相制在发电、输电、用电方面有很多优点，主要有：① 三相发电机比单相发电机输出功率高；② 在相同条件下（输电距离、功率、电压和损失）三相供电比单相供电经济；③ 三相电路的瞬时功率是一个常数，对三相电动机来说，意味着产生机接转矩均匀，电机振动小；④ 三相制设备（三相异步电动机、三相变压器）简单，易于制造，工作经济、可靠等。

二、三相交流电路的连接方式

1. 三相电源的星形和三角形连接

如果将三相交流电源的每一相用两根导线和负载连接起来，则组成三个互不相关的电路，如图 1-4 所示。这种连接需要用六根导线来输电，是很不经济的。因此，实际上都是采用星形（Y）或者三角形（△）的连接方式。

把三相电源的三个线圈的末端（U_2、V_2、W_2）连接在一起，从三个始端（U_1、V_1、W_1）分别引出导线。这种连接方式称为星形连接，如图 1-5 所示。三个末端的连接点称为中性点。

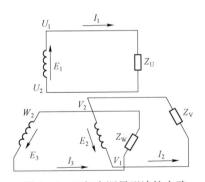

图 1-4 三相电源星形连接电路

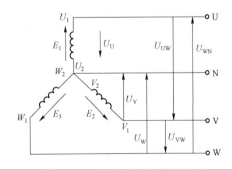

图 1-5 三相电源星形连接要素

由中性点引出的导线称为中性线（即图中的 N 线），当中性点接地时，由中性点引出的线称为中性线（俗称零线）。由线圈始端（U_1、V_1、W_1）分别引出的三条导线称为相线（俗称火线）。

2. 相电压、线电压

这样的连接方式，在导线间存在着两种电压：相电压和线电压。每根相线和中性线的电压称为相电压，它们的有效值分别用 U_U、U_V、U_W 表示；各相线间的电压称为线电压，它们的有效值分别用 U_{UV}、U_{UW}、U_{WU} 表示。

相电压与线电压的关系：三相电源星形（Y）连接时，电压的相量图如图 1-6 所示。从相量图可以看出：线电压和相电压间的数值关系可由等腰三角形求得。U、V 间线电压：

$$U_{UV} = 2 \times U_U \times \cos 30° = 2 \times U_U \times \frac{\sqrt{3}}{2} = \sqrt{3} U_U$$

同理，V、W 间线电压：$U_{VW} = \sqrt{3} U_V$；W、U 间线电压：$U_{WU} = \sqrt{3} U_W$。

即 $U_l = \sqrt{3} U_{ph}$（U_l 表示线电压，U_{ph} 表示相电压）。

因此，三相电源星形连接时，线电压 U_l 为相电压 U_{ph} 的 $\sqrt{3}$ 倍，约为 1.73 倍。所以大家有时候会听说 380V 的电压，它是怎么来的呢？我们都知道普通家用电压是 220V，这个电压是相电压（就是相线与中性线的电压），当把相线与另一条相线（而不是中性线）连接时，即可输出 380V 的电压。

3. 三相电源的三角形连接

三相电源的三角形连接是指，将三相电源的三个线圈，以一个线圈的末端和相邻一相线圈的始端按顺序连接起来，形成一个三角形回路，再从三个连接点引出三根导线与负载相连，如图 1-7 所示。

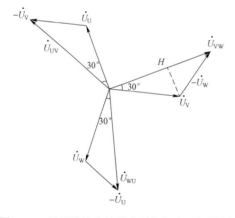

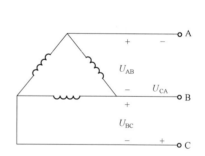

图 1-6 星形连接中的线电压与相电压相量图　　图 1-7 三相电源三角形连接

从图 1-7 中可知，电源连接成三角形时线电压与相电压的关系为：线电压 U_l 等于相电压 U_{ph}，即 $U_l = U_{ph}$（与星形连接中的相电压、线电压关系不同）。

通常，发电机都连接成星形（Y）。三相变压器对于用户来说也相当于电源，它有连接成星形的，也有连接成三角形的。

三相电路负载的星形与三角形连接如下。

（1）星形连接（Y 连接）。星形连接（Y）的三相电路，可分为三相四线制（有中性线的，如图 1-8 所示，U、V、W 点是相线，N 点是中性线）和三相三线制（没有中性线的）。

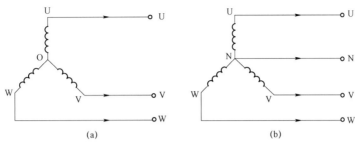

图 1-8　三相三线制与三相四线制

（a）三相三线制；（b）三相四线制

相电压与线电压的电流关系：电路中每根相线中的电流称为线电流，分别用 I_U、I_V、I_W 表示，由图可以得知，负载作星形连接时，每相负载中的电流（相电流）I_{ph} 也就是线电流 I_l。负载上的线电压 U_l 为相电压 U_{ph} 的 $\sqrt{3}$ 倍，约为 1.73 倍，即 $I_{ph}=I_l$，$U_l=\sqrt{3}U_{ph}$。

中性线的作用：当三相负载对称（即各相负载大小相等，阻抗角相等）时，在任何瞬间三个线电流的总和为零，也就是通过中性线的电流为零。既然中性线上没有电流，那么此时中性线毫无作用，是多余的，可以省去。例如，向三相电动机或三相电炉供电时，可以采用三相三线制供电。

但是常见的是用到中性线的三相四线制供电方式，这是因为除了对称的三相负载外，还有单相负载（如单相电动机、单相电炉和照明等）。使用时如各相的负载不对称，各相电流大小就不一样，这就需要用中性线作为各相负载的公共回路，所以中性线上就有电流。

中性线的作用是，在负载变动时能使各负载两端的电压变动很小，且各相负载的相电压基本保持对称。

在不对称的三相供电系统中，中性线是非常重要的。在中性线上不得断开或接入熔断器、开关等。假如中性线断开了，各相负载会造成三相相电压不对称，有的相电压显著升高，有的相电压降低，容易损坏电气设备。

中性线上有了电流，对地就有一定电压。为了安全起见，常采用中性线接地，并在用户负载处将中性线再接地，称为重复接地。

（2）三角形连接。负载作三角形连接的三相电路，如图 1-9 所示。三角形连接一般用于三相负载对称的情况下，如绕组为三角形接法的电动机、三角形接法的三相电路和变压器原边或副边绕组的三角形连接。

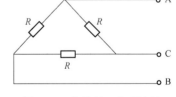

图 1-9　负载的三角形连接

在三角形连接的三相电路中，负载的相电压 U_{ph} 等于线路上的线电压 U_l，即 $U_l=U_{ph}$。

当三角形连接的负载对称时，三相负载中的相电流 I_{ph} 和线路中线电流 I_l 的相量图如图 1-10 所示。线电流 I_l 和相电流 I_{ph} 之间的大小关系为 $I_l=2\times I_{ph}\cos 30°=\sqrt{3}I_{ph}$。

（3）三相电流负载星形与三角形连接的选择。在对称三相电路中，究竟是采用星形接法还是三角形接法，要根据各相负载额定电压与电源线电流的大小而定。如果各相负载的额定电压等于电源线电压的 $\dfrac{\sqrt{3}}{3}$，也就是说线电压等于额定电压的 $\sqrt{3}$ 倍，则负载的连接应采用星形接法。如果各相负载的额定电压等于电源的线电压，则负载应采用三角形接法。如有一台

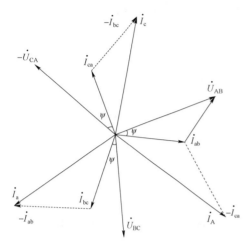

图 1-10　三角形连接电流相量图

电动机（三相电动机）铭牌上的额定电压为 380V，与电源的线电压相等，则应采用三角形连接。

4. 不同连接方式下线向量与相向量的关系

（1）三角形连接：相电流对称，则线电流也对称；线电流大小等于相电流的 $\sqrt{3}$ 倍；线电流相位滞后相电流 30°。

（2）星形连接：相电压对称，则线电压也对称；线电压大小等于相电压的 $\sqrt{3}$ 倍；线电压相位越前其关联两相的领先相电压 30°；线电流与对应相电流相等。

三、三相电路的功率计算

1. 三相电路的功率

在三相电路中，三相负载吸收的有功功率等于各相有功功率之和，即

$$P = P_U + P_V + P_W = U_U I_U \cos\varphi_U + U_V I_V \cos\varphi_V + U_W I_W \cos\varphi_W$$

式中，U_U、U_V、U_W 为各相电压；I_U、I_V、I_W 为各相电流；φ_U、φ_V、φ_W 为各相电压和电流之间的相位差。

同理，三相无功功率为各相无功功率之和。

在三相电路中，规定三相视在功率为

$$S = \sqrt{P^2 + Q^2}$$

三相负载的功率因数为

$$\lambda = \cos\varphi = P / S$$

2. 对称三相电路的功率

在对称三相电路中，各相电压、相电流和相位差都相等。即 $U_U = U_V = U_W = U_{ph}$，$I_U = I_V = I_W = I_{ph}$，$\varphi_U = \varphi_V = \varphi_W = \varphi$，因而对称三相电路的有功功率可表示为

$$P = 3U_{ph} I_{ph} \cos\varphi$$

因为实际测量的都是线电压 U_1 和线电流，三相设备铭牌上标明的额定值也是线电压或线电流。在对称三相电路中，不论负载是星形连接还是三角形连接，三相负载的有功功率、无功功率、视在功率、功率因数的表达式分别为

$$P = 3U_{ph} I_{ph} \cos\varphi \text{ 或 } P = \sqrt{3} U_1 I_1 \cos\varphi$$

$$Q = 3U_{ph} I_{ph} \sin\varphi \text{ 或 } Q = \sqrt{3} U_1 I_1 \sin\varphi$$

$$S = 3U_{ph} I_{ph} \text{ 或 } S = \sqrt{3} U_1 I_1$$

$$\lambda = \cos\varphi$$

四、对称三相电路的分析计算

对称三相电路是由对称三相电源和对称三相负载组成的电路。由于三相电源和三相负载都可以接成星形和三角形，三相电源与三相负载之间的连接有四种方式。其中 Yy 接法是典

型的三相电路。

负载和电源都是星形连接的电路，又可分为两种情况，即三相四线制和三相三线制。

在三相四线制中，由于有中性线的存在，对于其中每一相来说就是一个单相电路。各相电流对称，且与相电压间的数量关系及相位的关系表达式为

$$I_{\text{Yph}} = \frac{U_{\text{Yph}}}{Z_{\text{Yph}}}$$

$$\varphi = \arctan \frac{X}{R}$$

式中，Z_{Yph} 为星形连接时各相负载的阻抗值；R 为负载的电阻；X 为负载的电抗；φ 为各相负载电流与电压的相位差，即负载的阻抗角；I_{Yph} 为星形连接时各相电流的有效值；U_{Yph} 为星形连接时各相电压的有效值。

根据 KCL 可知：$\dot{I}_{\text{N}} = \dot{I}_{\text{U}} + \dot{I}_{\text{V}} + \dot{I}_{\text{W}} = 0$。

在这种情况下，中性线电流为零，因此取消中性线也不影响三相电路的工作，三相四线制就变成了三相三线制。

负载三角形连接时，若三相负载对称，则各相的电流也对称。各相电流的有效表达式为

$$I_{\triangle\text{ph}} = \frac{U_{\triangle\text{ph}}}{Z_{\triangle\text{ph}}}$$

式中，$I_{\triangle\text{ph}}$ 为三角形连接时各相电流有效值；$U_{\triangle\text{ph}}$ 为三角形连接时各相电压有效值；$Z_{\triangle\text{ph}}$ 为连接时各相负载阻抗值。

因此，不论负载以何种方式连接，其基本计算公式都是一样的。

五、特殊的不对称三相电路的分析计算

当电源三相电动势或电压不对称，或者负载各相的阻抗不相等时，各相电流一般也不对称，这种电路称为不对称三相电路。一般情况下电源的三相电动势是对称的，故本节只讨论三相负载不对称电路的分析方法。

1. 三相四线制星形连接不对称电路的分析

由于有中性线存在，三相电压是对称的，当负载不对称时，各相电流的大小也不相同，分别为

$$I_{\text{U}} = \frac{U_{\text{U}}}{Z_{\text{U}}}$$

$$I_{\text{V}} = \frac{U_{\text{V}}}{Z_{\text{V}}}$$

$$I_{\text{W}} = \frac{U_{\text{W}}}{Z_{\text{W}}}$$

由于各相电流不对称，中性线上有电流，其大小为三个相电流的相量之和，即 $\dot{I}_{\text{N}} = \dot{I}_{\text{U}} + \dot{I}_{\text{V}} + \dot{I}_{\text{W}}$。

2. 三相三线制星形连接不对称电路分析

在三相三线制电路中负载不对称往往是由电源端、负载端或连接导线的任何一处、某一相发生短路或断线造成的。

（1）Yy 连接对称负载一相断路。如图 1-11 所示，一相负载断路时，其他两相电压的有效值等于线电压的一半，断开相电压的有效值等于线电压的 $\sqrt{3}/2$ 倍。

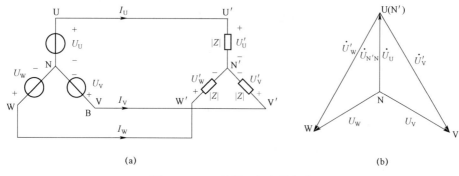

图 1-11　Yy 连接一相负载断路
（a）电路图；（b）相量图

（2）Yy 连接对称负载一相短路。如图 1-12 所示，当一相负载短路时，其他两相相电压的有效值升高到 $\sqrt{3}$ 倍，即等于线电压。短路相相电压为零。

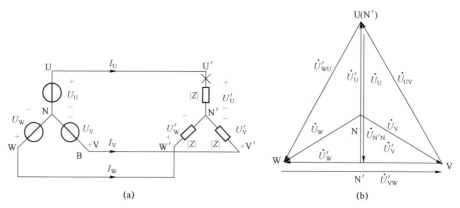

图 1-12　Yy 连接一相负载短路
（a）电路图；（b）相量图

第五节　安 全 工 器 具

一、验电器

1. 功能

用于验证生产现场的高压电气设备是否带电。

2. 使用场所

生产现场的高压电气设备。

3. 使用方法

（1）按被测设备的电压等级选择相应电压等级的验电器。

（2）检查验电器，其绝缘杆外观应完好，应贴有合格有效试验标签，按下验电器头的试验按钮后，应发出清晰的声光报警信号。

（3）操作人手握验电器护环以下的部位，不准超过护环，验电必须直接接触被检测设备，逐相进行，且在挂接地线的地方验电。

（4）在已停电设备上验电前，应先在同一电压等级的有电设备或信号发生器上检验，确认性能良好。使用验电器验电时，必须戴好绝缘手套，专人监护。验电器如图1-13所示。

4. 注意事项

（1）禁止使用超过试验周期的验电器。

（2）保持与带电体的安全距离。

（3）每半年进行预防性试验。

（4）严禁雨天在室外使用验电器。

（5）验电器使用完应存放在专用匣内，置于干燥处，防止受潮积灰。

（6）验电器每次使用前都应检查绝缘部分有无污垢、损伤、裂纹，声、光显示是否完好。

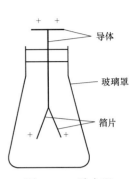

图1-13　验电器

二、绝缘操作杆（棒）

1. 功能

用于短时间内对高压带电设备进行操作、承载及带电测量等工作。

2. 使用场所

需要进行操作、承载及带电测量等的电力生产现场。

3. 使用方法

（1）使用前应首先检查试验合格标签，禁止超期使用；电压等级应合适。

（2）其外表应干净、干燥、无明显损伤，不应沾有油物、水、泥等杂物。

（3）作业时必须由两人进行，一人监护，一人操作。

（4）操作人应戴绝缘手套，穿绝缘靴。

（5）下雨天应使用带防雨罩的绝缘杆（棒）。

（6）使用过程中必须防止绝缘杆（棒）与其他设备碰撞而损坏表面绝缘。

4. 注意事项

（1）使用前进行检查，其表面应无裂纹、机械损伤，连接部件使用灵活可靠。

（2）使用后要把绝缘杆（棒）清擦干净，存放在干燥的地方或保存在干燥的室内，并有固定的位置，不能与其他物品混杂存放。

（3）每月检查一次外观，每年进行预防性试验。

（4）绝缘杆（棒）需与待操作的高压电气设备电压等级相同。

（5）绝缘杆（棒）不得用作其他用途。

三、绝缘手套

1. 功能

提高操作人员与高压电气设备的绝缘强度，防止人身触电伤害。

2. 使用场所

电力生产场所。

3. 使用方法

（1）使用前进行检查，其外观应完好，无污垢、损伤、裂纹、潮湿等，并在试验有效期内。

检查方法是手套内部进入空气后将手套朝手指方向卷曲，并保持密闭，当卷到一定程度时，内部空气因体积压缩压力增大，手指膨胀，细心观察有无漏气，漏气的绝缘手套不得使用。

（2）戴绝缘手套时，应去掉手表、手链等装饰品，可内衬一副棉纱手套。

（3）使用过程中防止尖锐物体刺破手套，破坏绝缘性能。

（4）手套要有足够的长度，手腕部不能裸露在外边。

（5）使用时应将衣袖口套进筒口内。

（6）使用后应将内外污物擦洗干净，待干燥后，撒上滑石粉放置平整，以防受损，切勿放在地上。

4. 注意事项

（1）倒置在指形支架或存放在专用的柜内，绝缘手套上不得堆压任何物品。

（2）每半年进行一次预防性试验。

（3）合格与不合格的手套不得混放一处。

5. 绝缘手套常见的错误使用情况

（1）表面严重脏污后不清擦。

（2）不做漏气检查，不做外部检查。

（3）单手戴绝缘手套，或有时戴有时不戴。

（4）缠绕在隔离开关操作把手或绝缘杆上。

（5）操作后乱放，也不做清擦。

（6）试验标签脱落或超过试验周期仍使用。

四、绝缘靴

1. 功能

增强人体对地的绝缘强度，预防触电伤害。

2. 使用场所

在雷雨天气或一次系统有接地时，进行特殊巡视、操作、事故处理的生产场所。

3. 使用方法

（1）绝缘靴与胶靴差别。绝缘靴不得当作雨鞋或做其他使用，一般胶靴也不能代替绝缘靴使用。

（2）外观检查。绝缘靴在每次使用前应进行外部检查，表面应无损伤、严重磨损、破漏、裂痕等情况，并在试验有效期内。有破漏、砂眼的绝缘靴禁止使用。

（3）避免接触锐器、高温和腐蚀性物质，以免破坏绝缘性能。

（4）穿绝缘靴时，应将裤管套入靴筒内。

4. 注意事项

（1）绝缘靴上不得放压任何物品。

（2）超过试验期的绝缘靴禁止使用。

（3）合格与不合格的绝缘靴不准混放。

（4）每半年进行一次预防性试验。

五、绝缘梯（绝缘单梯、绝缘升降梯、绝缘人字梯）

1. 功能

用于作业人员上下设备和建（构）筑物。

2. 正确的站立姿势

一只脚踏在踏板上，另一条腿跨入踏板上部第三格的空档中，脚钩着下一格踏板。

3. 登梯作业注意事项

（1）为了避免绝缘梯向背后翻倒，梯身与地面之间的夹角不大于60°。

（2）为了避免绝缘梯后滑，梯身与地面之间的夹角不得小于45°。

（3）使用绝缘梯作业时一人在上面工作，一人在下面扶稳绝缘梯，不许两人上梯，不许带人移动绝缘梯。

（4）伸缩梯调整长度后，要检查防下滑铁卡是否到位起作用，并系好防滑绳。

（5）在绝缘梯上作业时，梯顶一般不应低于作业人员的腰部，或作业人员在距梯顶不小于1m的踏板上作业，以防朝后仰面摔倒。

（6）使用人字梯前，要把防自动滑开的绳子系好，人在上面作业时不准调整防滑绳的长度。

（7）在部分停电或不停电的作业环境下，应使用绝缘梯。

（8）在带电设备区域中，距离运行设备较近时，严禁使用金属梯；绝缘梯应由两人平抬，不准一人肩扛绝缘梯，以免人身接触电气设备发生事故。

（9）绝缘梯不可空档。

第六节　用电负荷分类与电力用户分级

一、电力负荷

电力负荷在不同的场合可以有不同的含义，它可以指用电设备或用电单位，也可以指用电设备或用电单位的功率或电流的大小。一般情况下，电力负荷指电力系统中所有用电设备消耗功率的总和。电力负荷通常分为以下几类。

（1）用电负荷：客户的用电设备在某一时刻实际消耗的功率总和。

（2）线路损耗负荷：电能从发电厂到客户的输送过程中，不可避免地会发生功率和能量的损耗，与这种损耗相对应的电功率称为线路损耗负荷。

（3）供电负荷：发电厂对外供电时所承担的全部负荷，即用电负荷加上同一时刻的线路损耗负荷。

（4）厂用电负荷：发电厂厂用电设备（风机、给水泵）所消耗用的功率。

（5）发电负荷：发电厂对外担负的供电负荷，加上同一时刻发电厂的厂用电负荷，构成电网的全部电能生产负荷。

二、用电负荷的分类

1. 根据客户在国民经济中所在部门分类

（1）工业用电负荷；

（2）农业用电负荷；

（3）交通运输用电负荷；

（4）照明及市政生活用电负荷。

2. 根据国际上用电负荷的通用分类原则分类

（1）农、林、牧、渔、水利业，包括农村排灌、农副业、农业、林业、畜牧、渔业、水利业等各种用电，约占总用电负荷的7%。

（2）工业，包括各种采矿业和制造业用电，约占总用电负荷的 80%。

（3）地质普查和勘探业，约占总用电负荷的 0.1%。

（4）建筑业，约占总用电负荷的 1%。

（5）交通运输、邮电通信业，包括公路、铁路车站用电，码头、机场用电，管道运输、电气化铁路用电及邮电通信用电，约占总用电负荷的 2%。

（6）商业、公共饮食业、物资供销和仓储业，约占总用电负荷的 1%。

（7）其他事业单位约占总用电负荷的 3%，包括：

1）房地产管理、公用事业、居民服务和咨询服务业；

2）卫生、体育和社会福利事业；

3）教育、文化艺术和广播电视业；

4）科学研究和综合技术服务事业；

5）国家、党政机关和社会团体；

6）其他行业（金融业、保险业和其他行业）。

（8）城乡居民生活用电，包括城市和乡村居民生活用电，约占总用电负荷的 6%。

3. 根据国民经济各个时期的政策和不同季节的要求分类

（1）优先保证供电的重点负荷，如农业排灌、粮食加工、交通运输等。

（2）一般性供电的非重点负荷，如一般机械工业等。

（3）可以暂时限制或停止供电的负荷，如能耗大、效益低、质量差的工厂等。

4. 根据负荷发生的时间不同分类

（1）高峰负荷：客户在一天时间内所发生的用电量最大的负荷值。

（2）低谷负荷：客户在一天时间内所发生的用电量最少的负荷值。

5. 根据负荷对电网运行和供电质量的影响分类

（1）冲击负荷：负荷量快速变化，能造成电压波动和照明闪变影响的负荷，如电弧炉、轧钢机等。

（2）不平衡负荷：三相负荷不对称或不平衡，如单相、两相负荷，会使电压、电流产生负序分量，影响旋转电机振动和发热、继电保护误动等。

（3）非线性负荷：负荷阻抗非线性变化，会向电网注入谐波电流，使电压、电流波形发生畸变，如整流器、变频器、电机车等。

6. 根据对供电可靠性的要求及中断供电在政治上、经济上所造成的损失或影响程度分类

（1）一级负荷：一旦中断供电，将造成人员伤亡或重大设备损坏且难于修复。通常采用双电源供电，对特别重要的一级负荷增设应急自备电源，如二级及以上医院、火箭发射基地、大型钢厂等。

（2）二级负荷：中断供电后将导致大量产品报废或生产流程紊乱且需较长时间才能恢复的电力负荷单位。采用双电源供电，特别困难情况下才可用单回路专用架空线供电，如交通枢纽、通信枢纽、广播电视、城市主要水源、大型商场的自动扶梯等。

（3）三级负荷：一级、二级外的一般电力负荷，采用单回路供电。

三、重要电力客户的界定

重要电力客户是指在国家或者一个地区（城市）的社会、政治、经济生活中占有重要地位，对其中断供电将可能造成人身伤亡、较大环境污染、较大政治影响、较大经济损失、社

会公共秩序严重混乱的用电单位或对供电可靠性有特殊要求的用电场所。

重要电力客户认定一般由各级供电企业或电力客户提出，经当地政府有关部门批准。

四、重要电力客户的分级

根据对供电可靠性的要求及中断供电危害程度，重要电力客户可以分为特级、一级、二级重要电力客户和临时性重要电力客户。

特级重要电力客户，是指在管理国家事务中具有特别重要的作用，中断供电将可能危害国家安全的电力客户。

一级重要电力客户，是指中断供电将可能产生下列后果之一的电力客户：① 直接引发人身伤亡的；② 造成严重环境污染的；③ 发生中毒、爆炸或火灾的；④ 造成重大政治影响的；⑤ 造成重大经济损失的；⑥ 造成较大范围社会公共秩序严重混乱的。

二级重要电力客户，是指中断供电将可能产生下列后果之一的电力客户：① 造成较大环境污染的；② 造成较大政治影响的；③ 造成较大经济损失的；④ 造成一定范围社会公共秩序严重混乱的。

临时性重要电力客户，是指需要临时特殊供电保障的电力客户。

五、普通电力客户的界定

除重要电力客户以外的其他客户，统称为普通电力客户。

第七节　用电容量及供电电压等级的确定

一、用电容量的确定

用电容量是综合考虑客户申请容量、用电设备总容量，并结合生产特性兼顾主要用电设备同时率、同时系数等因素后确定的。

1. 高压供电客户用电容量

在满足近期生产需要的前提下，客户受电变压器应保留合理的备用容量，为发展生产留有余地。

在保证受电变压器不超载和安全运行的前提下，应同时考虑减少电网的无功损耗。一般客户的计算负荷宜等于变压器额定容量的 70%～75%。

对于用电季节性较强、负荷分散性大的客户，可通过增加受电变压器台数、降低单台容量来提高运行的灵活性，解决淡季和低谷负荷期间由变压器轻负载导致的损耗过大问题。

2. 低压供电客户用电容量

根据客户主要用电设备额定容量确定用电容量。

二、供电额定电压

低压供电：单相为 220V、三相为 380V。

高压供电：10kV、35kV、110kV、220kV。

客户需要的供电电压等级在 110kV 及以上时，其受电装置应作为终端变电站设计。

三、确定供电电压等级的一般原则

客户的供电电压等级应根据当地电网条件、客户分级、用电最大需量或受电设备总容量，经过技术经济比较后确定。除有特殊需要，供电电压等级一般可参照表 1-2 确定。

表 1-2　　　　　　　　　　　　客户供电电压等级的确定

用电设备容量	受电变压器总容量	供电电压等级
10kW 及以下单相设备	—	220V
100kW 及以下	50kVA 及以下	380V
—	50kVA～10MVA	10kV
—	5MVA～40MVA	35kV
—	20MVA～100MVA	110kV
—	100MVA 及以上	220kV

注　1. 无 35kV 电压等级的地区，10kV 电压等级受电变压器总容量为 50kVA～15MVA。

　　2. 供电半径超过本级电压规定时，可按高一级电压供电。

具有冲击负荷、波动负荷、非对称负荷的客户，宜采用由系统变电所新建线路或提高电压等级供电的供电方式。

四、临时供电

基建施工、市政建设、抗旱打井、防汛排涝、抢险救灾、集会演出等非永久性用电，可实施临时供电。具体供电电压等级取决于用电容量和当地的供电条件。

五、居住区住宅用电容量配置

居住区住宅及公共服务设施用电容量的确定应综合考虑所在城市的性质、社会经济、气候、民族、习俗及家庭能源使用的种类，同时满足应急照明和消防设施要求。

建筑面积在 50m² 及以下的住宅用电每户容量宜不小于 4kW；大于 50m² 的住宅用电每户容量宜不小于 8kW。

配电变压器容量的配置系数，应根据住宅面积和各地区用电水平，由省电力公司确定。

第八节　供电电源及自备应急电源配置

一、供电电源配置的一般原则

供电电源应依据客户分级、用电性质、用电容量、生产特性及当地供电条件等因素，经过技术经济比较、与客户协商后确定。

特级重要电力客户应具备三路及以上电源供电条件，其中的两路电源应来自两个不同的变电站，当任何两路电源发生故障时，第三路电源能保证独立正常供电。

一级重要电力客户应采用双电源供电。

二级重要电力客户应采用双电源或双回路供电。

临时性重要电力客户按照用电负荷重要性，在条件允许的情况下，可以通过临时架线等方式满足双电源或多电源供电要求。

普通电力客户可采用单电源供电。双电源、多电源供电时宜采用同一电压等级电源供电，供电电源的切换时间和切换方式要满足重要电力客户允许中断供电时间的要求。

根据客户分级和城乡发展规划，选择采用架空线路、电缆线路或架空—电缆线路供电。

二、供电电源点确定的一般原则

电源点应具备足够的供电能力，能提供合格的电能质量，满足客户的用电需求，保证接电后电网安全运行和客户用电安全。

对多个可选的电源点，应进行技术经济比较后确定。

根据客户分级和用电需求，确定电源点的回路数和种类。

根据城市地形、地貌和城市道路规划要求，就近选择电源点。路径应短捷顺直，减少与道路交叉，避免近电远供、迂回供电。

三、自备应急电源配置的一般原则

重要电力客户应配置自备应急电源及非电性质的保安措施，满足保安负荷应急供电需要。对临时性重要电力客户，可以租用应急发电车（机）满足保安负荷供电要求。

自备应急电源配置容量应至少满足全部保安负荷正常供电的需要。有条件的可设置专用应急母线。

自备应急电源的切换时间、切换方式、允许停电持续时间和电能质量应满足客户安全要求。

自备应急电源与电网电源之间应装设可靠的电气或机械闭锁装置，防止倒送电。

对于环保、防火、防爆等有特殊要求的用电场所，应选用满足相应要求的自备应急电源。

四、非电性质保安措施配置的一般原则

非电性质保安措施应符合客户的生产特点、负荷特性，满足无电情况下保证客户安全的需要。

第九节 电气主接线及运行方式的确定

一、确定电气主接线的一般原则

（1）根据进出线回路数、设备特点及负荷性质等条件确定。

（2）满足供电可靠、运行灵活、操作检修方便、节约投资和便于扩建等要求。

（3）在满足可靠性要求的条件下，宜减少电压等级和简化接线等。

二、电气主接线的主要形式

电气主接线有以下几种形式：桥形接线、单母线、单母线分段、双母线、线路变压器组。

三、客户电气主接线

具有两回线路供电的一级负荷客户，其电气主接线的确定应符合下列要求。

（1）35kV 及以上电压等级应采用单母线分段接线或双母线接线。装设两台及以上主变压器。6～10kV 侧应采用单母线分段接线。

（2）10kV 电压等级应采用单母线分段接线。装设两台及以上变压器。0.4kV 侧应采用单母线分段接线。

具有两回线路供电的二级负荷客户，其电气主接线的确定应符合下列要求。

（1）35kV 及以上电压等级宜采用桥形、单母线分段、线路变压器组接线。装设两台及以上主变压器。中压侧应采用单母线分段接线。

（2）10kV 电压等级宜采用单母线分段、线路变压器组接线。装设两台及以上变压器。0.4kV 侧应采用单母线分段接线。

单回线路供电的三级负荷客户，其电气主接线采用单母线或线路变压器组接线。

四、重要客户运行方式

特级重要电力客户可采用两路运行、一路热备用运行方式。

一级重要电力客户可采用以下运行方式：① 两回及以上进线同时运行互为备用；② 一回进线主供、另一回路热备用。

二级重要电力客户可采用以下运行方式：① 两回及以上进线同时运行；② 一回进线主供、另一回路冷备用。

不允许出现高压侧合环运行的方式。

第十节 电能质量及无功补偿技术要求

一、供电电压允许偏差

在电力系统正常状况下，供电企业供到客户受电端的供电电压允许偏差如下。

（1）35kV 及以上电压供电的，电压正、负偏差的绝对值之和不超过额定值的 10%。

（2）10kV 及以下三相供电的，为额定值的 ±7%。

（3）220V 单相供电的，上限不超过额定值的 +7%，下限不低于额定值的 −10%。

二、非线性负荷设备接入电网

非线性负荷设备的主要种类包括：① 换流和整流装置，包括电气化铁路、电车整流装置、动力蓄电池用的充电设备等；② 冶金部门的轧钢机、感应炉和电弧炉；③ 电解槽和电解化工设备；④ 大容量电弧焊机；⑤ 大容量、高密度变频装置；⑥ 其他大容量冲击设备的非线性负荷。

客户应委托有资质的专业机构出具非线性负荷设备接入电网的电能质量评估报告。

按照"谁污染、谁治理"和"同步设计、同步施工、同步投运、同步达标"的原则，在供电方案中，明确客户治理电能质量污染的责任及技术方案要求。

三、谐波限值

客户负荷注入公共电网连接点的谐波电压限值及谐波电流允许值应符合 GB/T 14549—1993《电能质量 公用电网谐波》的限值。

四、电压波动和闪变的允许值

客户的冲击性负荷产生的电压波动允许值，应符合 GB/T 12326—2008《电能质量 电压波动和闪变》的限值。

五、无功补偿装置的配置原则

无功电力应分层分区、就地平衡。客户应在提高自然功率因数的基础上，按有关标准设计并安装无功补偿设备。

为提高客户电容器的投运率，并防止无功倒送，宜采用自动投切方式。

六、功率因数要求

100kVA 及以上高压供电的电力客户，在高峰负荷时的功率因数不宜低于 0.95；其他电力客户和大、中型电力排灌站、趸购转售电企业，功率因数不宜低于 0.90；农业用电功率因数不宜低于 0.85。

七、无功补偿容量的计算

电容器的安装容量应根据客户的自然功率因数计算后确定。

当不具备设计计算条件时，电容器安装容量的确定应符合下列规定：

（1）35kV 及以上变电所可按变压器容量的 10%～30% 确定。

（2）10kV 变电所可按变压器容量的 20%～30%确定。

复 习 思 考 题

1. 星形连接和三角形连接方式下的相电压与线电压的关系、相电流与线电流的关系是什么？

2. 单相交流电路和三相交流电路的区别有哪些？

3. 对称三相电路的功率计算方法是什么？

4. 请列举至少三种以上安全工器具，并简述它们的使用方法和注意事项。

5. 供电电压等级有哪些？确定电压等级的依据有什么？

6. 如何确定电气主接线及运行方式？

7. 如何确定电能计量点及计量方式？

第二章 业 扩 报 装

●**目的和要求**

1. 理解业扩报装的定义
2. 掌握业扩报装的工作流程及要求
3. 掌握业扩报装的业务范围
4. 掌握确定供电方案的基本原则
5. 理解供电方案的组成及其主要内容
6. 掌握工程建设的定义及包含环节
7. 理解中间检查的目的
8. 了解《合同法》的基本原则
9. 了解供电合同签订的依据与签订形式
10. 了解供电合同的分类

第一节 概 述

一、业扩报装的定义

业扩报装包括受理客户用电申请,依据客户用电的需求并结合供电网络的状况制定安全、经济、合理的供电方案;确定供电工程投资界面,组织供电工程的设计与实施,组织协调并检查客户内部工程的设计与实施,签订供用电合同,装表接电等,是客户申请用电到实际用电全过程中供电部门业务流程的总称。

业扩报装所描述内容可参考文件国家电网企管〔2019〕431 号,具体流程及时限要求以最新的文件为准。

二、业扩报装的要求

业扩报装指客户从自然人到与电网企业建立供用电关系的过程,也就是"客户"到"用户"的转变,业扩报装类似于金融行业的银行用户从在银行申请到正式开户、通信行业客户从申请到手机开卡的过程。

业扩报装服务是电力营销客户服务的高低压新装增容用电申请表的首个环节,影响着用户对供电企业的第一印象,十分重要。

业扩报装全面践行"四个服务"宗旨及"你用电、我用心"服务理念,强化市场意识、竞争意识,认真贯彻国家法律法规、标准规程和供电服务监管要求,严格遵守公司供电服务

"三个十条"规定，按照"主动服务、一口对外、便捷高效、三不指定、办事公开"原则，开展业扩报装工作。

"主动服务"原则，指强化市场竞争意识，前移办电服务窗口，由等待客户到营业厅办电，转变为客户经理上门服务，搭建服务平台，统筹调度资源，创新营销策略，制订个性化、多样化的套餐服务，争抢优质客户资源，巩固市场竞争优势。

"一口对外"原则，指健全高效的跨专业协同运作机制，营销部门统一受理客户用电申请，承办业扩报装具体业务，并对外答复客户；发展、财务、运检等部门按照职责分工和流程要求，完成相应工作内容；深化营销系统与相关专业系统集成应用和流程贯通，支撑客户需求、电网资源、配套电网工程建设、停（送）电计划、业务办理进程等跨专业信息实时共享和协同高效运作。

"便捷高效"原则，指精简手续流程，推行"一证受理"和容量直接开放，实施流程"串改并"，取消普通客户设计文件审查和中间检查；畅通"绿色通道"，与客户工程同步建设配套电网工程；拓展服务渠道，加快办电速度，逐步实现客户最多"只进一次门，只上一次网"，即可办理全部用电手续；深化业扩全流程信息公开与实时管控平台应用，实行全环节量化、全过程管控、全业务考核。

"三不指定"原则，指严格执行国家规范电力客户工程市场的相关规定，按照统一标准规范提供办电服务，严禁以任何形式指定设计、施工和设备材料供应单位，切实保障客户的知情权和自主选择权。

"办事公开"原则，指坚持信息公开透明，通过营业厅、"掌上电力"手机 App、95598 网站等渠道，公开业扩报装服务流程，工作规范，收费项目、标准及依据等内容；提供便捷的查询方式，方便客户查询设计、施工单位，业务办理进程，以及注意事项等信息，主动接受客户及社会监督。

三、业扩报装的工作内容及业务范围

1. 业扩报装的工作内容

（1）客户新装、增容和增设电源的用电业务受理。

（2）根据客户和电网的情况，提出并确定供电方案。

（3）答复客户并收取业务费用。

（4）受（送）电工程设计的审核、受（送）电工程的中间检查及竣工检验。

（5）签订供用电合同。

（6）装设电能计量装置、办理接电事宜。

（7）资料存档。

2. 业扩报装的业务范围

（1）新装、增装变压器容量用电。

（2）新装、增装低压电力负荷用电。

（3）新装、增装照明负荷用电。

（4）申请临时用电。

（5）申请双电源用电（含多电源用电）。

（6）申请高压电动机、自备电厂用电。

业扩报装的总体结构示意图如图 2-1 所示。

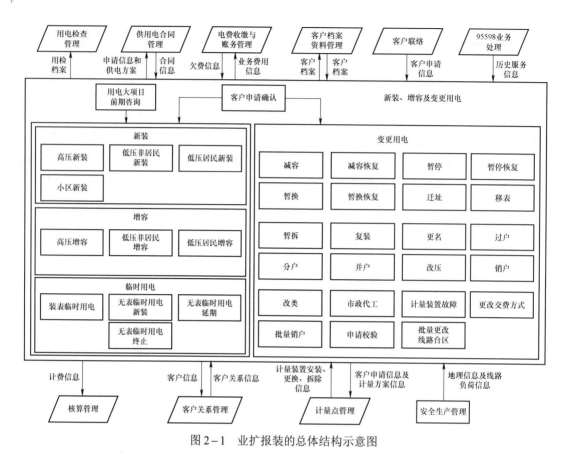

图2-1 业扩报装的总体结构示意图

四、职责分工

（1）公司各级营销部门是业扩报装业务的归口管理部门。总部营销部（农电工作部）负责组织制定业扩报装管理制度和技术标准，对各级单位 35kV 及以下客户接入，以及所有电压等级业扩报装管理工作进行指导检查和评价考核。

（2）总部发展部负责综合计划管理，负责将业扩配套电网项目纳入综合计划，负责优化业扩配套电网项目管理流程，牵头提出各省公司业扩配套电网项目包总控目标建议，对各单位 110kV 及以上客户供电方案编审工作进行指导检查和评价考核。

（3）总部财务部负责财务预算管理，负责将业扩配套电网项目纳入预算管理，负责优化业扩配套电网项目预算管理流程，负责对各单位业扩配套电网项目预算管理工作进行指导检查和评价考核。

（4）总部设备部负责制定电网设备运维检修的规程标准和制度办法，负责优化职责范围内的 35kV 以下业扩配套电网工程建设流程，负责对各单位 35kV 以下业扩配套电网工程建设工作进行指导检查和评价考核。

（5）总部基建部负责制定公司工程建设方面的规程标准和制度办法，负责优化职责范围内的新建 35kV 及以上［含新建变电站同期配套 10（20）kV 送出线路工程］业扩配套电网工程建设流程，负责对各单位新建 35kV 及以上业扩配套电网工程建设工作进行指导检查和评价考核。

（6）总部物资部负责公司物资归口管理，负责优化业扩配套电网工程物资管理各环节流程，建立"绿色通道"机制，制订相应的规章制度和办法；负责对各单位业扩配套电网工程物资采购和供应进行指导检查和评价考核。

（7）国家电力调度通信中心负责制定电力调度方面的规程标准和制度办法，负责对各单位调度管辖范围内设备的继电保护装置整定计算、电网设备启动方案编写、停（送）电计划安排、客户受电设备启动方案审核工作进行指导检查和评价考核。

（8）总部互联网部负责信息系统建设及信息安全管理，负责对各单位信息系统管理工作进行指导检查和评价考核，负责指导各省（市）公司对业扩报装各环节协同质量和完成情况进行监测，定期发布监测报告。

（9）国家电网客服中心负责业扩报装服务质量 95598 电话回访及稽查分析工作，并提出改进建议。

五、业扩报装工作流程图及时限管理

供电所综合班工作人员作为业务受理的第一人，担负着与营配班等各部门沟通的重要责任。根据低压业扩管理的时限要求，他们应严格把控时限关口，在规定时限内完成低压业务的办结。

1. 居民生活业务办理流程

居民生活业务办理流程为：申请受理—施工接电，居民生活业务办理说明见表 2-1。

表 2-1　　　　　　　　　　　　居民生活业务办理说明表

流程	办理说明
申请受理	在受理您用电申请后，请您与我们签订供用电合同，并按照当地物价管理部门价格标准交清相关费用。您需提供的申请材料应包括： 用电人有效身份证明，包括居民身份证、临时身份证、户口本、军官证或士兵证、台胞证、港澳通行证、外国护照、外国永久居留证（绿卡），或其他有效身份证明文书等。需提供原件。 用电地址权属证明，包括房屋产权所有证（或购房合同）、租赁协议（还需同时提供承租户房屋产权证明、法院判决文书（必须明确房屋产权所有人）。房屋产权所有证、购房合同、租赁协议提供原件，承租户房屋产权证明、法院判决文书可提供复印件）。 若您暂时无法提供房屋产权证明，我们将提供"一证受理"服务。在您签署《客户承诺书》后，我们将先行受理，启动后续工作
施工接电	受理您用电申请后，我们将在 2 个工作日内，或者按照与您约定的时间开展上门服务并答复供电方案，请您配合做好相关工作。如果您的用电涉及工程施工，在工程竣工后，请及时报验，我们将在 3 个工作日内完成竣工检验。您办结相关手续，并经验收合格后，我们将在 2 个工作日内装表接电。 您应当按照国家有关规定，自行购置、安装合格的漏电保护装置，确保用电安全

2. 低压非居民业务办理流程

低压非居民业务办理流程为：申请受理—施工接电，低压非居民业务办理说明见表 2-2。

表 2-2　　　　　　　　　　　　低压非居民业务办理说明表

流程	办理说明
申请受理	您在办理用电申请时，请提供以下申请材料： 用电人有效身份证明，包括营业执照、组织机构代码证等。营业执照、组织机构代码证原则上应提供原件（副本也可），如提供复印件，企事业单位应加盖公章。 用电地址权属证明，包括房屋产权所有证（或购房合同）或土地使用证、租赁协议（还需同时提供承租户房屋产权证明或土地使用证）、法院判决文书（必须明确房屋或土地产权所有人）等。房屋产权所有证、土地使用证、购房合同、租赁协议原则上应提供原件，承租户房屋产权证明或土地使用证、法院判决文书可提供复印件；如提供复印件，企事业单位应加盖公章。 企业、工商、事业单位、社会团体申请用电委托代理人时，应提供：① 授权委托书或单位介绍信（原件）；② 经办人有效身份证明（包括身份证、军人证、护照、户口簿或公安机关户籍证明等）。 若您暂时无法提供房屋产权证明或土地权属证明文件，我们将提供"一证受理"服务。在您签署《客户承诺书》后，我们将先行受理，启动后续工作

续表

流程	办理说明
施工接电	受理您用电申请后，我们将在 2 个工作日内，或者按照与您约定的时间开展上门服务并答复供电方案，请您配合做好相关工作。如果您的用电涉及工程施工，在工程竣工后，请及时报验，我们将在 3 个工作日内完成竣工检验。您办结相关手续，并经验收合格后，我们将在 2 个工作日内装表接电。 您应当按照国家有关规定，自行购置、安装合格的漏电保护装置，确保用电安全

3. 高压业务办理流程

高压业务办理流程为：申请受理—供电方案答复—外部工程实施—装表接电，高压业务办理说明见表 2-3。

表 2-3   **高压业务办理说明表**

流程	办理说明
申请受理	请您按照材料提供要求准备申请资料，详见表 2-4。 若您暂时无法提供全部资料，我们将提供"一证受理"服务。在您签署《承诺书》后，我们将先行受理，启动后续工作
供电方案答复	在受理您用电申请后，我们将安排客户经理按照与您约定的时间到现场查看供电条件，并在 14 个工作日（双电源客户 28 个工作日）内答复供电方案。根据国家《供电营业规则》规定，产权分界点以下部分由您负责施工，产权分界点以上工程由供电企业负责
外部工程实施	请您自主选择有相应资质的设计单位开展受电工程设计。 对于重要或特殊负荷客户，设计完成后，请及时提交设计文件，我们将在 5 个工作日内完成审查；其他客户仅查验设计单位资质文件。 请您自主选择有相应资质的施工单位开展受电工程施工。 对于重要或特殊负荷客户，在电缆管沟、接地网等隐蔽工程覆盖前，请及时通知我们进行中间检查，我们将于 3 个工作日内完成中间检查。 工程竣工后，请及时报验，我们将于 5 个工作日内完成竣工检验
装表接电	在竣工检验合格，签订《供用电合同》及相关协议，并按照政府物价部门批准的收费标准结清业务费用后，我们将在 5 个工作日内为您装表接电

表 2-4   **申 请 资 料 清 单**

序号	资料名称	备注
一 居民客户		
1	用电人有效身份证明，包括居民身份证、临时身份证、户口本、军官证或士兵证、台胞证、港澳通行证、外国护照、外国永久拘留证（绿卡），或其他有效身份证明文书等，提供原件	申请时必备
2	用电地址权属证明，包括房屋产权所有证（或购房合同）、租赁协议（还需同时提供承租户房屋产权证明）、法院判决文书（必须明确房屋产权所有人）等。房屋产权所有证、购房合同、租赁协议提供原件，承租户房屋产权证明、法院判决文书可提供复印件	如果暂不能提供与用电人身份一致的有效产权证明原件及复印件的，签署承诺书后在后续环节补充
二 非居民用户		
1	用电人有效身份证明，包括营业执照、组织机构代码证等。营业执照、组织机构代码原则上应提供原件（副本也可），如提供复印件，企事业单位应加盖公章	
2	用电人有效身份证明，包括房屋产权所有证（或购房合同）或土地使用证、租赁协议（还需同时提供承租户房屋产权证明或土地使用证）、法院判决文书（必须明确房屋或土地产权所有人）等。房屋产权所有证、土地使用证、购房合同、租赁协议原则上应提供原件，承租户房屋产权证明或土地使用证、法院判决文书可提供复印件；如提供复印件，企事业单位应加盖公章	

续表

序号	资料名称	备注
3	企业、工商、事业单位、社会团体的申请用电委托代理人办理时，应提供： （1）授权委托书或单位介绍信（原件）； （2）经办人有效身份证明（包括身份证照、军人证、护照、户口簿或公安机关户籍证明等）	非企业负责人（法人代表）办理时必备
4	当地发改部门关于项目立项的批复、核准、备案文件，或当地规划部门关于项目的建设工程规划许可证	高危及重要客户、高耗能客户必备
5	煤矿客户需增加以下资料： （1）采矿许可证； （2）安全生产许可证	煤矿客户必备
6	非煤矿山客户需增加以下资料： （1）采矿许可证； （2）安全生产许可证； （3）政府主管部门批准文件	非煤矿客户必备
7	企业、工商、事业单位、社会团体的申请用电委托代理人办理时，应提供： （1）授权委托书或单位介绍信（原件）； （2）经办人有效身份证明（包括身份证照、军人证、护照、户口簿或公安机关户籍证明等）	享受国家优待电价的客户必备

注　增容、变更用电时，客户前期已提供且在有效期以内的资料无须再次提供。

六、业扩报装工作的相关规则

（1）任何单位或个人需新装用电或增加用电容量、变更用电都必须事先到供电企业用电营业场所提出申请，办理手续。供电企业应在用电营业场所公告办理各项用电业务的程序、制度和收费标准。

（2）供电企业的用电营业机构统一归口办理用户的用电申请和报装接电工作，包括用电申请书的发放及审核、供电条件勘查、供电方案确定及批复、有关费用收取、受电工程设计的审核、施工中间检查、竣工检验、供用电合同（协议）签约、装表接电等业务。

（3）用户申请新装或增加用电时，应向供电企业提供用电工程项目批准的文件及有关的用电资料，包括用电地点、电力用途、用电性质、用电设备清单、用电负荷、保安电力、用电规划等，并依照供电企业规定的格式如实填写用电申请书及办理所需手续。

新建受电工程项目在立项阶段，用户应与供电企业联系，就工程供电的可能性、用电容量和供电条件等达成意向性协议，方可定址，确定项目。

未按前款规定办理的，供电企业有权拒绝受理其用电申请。对于供电企业供电能力不足或政府规定限制的用电项目，供电企业可通知用户暂缓办理。

（4）供电企业对已受理的用电申请，应尽速确定供电方案，在下列期限内正式书面通知用户：居民用户最长不超过5天；低压电力用户最长不超过10天；高压单电源用户最长不超过1个月；高压双电源用户最长不超过2个月。若不能如期确定供电方案，供电企业应向用户说明原因。用户对供电企业答复的供电方案有不同意见时，应在一个月内提出意见，双方可再行协商确定。用户应根据确定的供电方案进行受电工程设计。

（5）供电方案的有效期，是指从供电方案正式通知书发出之日起至交纳供电贴费并受电工程开工日为止。高压供电方案的有效期为1年，低压供电方案的有效期为3个月，逾期注销。

用户遇有特殊情况，需延长供电方案有效期的，应在有效期到期前10天向供电企业提出申请，供电企业应视情况予以办理延长手续。但延长时间不得超过前款规定期限。

七、业扩报装工作重点

1. 业务受理环节

（1）拓展多元服务渠道。一是全面实现低压居民客户申请免填单、同一营业区域跨营业厅受理办电申请、为特殊客户群体提供办电预约上门服务。二是创新"互联网＋业扩服务"，深化应用95598网站、电话、手机客户端等移动互联应用，推行移动作业和客户档案电子化，转变作业方式，取消纸质业务单，杜绝系统外流转。

（2）精简用电申请手续。一是实行营业厅"一证受理"，在收到客户用电主体资格证明（居民客户为身份证或户口本，非居民客户为营业执照或代码证）并签署承诺书后，正式受理用电申请，现场勘查时收资。二是实行营业厅"一次性告知、一站式服务"，执行"首问负责制"。

1）"一证受理"：居民客户需提供身份证或户口本，非居民客户需提供营业执照或代码证，作为客户用电主体资格证明。

2）"一次性告知、一站式服务"，即在受理客户申请时，营业人员一次性告知用户业务办理流程、所需提供的资料及相关费用收取标准等，避免客户重复往返。

3）"首问负责制"，就是无论办理业务是否对口，接待人员都要认真倾听，热心引导，快速衔接，并为客户提供准确的联系人、联系电话和地址。

（3）优化现场勘查模式。一是实行合并作业和联合勘查，提高现场勘查效率。二是低压客户实行勘查装表"一岗制"作业。三是高压客户实行"联合勘查、一次办结"制。

2. 方案编制环节

首先，提高方案编审效率，取消供电方案分级审批，实行直接开放、网上会签或集中会审，缩短方案答复周期。其次，深化方案编制要求，提高供电方案编制深度，细化供电电源、继电保护装置、计量装置配置，电能质量治理及客户竣工报验资料要求等内容，基本达到初步设计要求，并明确供用电双方的责任和义务。

（1）10kV项目原则上直接开放，营销部门编制供电方案，报发展、运检、调控部门备案。

（2）35kV项目由营销部门委托经研院（所）编制供电方案，营销部门组织相关部门进行集中会审并网上会签。

（3）110kV及以上项目由客户委托具备资质的单位开展接入系统设计，发展部门委托经研院（所）根据客户提交的接入系统设计编制供电方案，由发展部门组织进行网上会签或集中会审。

3. 工程建设环节

优化项目计划和物资供应流程，加快业扩电网配套工程建设，确保与客户工程同步实施、同步投运，满足客户，特别是电动汽车充电桩和分布式电源接网需求。低压业扩电网配套工程，按照抢修领料模式管理，年初由运检、营销部门预测全年低压业扩电网配套工程量，统筹列支电网配套工程建设资金。

（1）对于35kV及以下项目，完善公司项目管理"打包下达、分批分解"机制，全部纳入35kV及以下电网基建、生产技改项目包，每年由省公司分别上报两个项目包总额，总部次年年初下达项目包计划和预算。由省公司统筹组织，及时将项目包分解到市、县公司，市、县公司分解到具体项目，并生成项目编码，推送ERP建项，组织实施，市、县公司营销部门根据客户报装需求，及时梳理项目明细，送计划部门。需要核准的项目，按照政府及公司相关规定开展可研编制、履行核准程序；不需要核准的项目，推行供电方案、可研一体化。对于超出项目包资金范围，急需实施的预算外项目，按照公司有关规定，履行备案程序后组织实施。

（2）对于 35kV 及以上工程物资，总部招标无法满足进度的，经批准可由省公司招标。依法可以不实施公开招标的设计、监理、施工项目，可采取年度框架协议招标方式确定中标单位范围和服务报价，基层单位根据需要进行选择。开展业扩配套电网工程物资定额储备，由业务部门提出储备定额和具体的储备物资种类，物资部门提前组织招标采购和物资储备，按实际需求申报领取，周转使用。统一业扩配套电网工程、居配工程建设标准，在方案、设计和设备选型环节，严格落实公司典型设计和标准物料要求。

（3）对于 110kV 常规项目，由省公司负责可研批复，在综合计划、预算下达后，对于新增常规项目，在总部审定的规划规模和投资范围内，由省公司组织调整并负责可研论证及批复，按照公司应急项目增补机制，上报总部备案后，统一纳入计划和预算调整，不纳入考核。

第二节　业　务　受　理

一、服务内容

（1）95598 网站等办电服务渠道，实行"首问负责制""一证受理""一次性告知""一站式服务"。对于有特殊需求的客户群体，提供办电预约上门服务。

（2）受理客户用电申请时，应主动向客户提供用电咨询服务，接收并查验客户申请资料，及时将相关信息录入营销业务应用系统，由系统自动生成业务办理表单（表单中办理时间和相应二维码信息由系统自动生成）。推行线上办电、移动作业和客户档案电子化，坚决杜绝系统外流转。

1）实行营业厅"一证受理"。受理时应询问客户申请意图，向客户提供业务办理告知书，告知客户需提交的资料清单、业务办理流程、收费项目及标准、监督电话等信息。对于申请资料暂不齐全的客户，在收到其用电主体资格证明并签署承诺书后，正式受理用电申请并启动后续流程，现场勘查时收资。已有客户资料或资质证件尚在有效期内，则无须客户再次提供。推行居民客户"免填单"服务，业务办理人员了解客户申请信息并录入营销业务应用系统，生成用电登记表，打印后交由客户签字确认。

2）提供"掌上电力"手机 App、95598 网站等线上办理服务。通过线上渠道业务办理指南，引导客户提交申请资料、填报办电信息。电子座席人员在 1 个工作日内完成资料审核，并将受理工单直接传递至属地营业厅，严禁层层派单。对于申请资料暂不齐全的客户，按照"一证受理"要求办理，由电子座席人员告知客户在现场勘查时收资。

3）实行同一地区可跨营业厅受理办电申请。各级供电营业厅，均应受理各电压等级客户用电申请。同城异地营业厅应在 1 个工作日内将收集的客户报装资料传递至属地营业厅，实现"内转外不转"。

二、业务受理的操作规范

（1）用户申请新装、增容用电时，应向供电企业提供用电工程项目批准的文件及有关的用电资料，包括用电地点、电力用途、用电性质、用电设备清单、用电负荷、保安电力、用电规划等，并依照供电企业规定格式如实填写用电申请表，同时办理所需手续。

（2）业扩报装受理员对客户提供的所有证照原件、复印件严格审核，核对客户提供的所有证、照名称，必须与客户申请公章一致，以及原件与复印件的内容是否一致。并在证、照的复印件上注明"复印于××单位，×年×月×日"字样，加盖其单位公章。同时，证照必须在有效期内，如个别证、照超期，必须经当地证、照主管部门签注证、照是否有效并盖章后，方可办理报装申请。

（3）检查客户资料的完整性。由于各地区地方政策和客户用电性质不同，各地区供电企业要求客户提供的资料也有所不同。

（4）客户提供的资料经审核无误后，应出具"客户提供资料明细表"，注明"该客户共提供资料×件，所有证件或证明材料复核无误"并签字，与客户资料一并保存归档。

（5）允许同一城市内高压新装增容业务异地受理，异地受理客户的用电报装，需准确记录客户的联系方式。低压客户的新装增容限制在同一公司内，可以实现不同营业站（所）之间的异地受理。

（6）辖区接到异地受理的高低压报装申请后，应及时与客户取得联系，办理后续工作。

（7）客户申请的用电项目为政府规定限制类或客户用电范围有欠费、违约用电等未处理问题，以及供电企业没有供电能力时，应向客户说明不能受理的原因，并通知客户暂缓办理。

（8）受理时应详细记录客户的名称、用电地址、客户身份证号码（对于普通客户）、证照名称、证照号码、法人代表、法人代表身份证号、业务联系人、业务联系电话、报装容量、用电设备清单、行业类别、用电类别等信息，并将上述信息实现微机化管理。

（9）对于手续齐全，符合国家及上级的有关规定的客户，予以登记受理，并按客户类型填写《高低压新装增容用电申请表》《低压居民用电申请表》《低压批量新装客户明细表》。

居民生活用电须知

为了明确居民电力客户（以下简称用电人）和供电企业（以下简称供电人）在电力供应和使用中的权利和义务，安全、经济、合理、有序地用电和供电，根据《中华人民共和国合同法》《中华人民共和国电力法》《电力供应与使用条例》《供电营业规则》等有关法律法规规定，制定如下条款，双方共同遵守。

（1）根据用电人自愿申请，供电人同意向用电人供电。按照国家有关电价政策，供电人向用电人计收电费的电价类别为不满 1kV 居民生活用电。

（2）供电人按照国家规定，在用电人处设计用电计量装置，其记录作为向用电人结算电费的依据。用电人、供电人都有保护用电计量装置的义务。如发现计量装置丢失、损坏、封印脱落等异常情况，用电人应及时通知供电人。由用电人原因造成用电计量装置损坏，由用电人按有关规定赔偿。

（3）用电人如认为供电人装设的计费电能表不准，有权向供电人提出校验申请，如计费电能表的误差在允许范围内，验表费由用电人负担；如计费电能表的误差超出允许范围，验表费由供电人负担，并按规定退补电费。用电人对检验结果有异议时，可在15天内向供电人上级计量检定机构申请检定。用电人在申请验表期间，其电费仍应按期交纳，验表结果确认后，按规定处理。

（4）用电人应做到安全、合理用电。应按照用电人申请并经供电人核定的用电容量用电，需要增加或减少用电容量、暂停用电、迁移用电地址、更改户名或过户、改变用电性质、终止用电等变更用电事宜，须持有关证件到当地供电企业的用电营业部门办理变更用电手续。

用电人不得自行变更用电，避免扰乱正常的供用电秩序。

（5）用电人不得私自转供电，不得私自改变用电性质，也不得私自引入其他电源，否则，供电人按违章用电处理，由此发生的人身触电伤亡和电器火灾等事故均由用电人承担法律责任。

（6）电力是商品，严禁窃电行为。用电人私自开启用电计量装置封印、绕表用电和其他致使用电计量装置失准的行为均属窃电行为。供电人对窃电的用电人除当场予以中止供电外，还要求其按规定追补电费，用电人同时须承担补交电费三倍的违约使用电费，拒绝接受处理的，报请有关部门给予行政处罚；情节严重，违反治安管理处罚规定的，由公安机关依法予以治安处罚；构成犯罪的，由司法机关依法追究刑事责任。供电人对检举窃电、违约用电的举报者身份予以保密并按规定给予奖励。

（7）供电人按规定日期抄表，按期向用电人收取电费。用电人应按供电人规定的期限和交费方式交清电费，不得拖延或拒交电费。逾期未交清电费的，用电人应承担电费滞纳的违约责任，电费违约金从逾期之日起计算至交纳日止，每日电费违约金按欠费总额的千分之一计算。经催交仍未交纳电费的，供电人将按规定的程序予以中止供电。

（8）由供电人负责运行维护的220V/380V电源线路供电的，以计费电能表的出线端为双方维护责任分界点。以此点指向供电电源侧的配电设施由供电人负责维护管理，相应设施发生故障时，用电人可拨打95598供电服务电话通知供电人进行修理；计费电能表的出线端指向用电侧的设施由用电人负责维护管理，相应设施发生故障时，用电人可自己请电工进行维修、调换。房屋开发公司尚未移交给供电人的小区内的配电设施仍由开发公司负责运行管理，如发生停电或用电设备故障，可直接与房屋开发公司联系进行处理。

（9）在供电系统正常运行情况下，供电人应向用电人连续供电。发生事故时，用电人应及时向供电人报告，供电人应尽速到达现场抢修，尽快恢复供电。供电人因故需停止供电时，按公告方式通知用电人，用电人应予以配合。

（10）供电人工作人员到用电人处进行工作时，应出示有关证件，用电人应予以配合，提供方便。用电人对供电人工作人员的违纪、违章行为，有权向供电人投诉。

（11）在供电人负责运行维护的220V/380V供电线路或设备上，当发生电力运行事故导致电能质量劣化，引起用电人家用电器损坏时，按《居民用户家用电器损坏处理办法》办理。

（12）用电人应当安装符合国家标准的剩余电流保护器（即漏电保护器），并负责运行维护，以保障用电安全。

（13）本须知未尽事宜按《供电营业规则》有关规定办理。

注：《居民生活用电须知》是《低压居民用电申请表》的一部分，作为背书合同的内容。

第三节　现　场　勘　察

根据与客户预约的时间，组织开展现场勘查。现场勘查前，应预先了解待勘查地点的现场供电条件。

现场勘查实行合并作业和联合勘查，推广应用移动作业终端，提高现场勘查效率。低压客户实行勘查装表"一岗制"作业。具备直接装表条件的，在勘查确定供电方案后当场装表接电；不具备直接装表条件的，在现场勘查时答复客户供电方案，由勘查人员同步提供设计简图和施工要求，根据与客户约定时间或配套电网工程竣工当日装表接电。高压客户实行"联合勘查、一次办结"，营销部门（客户服务中心）负责组织相关专业人员共同完成现场勘查。

现场勘查应重点核实客户负荷性质、用电容量、用电类别等信息，结合现场供电条件，初步确定供电电源、计量、计费方案，并填写现场勘查单。勘查主要内容包括：① 对申请新装、增容用电的居民客户，应核定用电容量，确认供电电压、用电相别、计量装置位置和接户线的路径、长度。② 对申请新装、增容用电的非居民客户，应审核客户的用电需求，确定新增用电容量、用电性质及负荷特性，初步确定供电电源、供电电压、供电容量、计量方案、计费方案等。③ 对拟定的重要电力客户，应根据国家确定重要负荷等级有关规定，审核客户行业范围和负荷特性，并根据客户供电可靠性的要求及中断供电危害程度确定供电方式。④ 对申请增容的客户，应核实客户名称、用电地址、电能表箱位、表位、表号、倍率等信息，检查电能计量装置和受电装置运行情况。

违约用电、窃电嫌疑等异常情况，应做好记录，及时报相关责任部门处理，并暂缓办理该客户用电业务。在违约用电、窃电嫌疑排查处理完毕后，重新启动业扩报装流程。

第四节 供电方案答复

一、确定供电方案的基本原则

1. 安全性原则

应满足电网和客户变电站的安全运行，确保电网电能质量满足国家标准的要求。电力设施维护管理责任划分应明确。

2. 可靠性原则

供电电源选择合理可靠，供电线路的导线选择及架设方式正确，满足对客户供电可靠性的要求。

3. 经济性原则

变压器容量、台数选用适当；无功补偿装置配置符合国家和电力行业标准规定；计量方式、计量点设置、计量装置选型配置正确；电费电价的标准执行正确。

4. 合理性原则

客户接入工程必须就近接入电网。应根据地形、地貌和道路规划要求就近选择接入电源点。路径选择应短捷、顺直，减少道路交叉，避免迂回供电。

5. 保密性原则

对国防、机要单位客户的用电，涉及的有关用电营业档案资料，应按保密制度的规定执行。

二、确定供电方案的基本要求

（1）根据客户的用电容量、用电性质、用电时间及用电负荷的重要程度，确定高压供电、低压供电、临时供电等供电方式。

（2）根据用电负荷的重要程度确定多电源供电方式，提供保安电源、自备应急电源、非电性质的应急措施的配置要求。

（3）客户的自备应急电源、非电性质的应急措施、谐波治理措施应与供用电工程同步设计、同步建设、同步投运、同步管理。

三、供电方案的主要内容

依据供电方案编制有关规定和技术标准要求，结合现场勘查结果、电网规划、用电需求及当地供电条件等因素，经过技术经济比较、与客户协商一致后，拟定供电方案。方案包含客户用电申请概况、接入系统方案、受电系统方案、计量计费方案、其他事项等 5 部分内容。

1. 客户用电申请概况

包括户名、用电地址、用电容量、行业分类、负荷特性及分级、保安负荷容量、电力用户重要性等级。

2. 接入系统方案

包括各路供电电源的接入点、供电电压、频率、供电容量、电源进线敷设方式、技术要求、投资界面及产权分界点、分界点开关等接入工程主要设施或装置的核心技术要求。

3. 受电系统方案

包括用户电气主接线及运行方式，受电装置容量及电气参数配置要求；无功补偿配置、自备应急电源及非电性质保安措施配置要求；谐波治理、调度通信、继电保护及自动化装置要求；配电站房选址要求；变压器、进线柜、保护等一、二次主要设备或装置的核心技术要求。

4. 计量计费方案

包括计量点的设置、计量方式、用电信息采集终端安装方案，计量柜（箱）等计量装置的核心技术要求；用电类别、电价说明、功率因数考核办法、线路或变压器损耗分摊办法。

5. 其他事项

包括客户应按照规定交纳业务费用及收费依据，供电方案有效期，供用电双方的责任义务，特别是取消设计文件审查和中间检查后，用电人应履行的义务和承担的责任（包括自行组织设计、施工的注意事项，竣工验收的要求等内容），其他需说明的事宜及后续环节办理有关告知事项。

对于具有非线性、不对称、冲击性负荷等可能影响供电质量或电网安全运行的客户，应书面告知其委托有资质单位开展电能质量评估，并在设计文件审查时提交初步治理技术方案。

根据客户供电电压等级和重要性分级，取消供电方案分级审批，实行直接开放、网上会签或集中会审，并由营销部门统一答复客户。

（1）对于 10（20）kV 及以下项目，原则上直接开放，由营销部门（客户服务中心）编制供电方案，并经系统推送至发展、运检、调控等部门备案；对于电网接入受限项目，实行先接入、后改造。

（2）对于 35kV 项目，由营销部门（客户服务中心）委托经研院（所）编制供电方案，营销部门（客户服务中心）组织相关部门进行网上会签或集中会审。

（3）对于 110kV 及以上项目，由客户委托具备资质的单位开展接入系统设计，发展部门委托经研院（所）根据客户提交的接入系统设计编制供电方案，由发展部门组织进行网上会签或集中会审。营销部门（客户服务中心）负责统一答复客户。

高压供电方案有效期 1 年，低压供电方案有效期 3 个月。若需变更供电方案，应履行相关审查程序，其中，对于客户需求变化造成供电方案变更的，应书面告知客户重新办理用电申请手续；对于电网原因造成供电方案变更的，应与客户沟通协商，重新确定供电方案后答复客户。

在受理申请后，低压客户在次工作日完成现场勘查并答复供电方案；10kV 单电源客户不超过 14 个工作日；10kV 双电源客户不超过 29 个工作日；35kV 及以上单电源客户不超过 15 个工作日；35kV 及以上双电源客户不超过 30 个工作日。

四、供电方案的组成

供电方案由客户接入系统方案和客户受电系统方案组成。客户接入系统方案包括客户供电的电压等级、供电容量、供电电源位置、供电电源数（单电源或双电源）、供电回路数、路径、出线方式及供电线路敷设等；客户受电系统包括进线方式、受电装置容量、主接线、运行方式、继电保护方式、调度通信、保安措施、电能计量方式及接线方式、安装位置、产权及维护责任分界点、主要电气设备技术参数等。

1. 客户供电容量的确定

应将全部用电设备尽可能准确地进行统计，对正常情况下，同时使用的设备、可能使用的设备和备用设备分别登记、统计。低压客户供电容量是指接入计费电能表内（即供电企业低压网络内）的全部设备额定容量之和，其中也包括已接线而未用电的设备；高压客户供电容量按正常情况下同级供电电压运行变压器、热备用变压器、站用变压器和未接入变压器内的高压电动机铭牌容量的总和计算。

2. 客户供电电压等级的确定

（1）电压等级的分类。

低压：单相为220V，三相为380V；

高压：10kV、35（66）kV、110kV、220kV。

除发电厂直配电压可采用3kV或6kV外，其他等级的电压应逐步过渡到上述额定电压。用户需要的电压等级不在上述范围时，应自行采取变压措施解决。

对客户供电电压，应根据用电容量、用电设备特性、供电距离、供电线路的回路数、当地公共电网现状及其发展规划等因素，经技术经济比较后确定。

（2）电压等级的确定。

1）220V单相供电应符合下列规定。

a. 客户单相用电设备总容量不足10kW的可采用低压220V供电，在经济发达的省（自治区、直辖市）用电设备总容量可扩大到16kW。

b. 有单台设备容量超过1kW的电焊机、换流设备时，客户必须采取有效的技术措施以消除对电能质量的影响，否则应改为其他方式供电。

c. 对仅有单相用电设备的客户，报装容量超过上述规定时，应采用单相变压器供电。

d. 零散居民、农民客户每户基本配置用电容量，应根据各地经济发展状况而定，其范围为4～8kW。

2）380V供电应符合下列规定。

a. 客户用电设备总容量在100kW及以下或需用变压器容量在50kVA及以下者，可采用低压三相四线制供电，特殊情况也可采用高压供电。

b. 在农村综合变压器以下供电的客户，用电设备总容量在30kW以下者采用低压供电。在经济发达的省（自治区、直辖市）用电设备总容量可提高到50kW。

c. 在城区用电负荷密度较高的地区，经过技术经济比较，采用低压供电时的技术经济性明显优于采用高压供电时的，低压供电的容量可适当提高到250kW、350kW。

3）采用高压供电的客户应具备的条件。

a. 客户用电设备总容量为100kVA、8000kVA（含8000kVA）时，宜采用10kV供电。无35kV电压等级的地区，10kV电压等级的供电容量可扩大到15 000kVA。

b. 客户用电设备总容量为 5MVA、40MVA 时，宜采用 35kV 供电。

c. 有 66kV 电压等级的电网，客户用电设备总容量为 15MVA、40MVA 时，宜采用 63kV。

d. 客户用电设备总容量为 20～100MVA 时，宜采用 110kV 以上电压等级供电。

e. 客户用电设备总容量为 100MVA 及以上时，宜采用 220kV 以上电压等级供电。

f. 10kV 及以上电压等级供电的客户，当单回路电源线路容量不满足负荷需求且附近无上一级电压等级供电时，可合理增加供电回路数，采用多回路供电。

g. 客户用电设备容量虽然在 100kW 以下或需用变压器容量在 50kVA 及以下者，但有特殊要求时，也可采用高压供电。

a）对用电可靠性有特殊要求的客户，如通信、医院、广播、电视台、计算中心、机要用电等客户，其用电需用变压器容量虽不足 50kVA，但也可以高压方式供电；

b）基建工地、市政施工用电等临时性用电，其用电容量小于 50kVA 者无低压供电条件，可以高压方式供电；

c）低压供电的用户如接用 X 光机、电焊机、整流器等用电设备，可以独立安装变压器供电；

d）对农村电力用户供电，由于负荷密度小，虽容量不足 50kVA，也可以高压方式供电；

e）供电半径超过本级电压规定时，可按高一级电压供电；

f）具有冲击负荷、波动负荷、非对称负荷的客户，宜采用系统变电站新建线路或提高电压等级供电的供电方式。

五、高压客户供电方案的确定

1. 确定客户变电站（配电室）的主变压器台数容量

（1）常用的确定方法。一般情况下用电容量较大的客户，特别是执行两部制电价的客户，其用电负荷应考虑由两台或多台变压器分别供电，并且实现办公生活和生产负荷分开，尽量不使用一台变压器供电。

由于使用两台或多台变压器供电，可以根据生产需要启、停变压器，可以在不生产或检修情况下，实现既不影响客户正常办公生活，又能节约运行成本降低能耗等效果。安装多台变压器的具体台数要根据客户负荷分布情况、用电负荷性质重要程度等因素来确定。

1）节能型变压器容量等级为 100、125、160、200、250、315、400、500、630、800、1000、1250、1600、2000、2500kVA。主要用于 10kV 配电。35kV 及以上电压，其容量为上述容量乘以 10 倍或 100 倍。

2）采用需用系数确定变压器容量。用电设备计算负荷的计算公式为

$$P_c = K_d P$$

式中，P_c 为计算负荷，kW；K_d 为需用系数；P 为设备的容量，kW。

常见用电设备的需用系数见表 2–5。

表 2–5　　　　　　　　　　　　常见用电设备的需用系数

用电设备名称	电炉炼钢	机械制造	纺织机械	面粉加工
需用系数	1.0	0.2～0.5	0.55～0.75	0.7～1.0

用电设备计算负荷求出后，可根据国家规定客户应达到的功率因数求出用电负荷的视在

功率，确定变压器的容量。

用电负荷视在功率的计算公式为

$$S = P_s / \cos\psi$$

式中，S 为用电负荷的视在功率，kVA。

考虑正常情况下变压器的利用率、自然功率因数等因素，对变压器所带负荷的影响，一般情况下 $\cos\psi$ 取 0.7～0.75。

依据所求视在功率，参考节能型变压器容量等级，确定取最靠近该视在功率的节能型变压器容量等级上限为所确定的变压器容量，也就是客户应申请安装的变压器容量。如果客户近期有发展或客户要求留有一定容量余度，选择变压器也可略微放大一点，但不能过大。

（2）确定的步骤及方法。在实际工作中，确定变压器容量，一定要与客户认真协商，本着实事求是的精神，按照安全、经济、统筹兼顾的要求，确定出最佳的变压器容量和台数。

1）确定供电电源的原则。根据客户实际用电容量，确定应为客户提供的供电电压等级、供电距离近，电压质量容易保证。有时，受邻近区域变电站（或配电变压器）和线路负荷的限制，需要从其他电源接电。在这种情况下，应尽可能采取区域变电站（或配电变压器）增容、增加出线间隔、切改供电线路负荷等方法来解决电源问题，以保证供电方式既经济又合理。若区域变电站因受占地面积和出线走廊等条件所限不能再进行扩建，而一些大工业用户又急于用电，可由客户集资筹建高一级电压的区域性变电站解决电源问题。这就是由于客户申请用电引起新建、扩建区域变电站的过程，也是电网逐渐扩大的过程。

2）供电电源数量的确定。确定供电电源数量，必须根据客户的用电性质及所处地域来确定。

a. 客户用电性质的划分。根据用电负荷对供电可靠性的要求，以及中断供电将危害人身安全的公共安全，在政治或经济上造成损失或影响的程度等因素，将客户用电负荷分为一级负荷、二级负荷、三级负荷。一级负荷指中断供电将产生下列后果之一的：引发人身伤亡的；造成环境严重污染的；发生中毒、爆炸和火灾的；造成重大政治影响、经济损失的；造成社会公共秩序严重混乱的。二级负荷是指中断供电将产生下列后果之一的：造成较大政治影响、经济损失的；造成社会公共秩序混乱的。三级负荷是指不属于一级负荷和二级负荷的负荷。其中，具有一级负荷兼或二级负荷的客户称为重要客户。

b. 各类用电负荷对供电电源的要求。

一级负荷的供电电源应符合下列规定：一级负荷应由两个电源供电；当一个电源发生故障时，另一个电源不应同时受到损坏；一级负荷中特别重要的负荷，除由两个电源供电外，尚应增设应急电源，并严禁将其他负荷接入应急供电系统；一级负荷设备的供电电源应在设备的控制箱内实现自动切换，切换时间应满足设备允许中断供电的要求。

二级负荷的供电电源应符合下列规定：二级负荷的供电系统，宜由两回线路供电。在负荷小或地区供电条件困难时，二级负荷可由一回 6kV 及以上专用的架空线路或电缆供电。当采用架空线时，可为一回架空线供电；当采用电缆线路时，应采用两根电缆组成的线路供电，其每根电缆应能承受 100%的二级负荷。

c. 根据所处地域确定供电电源。由于地域限制无法为客户提供合适电压等级的电源，可以考虑以降低供电电压等级和增加供电电源数（回路数）的形式供电。

d. 每路供电电源所载容量的确定。每路电源最大供电容量必须根据供电电压和不同规格导线（电缆）载流量计算得出。

下面以钢芯铝绞线为例说明导线载流量受环境温度和导线本身温度的影响程度。

1983 年标准的钢芯铝绞线长期允许的载流量（见表 2-6）是按环境温度为 +40℃、风速为 0.5m/s、日照为 1000W/m²、辐射系数及吸热系数均为 0.9 条件下计算得出的钢芯铝绞线持续的载流量。如果环境温度等其他因素发生变化，那么钢芯铝绞线载流量就跟着发生了变化，具体在不同环境温度下钢芯铝绞线载流量的计算可以由 LGJ 型钢芯铝绞线规格特性（见表 2-7）和导线载流量在不同环境温度时的校正系数（见表 2-8）计算得出。

表 2-6　　　　　　　　1983 年标准的钢芯铝绞线长期允许的载流量

标称截面积（mm²）	计算载流量（A）			标称截面积（mm²）	计算载流量（A）		
	+70℃	+80℃	+90℃		+70℃	+80℃	+90℃
10/2	66	78	87	210/50	409	507	586
16/3	85	100	113	240/30	445	552	639
25/4	111	131	149	240/40	440	546	633
35/6	134	158	180	240/55	445	554	641
50/8	161	191	218	300/15	495	615	711
50/30	166	195	218	300/20	502	624	722
70/10	194	232	266	300/25	505	628	726
70/40	196	230	257	300/40	503	628	728
95/15	252	306	351	300/50	504	629	730
95/20	233	277	319	300/70	512	641	745
95/55	230	270	301	400/20	595	746	864
120/7	287	350	401	400/25	584	730	845
120/20	285	348	399	400/35	583	729	844
120/25	265	315	365	400/50	592	741	857
120/70	258	301	335	400/65	597	752	876
150/8	323	395	454	400/95	608	767	895
150/20	326	400	461	500/35	670	842	977
150/25	331	407	469	500/45	664	834	967
150/35	331	407	469	500/65	676	850	983
185/10	372	458	528	630/45	763	964	1120
185/25	379	468	540	630/55	775	979	1136
185/30	373	460	531	630/80	774	977	1131
185/45	379	469	541	800/55	887	1126	1310
210/10	397	490	565	800/70	884	1121	1301
210/25	405	501	579	800/100	878	1113	1288
210/35	409	507	586	1400/100	1272	1563	1808

注　最高允许温度分 +70℃、+80℃、+90℃ 三种。

表 2-7 LGJ 型钢芯铝绞线规格特性

导线截面面积（mm²）	铝线股数×线径（mm）	钢线股数×线径（mm）	导线外径（mm）	20℃时的直流电阻（Ω/km）	质量（kg/km）	计算拉断力（N）	户外载流量（A）
10	5×1.6	1×1.2	4.4	3.12	36	2800	73
16	6×1.8	1×1.8	5.4	2.04	62	4450	110
25	6×2.2	1×2.2	6.6	1.38	92	6650	140
35	6×2.8	1×1.8	8.4	0.85	150	10 770	170
50	6×3.2	1×3.2	9.6	0.65	196	14 100	220
70	7×3.8	1×3.8	11.4	0.46	275	19 800	275
95	28×2.08	7×1.8	13.7	0.33	404	31 600	335
120	28×2.29	7×2.0	15.2	0.27	492	38 400	380
150	28×2.29	7×2.2	17.0	0.21	617	48 900	445
185	28×2.29	7×2.2	19.0	0.17	771	60 300	515
240	28×2.29	7×2.8	21.6	0.132	997	78 600	610
300	28×2.29	7×3.2	24.2	0.107	1257	105 400	700
400	28×2.29	19×2.2	28.0	0.08	1660	137 810	800

表 2-8 导线载流量在不同环境温度时的校正系数

环境温度（℃）	10	15	20	25	30	35	40
校正系数 e	1.15	1.11	1.05	1.00	0.94	0.88	0.81

电缆长期允许的载流量受电等级、缘材料、所处环境、空气、直埋等条件影响比较严重，这里不再进行明确细化，具体电规格、型号的选择由设计部门进行设计时，经过实地和考虑及计算后定。

3）供电电源点确定。根据客户用电容量、需用供电电压、供电电源数确定电网供电电源点。电网供电电源点确定的一般原则：电源点应具备足够的供电能力，能提供合格的电能质量，以满足客户的用电需求；在选择电源点时充分考虑各种相关因素，确保电网和客户端变电站的安全运行，对多个可选电源点，应进行技术经济比较后确定；根据客户的负荷性质和用电需求，确定电源点的回路数和种类；根据城市地形地貌和通路规划要求，就近选择电源点；路径应短捷顺直，减少与道路交叉，避免近电远供、迂回供电。

架设专线供电，可以根据所处地区、城市、农村等因素不同而限定不同的容量，客户架设专线的最小用电容量一般以选定在 2000~3000kVA 范围内为宜，如果客户用电容量小于上述限定，但就近公用线路又无法满足客户用电需要，可以考虑更换截面较大规格的导线（或电缆）来满足要求，也可采用从电网变电站架设专线来满足客户供电要求。如果电网变电站容量或变电站进线无法满足客户供电要求，也要进行必要的改造，改造费用无论由哪方投资均必须移交供电方管理维护。

确定的电力线路（包括开关站）的路径（占地）需与政府规划部门联系，由政府规划部门批准在正式地形图上画出电力线路许可施工安装位置，方可进行设计和施工。

2. 确定客户变电站（配电室）位置进线方式、一次主接线及出线方式

（1）变电站（配电室）位置选择应考虑进、出线方便和检修、维护方便及建设施工的可能性，如果变电站（配电室）内安装变压器，必须考虑选择在负荷中心。

变电站（配电室）的进线可以根据周围环境选择架空线或电缆作为进线方式。变电站（配电室）四周没有建筑物阻挡，可以采用架空线路经穿墙套管进入，也可采用电缆进入变电站（配电室）；变电站（配电室）四周有妨碍架空线路的建筑物时，应采用电缆进入。采用电缆进入变电站（配电室）时，在变电站（配电室）外应安装相应断路器来保护电缆。

（2）客户变电站（配电室）电气主接线的主要形式有单母线接线、单母线分段接线、双母线接线、内桥接线、外桥接线、线路变压器组接线。具体电气主接线各类形式的图形及优缺点如下。

1）单母线接线（见图2-2）。

优点：简单、清晰、设备少、投资小，运行操作方便且有利于扩建；隔离开关仅在检修设备时作隔离电源用，不作为倒闸操作电器，从而避免由使用隔离开关进行大量倒闸操作而引起的误操作事故。

缺点：母线或母线隔离开关检修时，连接在母线上的所有回路都需要停止工作；当母线或母线隔离开关发生短路故障或断路器靠母线侧绝缘套管损坏时，所有断路器将自动断开，造成全部停电；检修任一电源或出线断路器时，该回路必须停电。

2）单母线分段接线（见图2-3）。

优点：与单母线接线相比，单母分段接线提高了供电可靠性和灵活性；对重要用户可以采用双回路供电，从而保证供电可靠性；当一段母线发生故障时，分段断路器自动将故障段隔离，保证正常段母线不间断供电，不致使重要用户停电；两段母线同时故障的概率小，可以不予考虑。

缺点：当一段母线或母线隔离开关故障检修时，必须断开接在该段上的全部电源和出线，这样就减少了系统的发电量，并使该段单回路供电的用户停电；任一电源或出线断路器检修时，该回路必须停止工作。

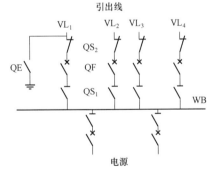

图2-2 单母线接线图

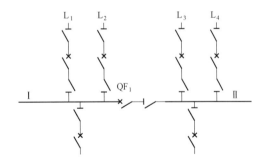

图2-3 单母线分段接线图

3）双母线接电（见图2-4）。

优点：供电可靠、调度灵活、扩建方便、便于试验。

缺点：在倒闸操作过程中，需使用隔离开关切换所有电流回路，操作过程较复杂，容易

造成误操作；工作母线故障时，将造成短时全部进出线停电；在任一线路断路器检修时，该回路仍需停电；使用的母线隔离开关数量较多，同时增加了母线的长度，使配电装置结构复杂，投资和占地面积较大。

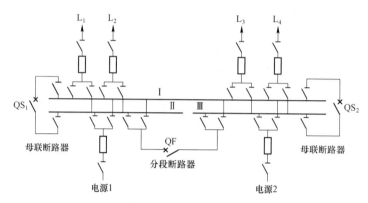

图 2-4 双母线接线图

4）内桥接线（见图 2-5）。

优点：高压断路器数量少，4 个回路仅需 3 个断路器。

缺点：变压器的切除和投入较复杂，需动作两台断路器，影响一回线路的暂时停运；桥连断路器检修时，两个回路需解列运行；出线断路器检修时，线路需长时期停运。为避免此缺点，可加装正常断开运行的跨条，为了轮流停电检修任何一组隔离开关，在跨条上需加装两组隔离开关，桥连断路器检修时，也可利用此跨条。

5）外桥接线（见图 2-6）。

优点：高压断路器数量少，4 个回路仅需 3 个断路器。

缺点：线路的切除和投入较复杂，需动作两台断路器，并有一台变压器暂时停运；桥连断路器检修时，两个回路需解列运行；变压器侧断路器检修时，变压器需较长时期停运。为避免此缺点，可加装正常断开运行的跨条，为了轮流停电检修任何一组隔离开关，在跨条上需加装两组隔离开关，桥连断路器检修时，也可利用此跨条。

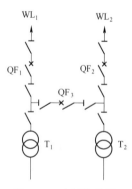

图 2-5 内桥接线图

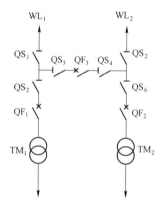

图 2-6 外桥接线图

6）线路变压器组接线（见图2-7）。

优点：接线简单，设备少，不需高压配电装置。

缺点：线路故障或检修时，变压器停运；变压器故障或检修时，线路停运。

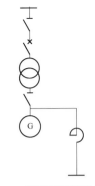

图2-7 线路变压器组接线图

客户具有两回线路供电的一级负荷时，其电气主接线一般确定为：35kV及以上电压等级应采用单母线分段接线或双母线接线，装设两台及以上主变压器，10kV侧应采用单母线分段接线；10kV电压等级应采用单母线分段接线，装设两台及以上变压器，0.4kV侧应采用单母线分段接线。

客户具有两回线路供电的二级负荷时，其电气主接线一般确定为：35kV及以上电压等级宜采用桥形、单母线分段、线路变压器组接线，装设两台及以上变压器，中压侧应采用单母线分段接线；10kV电压等级宜采用单母线分段、线路变压器组接线。装设两台及以上变压器，0.4kV侧应采用单母线分段接线。

单回线路供电的三级负荷客户，其电气主接线采用单母线或线路变压器组接线。

（3）客户变电站（配电室）出线方式宜采用电缆。因为厂区内建筑物比较集中，再加上厂区内进行的绿化，均对架空线路的安全运行造成威胁，所以变电站（配电室）出线方式不适宜采用架空线路。当客户有特殊要求，需要采用架空线路出线时，必须消除安全隐患。

3. 确定客户电气装置的继电保护方式

继电保护的设置是保证电气设备和人身安全的需要，是减小客户和供电企业经济损失、缩小停电范围的重要保障，也是保护电气设备的重要手段之一。继电保护设置的基本原则有：客户变电站中的电力设备和线路，应装设反应短路故障和异常运行的继电保护和安全自动装置，满足可靠性、选择性、灵活性和速度性的要求；客户变电站中的电力设施和线路的继电保护应有主保护、后备保护和异常运行保护，必要时可增设辅助保护；10kV及以上变电站宜采用数字式继电保护装置。具体保护方式配置的要求如下。

（1）继电保护和自动装置的设置应符合GB/T 50062—2008《电力装置的继电保护和自动装置设计规范》、GB/T 14285—2006《继电保护和安全自动装置技术规程》的规定。

（2）进线保护的配置应符合下列规定：① 110kV及以上电压等级进线保护的配置，应根据经评审后的二次接入系统设计确定；② 35kV进线应装设延时速断及过电流保护，对于有自备电源的客户，也可采用阻抗保护；③ 10kV进线应装设速断或延时速断、过电流保护，对小电阻接地系统，宜装设零序保护。

（3）主变压器保护的配置应符合下列规定：① 容量在0.4MVA及以上车间内油浸变压器和0.8MVA及以上油浸变压器，均应装设瓦斯保护，其余非电量保护按照变压器厂家要求配置。② 电压在10kV及以下、容量在10MVA及以下的变压器，采用电流速断保护和过电流保护分别作为变压器的主保护和后备保护。③ 电压在10kV及以上、容量在10MVA及以上的变压器，采用纵差保护和过电流保护（或复压过电流）分别作为变压器的主保护和后备保护。对于电压为10kV的重要变压器，当电流速断保护灵敏度不符合要求时也可采用纵差保护作为变压器的主保护。④ 220kV主变压器除非电量保护外，应采用两套完整、独立的主保护和后备保护。

（4）220kV母线及110kV双母线采用两套专用母线保护。

4. 确定客户计量方式、计量点和计量装置选型配置

高压供电客户的计量方式宜采用高供高计方式，但对 10kV 供电且容量在 315kVA 及以下、35kV 供电且容量在 500kVA 及以下的，在高压侧计量确有困难时，可在低压侧计量，即采用高供低计方式。

电能计量点应设定在供电设施与受电设施的产权分界处。如产权分界处不适宜装表，对专线供电的高压客户，可在供电变电站的出线侧出口装表计量；对公用线路供电的高压客户，可在客户受电装置的低压侧计量。另外选择计量点的位置，必须便于供电企业抄录计量电能表的示数和现场校验。

计量装置选型配置必须按照 DL/T 448—2016《电能计量装置技术管理规程》的标准执行。在配置计量装置时还应注意以下要求。

（1）电能计量装置实行专用。属高压供电客户，应当给电力部门提供方便，按照计费的要求，提供或移交计量专用柜（包括计量用互感器），并应妥善地运行、维护和保管。自行投资建设、专用变电站（配电室）的客户，应当在供用电合同中予以明确，并作为变电站（配电室）设计的内容之一。

（2）根据不同时期执行电价的分类，对执行不同电价的各类用电负荷分别装表计费，并在客户报装时，明确规定分线分表或装设套表，计量收费。

（3）对于农村客户，要以村（或法定自然人）为单位，对排灌、动力和照明用电，实行分线分表计量收费，并在送电前加以检查落实。

（4）对执行两部制电价，依功率因数调整电费的客户，必须装设有功电能表与无功电能表，并加装无功电能表的防倒装置。

5. 确定客户电气设备运行方式

（1）一级负荷客户可采用以下运行方式：① 两回及以上进线同时运行互为备用。② 一回进线主供，另一回路热备用。

（2）二级负荷客户可采用以下运行方式：① 两回及以上进线同时运行；② 一回进线主供，另一回路备用。

（3）不允许出现高压侧合环运行的方式。

6. 确定客户调度通信等内容

为了保证电力调度部门与所调度的客户之间通信畅通，及时准确地下达各类调度命令，如限电、倒负荷、操作开关、切除故障设备等，在确定供电方案时，对通信和自动化也有具体要求。

（1）35kV 及以下供电、用电容量不足 8000kVA 且有调度关系的客户，可利用电能量采集系统采集客户端的电流、电压及负荷等相关信息，配置专用通信市话与调度部门进行联络；

（2）35kV 供电、用电容量在 8000kVA 及以上或 110kV 及以上的客户宜采用专用光纤通道或其他通信方式，通过远动设备上传客户端的遥测、遥信信息，同时应配置专用通信市话或系统调度电话与调度部门进行联络；

（3）其他客户应配置专用通信市话与当地供电企业进行联络。

7. 确定客户受电方式

客户受电方式分为变台、简易箱式变电站、组合箱式变电站、简易变电站（配电室）、标准变电站（配电室）。其中，变台又分为落地式变台、单杆式变台、二杆式变台、三杆式变台。

① 落地式变台：这种形式的变台变压器容量较大，电杆上承受不了变压器质量，变台建在人口密度小的地点，变台周围用高于 1.7m 的角钢焊接拉板网，网孔应小于 2cm×2cm；② 单杆式变台：这种形式的变台变压器容量特别小，所带负荷特别小，只在个别地区应用；③ 二杆式变台：一般适用于乡村，造价低，安全性比三杆式变台差；④ 三杆式变台：一般在城镇街道旁安装，其中主杆安装控制变压器高压侧的跌落式熔断器，副杆安装变压器，容量一般控制在 315kVA 以下。⑤ 简易箱式变电站：箱内装变压器，变压器容量一般控制在 500kVA 以下，不装高压开关柜，低压侧不装低压开关柜，而是在低压面板上装设低压断路器、隔离开关、仪表及计量装置，进出线均采用电力电缆，该形式变电站投资小，设备保护功能不全，安全可靠性较差。⑥ 组合箱式变电站：箱内装设高压开关柜、低压开关柜、变压器等设备，进出线采用电力电缆，这种箱变保护功能齐全，安全可靠，但造价较高。变压器容量一般控制在 500kVA 以上。⑦ 简易变电站（配电室）：电气设备和简易箱式变电站设备基本一致，但低压侧一般安装低压柜，房屋结构为混凝土体结构形式。⑧ 标准变电站（配电室）：房屋结构为混凝土砖结构形式，屋内安装高压开关柜、配电变压器、低压开关柜，一般高压进线可采用架空或电缆进线，低压采用电缆出线，保护齐全，安全可靠，造价高。

具体采用哪一种受电方式，还与地域、社会经济发展程度及各地的习惯有关，下面仅以××地区选择受电方式的原则作为参考。

（1）客户用电容量在 315kVA 及以下者，一般新建工业变台，但变压器安装在下列位置时，原则上应新建简易箱式变电站或箱式变电站。

1）在城区供电的城市范围内；

2）在县区供电的城镇范围内，同时影响城镇美观的（如城镇街道两边）；

3）四周距建筑物太近，严重影响人身安全和安全用电的。

（2）客户用电容量为315～500kVA 者，一般新建简易箱式变电站或简易变电站（配电室），如客户有特殊要求，也可新建组合箱式变电站或变电站（配电室）。

（3）客户用电容量为 500～800kVA 者，一般新建组合箱式变电站，如客户有特殊要求，也可新建变电站（配电室）。容量达到 630kVA 时，客户侧应安装过电流保护和速断保护装置；容量达到 800kVA 时，客户侧应安装过电流保护、速断保护、温控保护和瓦斯保护装置等。

（4）客户用电容量在 800kVA 以上者，应新建变电站（配电室）。如确因客户地方特别小，无法新建变电站（配电室），可考虑新建组合箱式变电站，但设置的各种保护装置不能减少。

（5）临时用电的客户在保证运行安全、计量合理准确、电价执行正确的基础上，选择最经济的方式，可以不受正式供电方案的限制。

8. 高压客户供电方案的有效期

供电方案的有效期是指，从供电方案正式通知书发出之日起，至交纳有关业扩费用并受电工程开工日为止。高压客户供电方案的有效期为一年，逾期注销。

客户遇有特殊情况，需延长供电方案有效期的，应在有效期到期前 10 天向供电企业提出申请，供电企业应视情况予以办理延长手续。但延长时间不得超过前款规定期限。

五、低压客户供电方案的确定

1. 确定低压客户接装容量

接装容量是指接入计费电能表（即供电企业低压网络）内的全部设备额定容量之和，其中也包括已接线而未用电的设备。设备的额定容量是指设备铭牌上标定的额定容量。如果设备铭牌上标有分挡使用，有不同容量时，应按其中最大容量计算；如果设备上标明的是输入额定电流值而无额定容量值，可按下式计算其额定容量。

单相设备：

$$P = U_N I_N \cos\varphi$$

三相设备：

$$P = \sqrt{3} U_N I_N \cos\varphi$$

式中，P 为额定容量，kW；U_N 为额定电压，kV；I_N 为额定电流，A；$\cos\varphi$ 为功率因数。

如果设备铭牌上标出的额定容量单位是马力，应折算成千瓦值，1 公制马力 = 0.736kW，1 英制马力 = 0.746kW。

2. 确定低压客户电源进户点

确定低压电力客户电源进户点位置时应注意：

（1）进户点应尽可能接近供电电源线路处。

（2）容量较大的客户应尽量接近负荷中心处。

（3）进户点应错开泄雨水的水沟、墙内烟道，并应与煤气管道、暖气管道保持一定的距离。

（4）应便于检查和维护，保证工作的便利和安全。

（5）进户点距地平面的最小距离不得小于 2.5m，当条件确定不能满足要求时，其低于 2.5m 的导线应加硬塑料管保护。

（6）应与附近其他客户的进户点高度尽可能取得一致。

（7）进户点的墙面等应坚固，能牢固地安装接户线支持物。

3. 确定低压客户供电电压、供电方式

低压客户采用低压供电方式，即以 0.4kV 及以下电压实施的供电。低压供电方式分为单相和三相两类。

单相低压供电方式主要适用于照明和单相小动力，其最大容量应以不引起供电质量变劣为准则。一般情况下，客户单相用电设备总容量在 10kW 及以下时可采用低压 220V 供电。在经济发达地区，用电设备总容量可扩大到 16kW。

三相低压供电方式主要适用于三相小容量客户。一般情况下，客户用电设备总容量在 100kW 及以下或受电变压器容量在 50kVA 及以下者，可采用低压 380V 供电。在用电负荷密度较高的地区，经过技术经济比较，采用低压供电时的技术经济性明显优于采用高压供电时的，低压供电的容量可适当提高。

4. 确定计量点和配置计量装置

低压客户计量点应选择在产权分界点，如产权分界点安装计量装置确实有困难，也可安装在客户受电点合适位置，但应根据实际情况承担产权范围内的线路损耗。

低压客户计量装置应安装在由供电企业加封的低压计量箱（柜）内，计量装置的配置应根据下式求得的额定电流来确定。

$$I_N = S_N / (\sqrt{3} U \cos\varphi)$$

式中，I_N 为计量装置额定电流，A；S_N 为客户报装额定容量，kW；U 为供电电压，kV。

大于额定电流的距离电能表规格最接近的那一规格，就可以确定为该客户配置的计量表计。如额定电流较大，无法选择直配表，可以配置 1.5（6）A 计量用电能表加电流互感器来满足客户计量使用，电流互感器同样选择大于额定电流的距离电流互感器规格最接近的那一规格。

5. 应考虑的其他项目

居民住宅小区的供电电压等级应根据当地电网条件、小区分类、用电最大需量或受电设备总容量，经过技术经济比较后确定。

居民住宅小区居民用电按"一户一表"配置，单户用电容量不足 12kW 时宜采用 220V 供电，用电容量在 10kW 以上时宜采用 380V 供电。

新建居民住宅小区不得使用预装式变电站（箱变）供电，不得使用施工用临时配电设施供电。低层、多层住宅宜设置室内配电室，高层住宅应设置室内配电室，超高层住宅应根据负荷分布在建筑物中间楼层增设配电室。

居民住宅小区宜采用全电缆布置。低压配电网采用低压架空线路时，应采用架空绝缘电缆，不得采用裸导线。

居民住宅建筑物之间不得采用链式供电。

低层、多层住宅可采用树干式供电。

高层住宅可采用放射式或树干式供电。

超高层住宅宜由变电所设专线回路采用放射式供电。

居民住宅小区配电应安装无功补偿装置，补偿后功率因数不低于 0.9。

六、其他供电方案的确定

1. 确定临时供电方案

基建施工、市政建设、抗旱打井、防汛排涝、抢险救灾、集会演出等非永久性用电，可实施临时供电。具体供电电压等级取决于用电容量和当地的供电条件。

因抢险救灾需要供电时，供电企业必须尽快安排供电。"抢险救灾"不是指某一具体单位，"险"与"灾"是指突然发生的自然灾害所造成的险情。紧急供电不应拖延，可以不按正常申报手续办理，一般应由县级以上人民政府提出抢险救灾紧急供电。

临时供电期限一般不得超过 3 年，逾期不办理延期或永久性正式用电手续，供电企业应终止供电；使用临时电源的客户不得向外转供电，也不得转让给其他客户，供电企业也不受理其变更用电事宜。如需改为正式用电，应按新装用电办理。

临时用电的具体受电方式可以在保证运行安全、计量合理准确、电价执行正确的基础上，选择最经济的方式，可以不受正式供电方案的限制。

2. 确定高层建筑物供电方案

（1）高层建筑物分类。高层建筑物根据其使用性质、火灾危险性、疏散和扑救难度等进行分类，分为一类高层建筑物和二类高层建筑物。一类高层建筑物应按一级负荷要求确定供电方案，二类高层建筑物应按二级负荷要求确定供电方案。

一类高层建筑物包括居住在建筑物 19 层及以上的住宅、医院、高级旅馆；建筑物高度超过 50m 或 24m 以上部分的任一楼层的建筑面积超过 1000m² 的商业楼、展览楼、综合楼、电信楼、财贸金融楼；建筑物高度超过 50m 或 24m 以上部分的任一楼层的建筑面积超过 1500m²

的商住楼；中央级和省级（含计划单列市）广播电视楼；网局级和省级（含计划单列市）电力调度楼；省级（含计划单列市）邮政楼、防灾指挥调度楼；藏书超过 100 万册的图书馆、书库；重要的办公楼、科研楼、档案楼；建筑高度超过 50m 的教学楼和普通旅馆、办公室、科研楼、档案楼等。

二类高层建筑物包括居住在建筑物 10～18 层的住宅；除一类高层建筑物以外的商业楼、展览楼、综合楼、电信楼、财贸金融楼、商住楼、图书馆、书库；省级以下的邮政楼、防灾指挥调度楼、广播电视楼、电力调度楼；建筑高度超过 50m 的教学楼和普通的旅馆、办公室、科研楼、档案楼等。

第五节　业　扩　工　程

业扩工程按电力系统管辖权限可分为供电工程和受电工程。供电工程也称客户外部工程，指电力客户办理新装、增容、变更用电而引起属于供电企业产权的输、变、配电设备新建或改建的工程，它的设计、施工一般由供电企业承担；受电工程也称客户内部工程，是指电力客户办理新装、增容、变更用电而引起属于客户产权的输、变、配电设备新建或改建的工程，它的设计施工一般由客户委托有相应资质的单位承担。本节着重介绍受电工程。

一、受电工程的设计

1. 设计依据

设计单位对受电工程的设计应依据国家和电力行业的有关标准、规程进行，同时应按照当地供电部门确定的供电方案要求选择电源、架设线路、设计变配电设备等，如果确实需要修改供电方案的，必须经过供电方案批复部门同意。设计时倡导采用节能环保的先进技术和产家明令淘汰的产品。具体标准、规程主要包括：

GB 50059—2001《35kV～110kV 变电站设计规范》

GB 50053—2013《10kV 及以下变电所设计规范》

GB/T 14285—2006《继电保护和安全自动装置技术规程》

GB/T 14549—1993《电能质量　公用电网谐波》

GB/T 15408—2011《安全防范系统供电技术规范》

GB 51302—2018《架空绝缘配电线路设计标准》

GB 50063—2017《电力装置电测量仪表装置设计规范》

DL/T 5092—1999《(110－500) kV 架空送电线路设计技术规程》

DL/T 5220—2005《10kV 及以下架空配电线路设计技术规程》

DL/T 5352—2018《高压配电装置设计规程》

DL/T 620—1997《交流电气装置的过电压保护和绝缘配合》

DL/T 596—1996《电气设备预防性试验规程》

DL/T 448—2016《电能计量装置技术规程》

DL/T 866—2015《电流互感器和电压互感器选择及计算导则》

DL/T 5044—2014《电力工程直流系统设计技术规程》

DL/T 5137—2001《电测量及电能计量装置设计技术规程》

DL/T 599—2016《中低压配电网改造技术导则》

DL/T 401—2017《高压电缆选用导则》

DL/T 5154—2012《架空送电线路杆塔结构设计技术规定》

CSG/MS 0308—2005《电力系统电压质量和无功电力管理办法》

Q/GDW 161—2007《线路保护及辅助装置标准化设计规范》

Q/GDW 156—2006《城市电力网规划设计导则》

《国家电网公司业扩供电方案编制导则（试行）》（国家电网营销〔2007〕655 号）

《国家电网公司技术标准管理办法》（国家电网科〔2007〕211 号）

《国家电网公司业扩报装管理规定（试行）》（国家电网营销〔2007〕49 号）

2. 资料审查

（1）受电工程设计单位资质的审查。受电工程的设计单位必须具备电力行业的相应设计资质，其他行业的资质只能根据业务范围进行客户用电侧内部配电网的设计。具体电力行业设计资质划分如下：甲级，承担电力行业建设工程项目主体工程及其配套工程的设计业务，其规模不受限制；乙级，承担电力行业中、小型建设工程项目的主体工程及其配套工程的设计业务；丙级，承担电力行业小型建设项目的工程设计业务。

电力行业建设项目设计规模划分表见表 2−9。

表 2−9　　　　　　　　　　电力行业建设项目设计规模划分表

序号	建设项目	单位	特大型	大型	中型	小型	备注
1	火力发电	MW	≥300	100～200	25～50		单机容量
2	水力发电	MW		≥250	50～250	＜50	单机容量
3	风力发电	MW		≥100	50～100	≤50	
4	变电工程	kV		≥330	220	≤110	
5	送电工程	KV		≥330	220	≤110	
6	新能源	MW					

注　新能源发电工程设计包括太阳能、地热、垃圾、秸秆等可再生能源发电工程设计。

（2）设计单位应提供的审查资料。为了电网的安全、经济运行，供电企业必须依据确定的供电方案和国家及电力行业的有关标准、规程对设计单位的设计进行审查。

1）高压客户应提供资料（一式两份）：受电工程设计及说明书；用电负荷分布图；负荷组成、性质及保安负荷；影响电能质量的用电设备清单；主要电气设备一览表；节能篇及主要生产设备；生产工艺耗电及允许中断供电时间；高压受电装置一、二次接线图与平面布置图；用电功率因数计算及无功补偿方式；继电保护、过电压保护及电能计量装置的方式；隐蔽工程设计资料；配电网络布置图；自备电源及接线方式；设计单位资质审查材料；供电企业认为必须提供的其他资料。

2）低压供电的客户应提供负荷组成和用电设备清单。

客户报送审核的受电工程设计文件和有关资料时，应填写《受电工程图样审核申请表》（见表 2−10），作为供电企业和客户接受、移交资料的依据。

表 2-10   受电工程图样审核申请表

申请编号		申请类别	
客户名称		用电地址	
联系人		联系电话	
设计单位		设计资质	
设计人		联系电话	
设计内容			

相关资料名称	份数

事项说明	设计完成，请进行审核

用电单位盖章：　　　　　　　　年　月　日	供电单位盖章：　　　　　　　　年　月　日

登记人：　　　　　　　　登记日期：　　　　　　　　年　月　日

（3）受电工程设计资料审核时限。国家电网公司《业扩报装工作管理规定》中明确规定：对高压供电的客户最长不超过 1 个月；对低压供电的客户最长不超过 10 天。供电企业对客户的受电工程设计文件和有关资料的审核意见应以书面形式反馈（客户受电工程图样审核结果通知单见表 2-11），并督促客户按照审核意见对受电工程设计文件进行修改。客户若更改审核后的设计文件，应将变更后的设计再送供电企业复核。客户受电工程的设计文件，未经供电企业审核同意，客户不得据以施工，否则，供电企业将不予检验和接电。

表 2-11　　　　　　　　　　客户受电工程图样审核结果通知单

申请编号		申请类别	
客户名称		用电地址	
联系人		联系电话	
报验内容			

相关资料名称	份数

事项说明		
用电单位盖章： 　　　　　　　年　月　日	供电单位盖章： 　　　　　　　年　月　日	

登记人：　　　　　　　　　　　　登记日期：

二、受电工程的施工及中间检查

1. 工程施工

进行业扩工程施工的单位必须具有相应的施工资质，还必须取得承装（修、试）电力设施许可证。电力工程施工总承包企业资质分类及其可承担业务范围见表 2-12。

表 2-12　　　　　　电力工程施工总承包企业资质分类及其可承担业务范围

资质分类	可承担业务范围
特级	可以承担各种类型的火电厂（含燃煤、燃气、燃油）、风力电站、太阳能电站、核电站及辅助生产设施，各种电压等级的送电线路和变电站整体工程施工总承包
一级	可以承担单项合同额不超过企业注册资本金 5 倍的各种类型火电厂（含燃煤、燃气、燃油）、风力电站、太阳能电站、核电站及辅助生产设施，各种电压等级的送电线路和变电站整体工程施工总承包
二级	可以承担单项合同额不超过企业注册资本金 5 倍的单机容量 20 万 kW 及以下的机组整体工程、220kV 及以下送电线路及相同电压等级的变电站整体工程施工总承包
三级	可以承担单项合同额不超过企业注册资本金 5 倍的单机容量 10 万 kW 及以下的机组整体工程、110kV 及以下送电线路及相同电压等级的变电站整体工程施工总承包

注　电力工程包括火电站、核电站、风力电站、太阳能电站工程、送变电工程，根据企业施工业绩，对承包工程范围应加以限制。

2. 检查项目

检查项目包括电缆沟和隧道，电缆直埋敷设工程，接地装置工程，变压器、断路器等电气设备特性试验等。

三、受电工程的竣工验收

1. 竣工报验

受电工程竣工后，应由客户及施工单位准备报验资料，同时向供电企业申请竣工验收。客户及施工单位准备的报验资料包括：客户竣工验收申请书；工程竣工图；变更设计说明；隐蔽工程的施工及试验记录；电气试验及保护整定调试报告；电气工程监理报告和质量监督报告；安全用具的试验报告；运行管理的有关规定和制度；值班人员名单及资格；施工单位的资质；供电企业认为必要的其他资料或记录。

2. 验收依据

竣工验收必须根据业扩工程设计图样、供电部门方案批复及国家和电力行业的有关标准、规程进行。具体验收标准、规程主要有：

GB 50171—2012《电气装置安装工程盘、柜及二次回路接线施工及验收规范》

DL/T 5161.1—2018《电气装置安装工程质量检验及评定规程》

DL/T 5759—2017《配电系统电气装置安装工程施工及验收规范》

DL/T 602—1996《架空绝缘配电线路施工及验收规范》

3. 验收的主要内容

竣工验收的范围包括：工程建设参与单位的资质是否符合规范要求；工程建设是否符合设计要求；工程施工工艺、建设用材、设备选型是否符合规范，技术文件是否齐全；安全措施是否符合规范及现行的安全技术规程的规定等。

竣工验收的项目包括：线路架设或电缆敷设检验；高、低压盘（柜）及二次接线检验；配电室建设及接地检验；变压器及开关试验；环网柜、电缆分支箱检验；中间检查记录；交接试验记录；运行规章制度及入网工作人员资质检验；安全措施检验等。

竣工验收时，应收集客户受电工程的技术资料及相关记录，以备归档。技术资料包括：

（1）客户受电变压器的详细参数及安装信息。

（2）竣工资料：母线耐压试验记录、户外负荷开关试验单、竣工图样、变压器试验单、电缆试验报告、电容器试验报告、避雷器试验报告、接地电阻测试记录、户内负荷开关试验单、保护定值调试报告、计量装置实验单等各类设备试验报告保护装置试验报告。

（3）安全设施：安全器具、消防器材、通信设备配备情况、运行规程制度记录。

（4）缺陷记录、整改通知记录。

业扩工程中的供电工程应由供电企业内部组织验收，供电工程技术质量必须满足受电工程要求。

组织竣工检验时间，自受理之日起，一般低压电力客户不超过 3 个工作日，高压电力客户不超过 5 个工作日。

在验收过程中如发现缺陷，应出具《客户受电工程缺陷整改通知单》（见表 2-13），要求工程建设单位予以整改，并记录缺陷及整改情况，整改完成后重新报验，最终出具《客户受电工程竣工验收单》（见表 2-14）。

表 2-13 客户受电工程缺陷整改通知单

申请编号		申请类别	
客户名称		用电地址	
联系人		联系电话	
检查部门		检查人员	
开始时间		完成时间	

受电工程缺陷及整改要求:

用电单位签章: 年 月 日	供电单位签章: 年 月 日

表 2-14 客户受电工程竣工验收单（正面）

申请编号			申请类别			客户编号		
客户名称						联系人		
用电地址						联系电话		
出线变电所	主/备线路		变压器名称及线路杆号	专线/T 接		供电电压（kV）		受电容量（kVA）
产权分界点								

以下由验收人员现场填写					
验收项目	验收说明	结论	验收项目	验收说明	结论
线路（电缆）			自备（保安）电源		
备用电源			隐蔽工程质量		
变压器			电气试验结果		
避雷器			安全工器具配备		
继电保护			消防器材		
电容器			进网作业人员资格		
配电装置			安全措施规章制度		
接地网			其他		
其他			其他		
其他			其他		

受电设备类型	容量	型号	一次侧电压	二次侧电压	一次侧电流	二次侧电流	接线组别	空载损耗	短路电压

负控主站号	第一轮/kW	第二轮/kW	第三轮/kW	备注

计量组号	计量电压	电价类别	TA 变比	TV 变比	倍率	计量方案简图

验收人		客户签字	

续表

受电工程竣工验收单
验收总体结论：
验收通过后，客户须报送的资料如下： 1. 工程竣工图； 2. 进线保护定值单； 3. 电气试验报告； 4. 隐蔽工程说明

四、服务内容

重要客户设计审查和中间检查：受理客户送审的受电工程图样资料时，应审核报送资料并查验设计单位资质。审查合格后应在受理后的一个工作日内将相关资料转至下一个流程相关部门。对于资料欠缺或不完整的，应告知客户需要补充完善的相关资料。

受电工程设计文件审核工作应依照供电方案和国家相关标准开展，审核结果应一次性书面答复客户并督促其修改直至复审合格。

对重要电力客户，自备应急电源及非电性质保安措施还应满足有关规程、规定的要求。对有非线性阻抗用电设备（高次谐波、冲击性负荷、波动负荷、非对称性负荷等）的客户，还应审核谐波负序治理装置及预留空间、电能质量监测装置是否满足有关规程、规定要求。

受电工程设计审核合格后，应在审核通过的受电工程设计文件上加盖图样审核专用章，并告知客户下一个环节需要注意的事项。

供电企业在受理客户受电工程中间检查报验申请后，应在 2 个工作日内及时组织开展中间检查。发现缺陷的，应一次性书面通知客户整改。复验合格后方可继续施工。

受电工程竣工检验前，营销部门应牵头组织生产、调度部门，做好接电前新受电设施接入系统的准备和进线继电保护的整定、检验工作。

受理客户竣工检验申请时，应审核客户相关报送材料是否齐全有效，与客户预约检验时间，并及时通知本单位参与工程验收的相关部门。

竣工检验时，应按照国家、电力行业标准、规程和客户竣工报验资料，对受电工程进行全面检验。发现缺陷的，应以书面形式一次性通知客户。复验合格后方可接电。

第六节　装　表　接　电

一、装表接电的定义

装表接电是供电企业将申请用电者的受电装置接入供电网的行为，接电后，客户合上自己的开关，即可开始用电。装表接电是业扩报装工作中的最后一个环节，一般安装电能计量装置与接电同时进行。

二、服务要求

（1）电能计量装置和用电信息采集终端的安装应与客户受电工程施工同步进行，送电前完成。现场安装前，应根据供电方案、设计文件确认安装条件，并提前与客户预约装表时间。采集终端、电能计量装置安装结束后，应核对装置编号、电能表起度及变比等重要信息，及时加装封印，记录现场安装信息、计量印证使用信息，请客户签字确认。

（2）根据客户意向接电时间及施工进度，营销部门提前在营销业务应用系统录入意向接电时间等信息，并推送至 PMS 系统。在停（送）电计划批复发布后，运检部门通过 PMS 系统反馈至营销业务应用系统。根据现场作业条件，优先采用不停电作业。35kV 及以上业扩项目，实行月度计划；10kV 及以下业扩项目，推行周计划管理。

（3）对于已确定停（送）电时间，因客户原因未实施停（送）电的项目，营销部门负责与客户确定接电时间调整安排，重新报送停（送）电计划；因天气等不可抗因素，未按计划实施的项目，若电网运行方式没有发生重大调整，可按原计划顺延执行。

（4）正式接电前，应完成接电条件审核，并对全部电气设备做外观检查，确认已拆除所有临时电源，并对二次回路进行联动试验，抄录电能表编号、主要铭牌参数、起度数等信息，填写电能计量装接单，并请客户签字确认。

接电条件包括：启动送电方案已审定，新建的供电工程已验收合格，客户的受电工程已竣工检验合格，供用电合同及相关协议已签订，业务相关费用已结清。

（5）接电后应检查采集终端、电能计量装置运行是否正常，会同客户现场抄录电能表示数，记录送电时间、变压器启用时间等相关信息，依据现场实际情况填写新装（增容）送电单，并请客户签字确认。

（6）装表接电的期限。

1）对于无配套电网工程的低压居民客户，在正式受理用电申请后，2个工作日内完成装表接电工作；对于有配套电网工程的低压居民客户，在工程完工当日装表接电。

2）对于无配套电网工程的低压非居民客户，在正式受理用电申请后，3个工作日内完成装表接电工作；对于有配套电网工程的低压非居民客户，在工程完工当日装表接电。

3）对于高压客户，在竣工验收合格、签订供用电合同，并办结相关手续后，5个工作日内完成送电工作。

4）对于有特殊要求的客户，按照与客户约定的时间装表接电。

三、现场检验规范

1. 前期准备

校验前应根据检验计划（首次现场校验、周期现场校验、用户申请现场校验等）提前联系客户，确定现场校验时间并请客户代表校验时到场。

2. 出发前准备

（1）派工。

（2）检查常用工器具（见图2-8）。

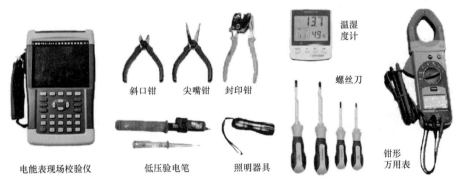

图2-8　常用工器具

电能表现场检验仪注意事项：

1）现场检验用计量标准器，其准确度等级至少应比被检表高两个准确度等级，量限应配置合理，具有有效的检定证书，性能稳定。

2）现场检验用计量标准器应至少每三个月在实验室比对一次。宜选用可测量电压、电流、相位和带有错接线判别功能的电能表现场校验仪，其试验端子之间的连接导线应有良好绝缘，中间不允许有接头，并有明显的极性和相别标志。

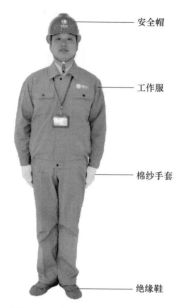

图 2-9 个人防护用品穿戴要求

安全帽

工作服

棉纱手套

绝缘鞋

（3）正确穿戴个人防护用品（见图 2-9）。

（4）校验信息打印及下装。

3. 工作票

按照规定携带工作票。

4. 现场作业

（1）办理工作票相应手续。工作负责人到达现场，办理工作票许可手续。严禁未经许可开始工作。工作负责人在工作许可人完成施工现场的安全措施后，还应完成以下手续：① 再次检查所做的安全措施；② 确认工作许可人指明的带电设备的位置和注意事项；③ 在工作票上确认、签名。

（2）现场站班会。确认现场作业前，需召开站班会，工作负责人向作业人员交代以下事项：① 强调安全注意事项，危险点告知，包括周边环境、高处坠落、高处坠物、损坏设备、人员摔伤、触电伤害、电弧灼伤等；② 明确作业人员具体分工；③ 工作人员明确工作任务，签字确认。

严禁违章指挥、无票作业；遵守相关规程和制度，文明施工；作业人员服从工作负责人指挥。

（3）安全措施确认（见图 2-10）。工作内容包括：检查作业环境；计量柜（箱）壳体验电（验电前需确认验电笔正常）；工作区范围内应有设立的标志牌或护栏；作业工具绝缘保护应符合《电力安全工作规程》的规定，工具、材料必须妥善放置并站在绝缘垫上进行工作。

在此工作

图 2-10 安全措施确认示意图

5. 现场操作（采用标准表法）

（1）检查现场作业环境是否满足检定要求。检定要求为环境温度 0～35℃，相对湿度小于 85%。

（2）核对计量装置信息。按照《电能表现场校验单》，现场核对户名、户号及电能计量器具的型号、规格、资产编号等内容，并检查外观是否完好；检查电能计量装置计量柜（箱）门、窗是否完好。

（3）拆除封印（见图 2-11）。检查计量柜（箱）前后门、电能表表盖、终端表盖、编程按钮盖板、联合接线盒及计量压变闸刀等位置封印是否完好。

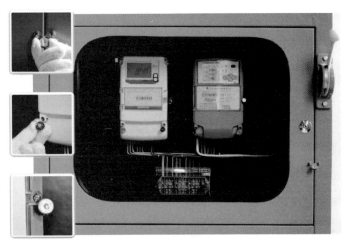

拆除表柜封印

拆除的封印需回收

图 2-11 拆除封印示意图

（4）检查计量装置运行信息。检查电能表显示是否正常。抄录电能表示数，检查有分时计度功能的电能表示数，其总计各时段示数是否正常。检查电能表电压、电流、功率、功率因素等实时工况是否正常。核查电能表时段、结算日、需量周期是否正确。检查电能表日期、时间是否准确。检查电能表电池是否欠电压。检查电能表是否失电压，查阅失电压历史记录。检查现场终端运行状况：检查运行的实时工况，如电压、电流、功率、功率因素与电能表实时工况比对；检查网络通信状况是否完好，如液晶显示窗口、无线网络登录是否正常；检查终端与电能表接线是否正确，终端门节点开闭功能是否完好；检查终端是否存在异常告警。

（5）校验仪接线并检查。

（6）设置校验参数。

（7）接线。通过联合接线盒，将电能表现场校验仪的电压、电流专用试验线按序（先电压线、后电流线）接入被检电能表的电压、电流回路，并确保连接可靠。

注意事项：电压回路接线，三相四线计量装置先接中性线，三相三线计量装置先接 B 相，再接其余相；接线时观察现场校验仪上电压显示是否正常；电流回路接线时，先接联合接线盒的电流出线端，后接电流进线端；观察现场校验仪显示的电压正常后，松开电流短接片时需观察联合接线盒连接片处是否有火花，并观察现场校验仪电流显示状况。当电流显示异常时，立即恢复电流短接片，进行异常检查。

（8）预热。标准表接入电路的通电预热时间，应严格遵照使用说明中的要求。如无明确要求，通电时间不得少于 15min。

（9）计量装置接线检查。根据现场校验仪显示的相量图或数据，与实际负荷电流及功率因数相比较，分析判断电能表的接线是否正确。如发现被校计量装置存在接线错误等故障，应立刻停止工作，并通知用电检查人员到现场会同处理。

检查实际负荷各项参数是否满足技术要求：电压对额定值的偏差不应超过±10%；频率对额定值的偏差不应超过±2%；现场检验时，当负荷电流低于被检电能表标定电流的 10%（对于 S 级的电能表为 5%）或功率因素低于 0.5 时，不宜进行误差测定；负荷相对稳定。

（10）检验（见图 2-12）。测定次数一般不得少于 2 次，取其平均值作为实际误差，但对有明显错误的读数应该舍去。当实际误差在最大允许值的 80%～120%时，至少应再增加 2

次测量，取多次测量数据的平均值作为实际误差。

记录测定的误差原始数据，按要求进行数据化整。

选择已下装的被校客户信息　　　　　核对被检验电能表信息

检验（不少于两次）　　　　　　　　结果保存

图 2-12　计量装置接线检查示意图

（11）现场检验电能表的误差均应在其等级允许范围内，将检验结果（修正后误差）和有效期等有关项目填入现场检验记录单。当现场检测电能表的误差超过其等级指标时，应及时更换电能表，同时应填写详细的检验报告，现场严禁调表。告知客户电能计量装置运行状况和误差测试情况，请客户在现场检验记录单上签字确认。

（12）拆除接线。

（13）封印。

（14）清理现场。

6. 现场作业结束

（1）结束工作票。

（2）检验数据上装。

（3）资料录入系统。

（4）电能表现场校验单存档。

第七节　竣　工　检　验

一、服务内容

受电工程竣工检验前，营销部门应牵头组织生产、调度部门，做好接电前新受电设施接入系统的准备和进线继电保护的整定、检验工作。

受理客户竣工检验申请时，应审核客户相关报送材料是否齐全有效，与客户预约检验时间，并及时通知本单位参与工程验收的相关部门。

竣工检验时，应按照国家、电力行业标准、规程和客户竣工报验资料，对受电工程进行全面检验。发现缺陷的，应以书面形式一次性通知客户。复验合格后方可接电。

二、服务要求

简化竣工检验内容，重点查验可能影响电网安全运行的接网设备和涉网保护装置，取消客户内部非涉网设备施工质量、运行规章制度、安全措施等竣工检验内容。优化客户报验资料，普通客户实行设计、竣工资料合并报验，一次性提交。竣工检验的期限，自受理之日起，高压客户不超过 5 个工作日。

竣工检验分为资料查验和现场查验。竣工检验合格后，应根据现场情况最终核定计费方案和计量方案，记录资产的产权归属信息，告知客户检查结果，并及时办结受电装置接入系统运行的相关手续。

（1）资料查验：在受理客户竣工报验申请时，应审核客户提交的材料是否齐全有效，主要包括：高压客户竣工报验申请表；设计、施工、试验单位资质证书复印件；工程竣工图及说明；电气试验及保护整定调试记录，主要设备的型式试验报告。

（2）现场查验：应与客户预约检验时间，组织开展竣工检验。按照国家、行业标准、规程和客户竣工报验资料，对受电工程涉网部分进行全面检验。对于发现缺陷的，应以受电工程竣工检验意见单的形式，一次性告知客户，复验合格后方可接电。查验内容包括：

1）电源接入方式、受电容量、电气主接线、运行方式、无功补偿、自备电源、计量配置、保护配置等是否符合供电方案；

2）电气设备是否符合国家的政策法规，以及国家、行业等技术标准，是否存在使用国家明令禁止的电气产品；

3）试验项目是否齐全、结论是否合格；

4）计量装置配置和接线是否符合计量规程要求，用电信息采集及负荷控制装置是否配置齐全，是否符合技术规范要求；

5）冲击负荷、非对称负荷及谐波源设备是否采取有效的治理措施；

6）双（多）路电源闭锁装置是否可靠，自备电源管理是否完善、单独接地，投切装置是否符合要求；

7）重要电力用户保安电源容量、切换时间是否满足保安负荷用电需求，非电保安措施及应急预案是否完整有效；

8）供电企业认为必要的其他资料或记录。

第八节　用电业务费用收取

一、业务收费类型与收费依据

目前我国供电企业的业扩报装业务收费只有高可靠性供电费用。高可靠性供电费用是指对供电可靠性要求高的客户即要求两路及以上多回路供电（含备用电源、保安电源）的客户所收取的费用。该费用收取范围是只对申请新装及增加用电容量的两路及以上多回路供电（含备用电源、保安电源）的客户收取，收取方式是按客户的供电电压等级及供电容量收取，且只对除供电容量最大的供电回路以外的其余供电回路收取。

二、业务收费标准

严格按照价格主管部门批准的项目、标准计算业务费用，经审核后书面通知客户交费。收费时应向客户提供相应的票据，严禁自立收费项目或擅自调整收费标准。

高可靠性供电费用收费标准，由各省（自治区、直辖市）价格主管部门会同电力行政主管部门，在《国家计委、国家经贸委关于调整供电贴费标准等问题的通知》（计价格〔2000〕744号）规定的收费标准范围内，根据本地区实际情况确定，并报国家发展改革委备案。高可靠性供电费用的收取分架空线路区、电缆区。

三、业务费用计算方法

对于申请新装及增加用电容量的两路及以上多回路供电（含备用电源、保安电源）用电户，除供电容量最大的一路供电回路外，对其余供电回路征收高可靠性供电费用。

高可靠性供电费用根据用户受电电压等级、供电方式（架空线、电缆）、供电容量及单位容量收费标准确定。

符合高可靠性供电费用收取标准的用电户在送电之日前，一次性交清高可靠性供电费用。高可靠性供电费用由各单位营业部门负责办理收费手续后，直接交公司财务处，由财务处进行会计核算，各单位不进行会计核算。

《高可靠性供电费用收款通知单》由各单位用电营业部门填写，经公司用电处签字确认，作为财务处收款依据。

高可靠性供电费用的会计核算依照《收取的供电费用应当计入其他业务收入，同时应当按规定交纳相关税费，计入其他业务支出》（华北电网财〔2004〕135号）执行。具体会计分录为：确认收入时，借记"银行存款"，贷记"其他业务收入""应交税金"；计算应交纳相关税费，借记"其他业务支出"，贷记"应交税金–应交城建税""其他应交款–教育费附加"。

各单位用电营业部门要建立高可靠性供电费用台账，详细登记用户信息及交费情况。台账格式由公司用电处统一制定。

高可靠性供电费用收入应用于电网建设与改造投资。预算管理模式参照折旧留用资金管理模式执行，该资金的收支预算及执行情况列入《资本性收支预算表》的其他来源项目及《季度地方政府拨款、上级部门拨款及其他资金来源及月度执行情况表》的相关项目中。

自2005年5月1日起供电企业受理新装、增容申请的电力客户执行《高可靠性供电费用管理办法》。如国家出台统一的高可靠性电价政策或其他影响《高可靠性供电费用管理办法》的政策，按照新的国家政策执行。

（1）新装用电客户：

1）高可靠性供电费用计算方法。

$$高可靠性供电费=[多回路总容量-最大一路回路容量]×收费标准$$

2）增加用电容量客户：

$$高可靠性供电费=[增容后多回路总容量-增容后最大一路回路容量-增容前除最大一路回路以外的其余容量]×收费标准$$

3）双回路（双电源）供电客户：

$$高可靠性供电费=用电容量×收费标准$$

（2）临时接电费计算方法：

$$临时接电费=用电容量×收费标准$$

四、服务要求

根据公司下发的统一供用电合同文本，与客户协商拟订合同内容，形成合同文本初稿及附件。对于低压居民客户，精简供用电合同条款内容，可采取背书方式签订，或通过"掌上电力"手机 App、移动作业终端电子签名方式签订。

高压供用电合同实行分级管理，由具有相应管理权限的人员进行审核。对于重要客户或者对供电方式及供电质量有特殊要求的客户，采取网上会签方式，经相关部门审核会签后形成最终合同文本。

供用电合同文本经双方审核批准后，由双方法定代表人、企业负责人或授权委托人签订，合同文本应加盖双方的"供用电合同专用章"或公章后生效；如有异议，由双方协商一致后确定合同条款。利用密码认证、智能卡、手机令牌等先进技术，推广应用供用电合同网上签约。

第九节　合同相关知识与供用电合同

一、合同的基础知识

1. 合同的概念

1999 年 10 月 1 日实施的《中华人民共和国合同法》（以下简称《合同法》）第二条对合同作出了明确的界定，合同是指平等主体的自然人、法人、其他组织之间设立、变更、终止民事权利义务关系的协议。

2. 合同法的基本原则

《合同法》第一章中明确规定了合同法的基本原则，即当事人法律地位平等原则、自愿原则、公平原则、诚实信用原则、合法原则、社会公德和社会公共利益原则、民事权益受法律保护原则。

3. 合同的订立

（1）合同订立的形式。合同订立的形式有书面形式、口头形式和其他形式。法律、行政法规规定采用书面形式的，应当采用书面形式。当事人约定采用书面形式的，应当采用书面形式。

（2）合同的内容。合同的内容由当事人约定，一般包括以下条款：当事人的名称或者姓名和住所，标的，数量，质量，价款或者报酬，履行期限、地点和方式，违约责任，解决争议的方法。

（3）合同订立的程序。当事人订立合同采取要约、承诺方式。

1）要约是希望和他人订立合同的意思表示，该意思表示内容应当具体确定，经受要约人承诺，要约人即受该意思表示约束。要约不同于要约邀请，要约邀请是希望他人向自己发出要约的意思表示。寄送的价目表、拍卖公告、招标公告、招股说明书、商业广告等为要约邀请，商业广告的内容符合要约规定的，视为要约。要约到达受要约人时生效。

2）承诺是受要约人同意要约的意思表示。承诺应当以通知的方式作出，但根据交易习惯或者要约表明可以通过行为作出承诺的除外。承诺应当在要约确定的期限内到达要约人；要约没有确定承诺期限的，若要约以对话方式作出，应当即时作出承诺，但当事另有约定的除外，若要约以非对话方式作出，承诺应当在合理期限内到达。承诺的内容应当与要约的内容一致，受要约人对要约的内容作出实质性变更的，为新要约。承诺生效时合同成立。

4. 合同的效力

依法成立的合同，自成立时生效。法律、行政法规规定应当办理批准、登记等手续生效的，依照其规定。

依据合同效力可把合同划分为有效合同、无效合同、可变更或可撤销合同和可追认合同。

（1）有效合同是指受到法律承认和保护的合同，在当事人之间具有法律约束力。合同有效的条件包括合同主体合格、合同内容合法、当事人意思表示真实、合同符合法定形式。

（2）无效合同是指当事人之间订立的合同不符合法律关于合同有效的规定，不受法律保护的合同。合同部分无效，不影响其他部分效力的，其他部分仍然有效。有下列情形之一的，合同无效：

1）一方以欺诈、胁迫的手段订立合同，损害国家利益。

2）恶意串通，损害国家、集体或者第三人利益。

3）以合法形式掩盖非法目的。

4）损害社会公共利益。

5）违反法律、行政法规的强制性规定。合同中"造成对方人身伤害的"的免责条款无效。

6）因故意或者重大过失造成对方财产损失的。

（3）可变更或可撤销合同是指当事人订立的合同具有法定的可变更或可撤销的条件，可以由当事人一方向人民法院或者仲裁机构申请变更或撤销的合同。当事人可申请变更或撤销合同的情形有三类：

1）因重大误解订立的合同；

2）在订立合同时显失公平的合同；

3）一方以欺诈、胁迫的手段或者乘人之危，使对方在违背真实意思的情况下订立的合同。

（4）可追认合同是指某些不合格的当事人与相对人订立了合同，该合同经权利人追认方可发生效力的相对有效合同。

无效合同与被撤销的合同的法律后果主要是返还财产、赔偿损失、收归国有、返还集体或第三人。

5. 合同的履行、变更和转让

当事人应当按照合同约定全面履行自己的义务，并应当遵循诚实信用原则，根据合同的性质、目的和交易习惯履行通知、协助、保密等义务。

（1）在合同履行过程中，当事人可行使后履行抗辩权、同时履行抗辩权和不安抗辩权，也可行使代位权和撤销权。

1）后履行抗辩权是指当事人互负债务，有先后履行顺序，先履行一方未履行合同时，后履行一方有权拒绝其履行要求；先履行一方履行债务不符合约定时，后履行一方有权拒绝其相应的履行要求的权利。

2）同时履行抗辩权是指当事人互负债务，没有先后履行顺序，应当同时履行合同，一方在对方履行之前有权拒绝其履行要求；另一方在对方履行债务不符合约定时，有权拒绝其相应的履行要求的权利。

3）不安抗辩权是指应当先履行债务的当事人，有确切证据证明对方存在不能履行合同义务或者不能履行合同义务的可能的法定情形，在对方没有履行或者提供担保之前，可以中止履行合同的权利。行使不安抗辩权的法定情形包括：① 经营状况严重恶化；② 转移财产、抽逃资金，以逃避债务；③ 丧失商业信誉；④ 有丧失或者可能丧失履行债务能力的其他情形。

当事人没有确切证据中止履行的，应当承担违约责任。当事人行使不安抗辩权中止履行的，应当及时通知对方。对方提供适当担保时，应当恢复履行。中止履行后，对方在合理期限内未恢复履行能力并且未提供适当担保的，中止履行的一方可以解除合同。

4）代位权是指债务人怠于行使对第三人的权利，害及债权人的债权，债权人为保全债权，以自己的名义向第三人行使债务人现有债权的权利，但债权专属于债务人自身的除外。代位权发生需具备的条件为：① 债务人对第三人享有债权；② 债务人怠于行使其债权，债务人应当收取债权，且能够收取，而不收取；③ 债务人怠于行使自己的债权，已害及债权人的债权；④ 债务人迟延履行债务。

5）撤销权是指债务人、第三人有诈害债权的行为，债权人享有请求人民法院撤销债务人该行为的权利。行使撤销权的情形有两种：① 因债务人放弃其到期债权或者无偿转让财产，对债权人造成损害；② 债务人以明显不合理的低价转让财产，对债权人造成损害，并且受让人知道该情形的。

（2）合同变更是指不改变合同关系的主体，仅就合同具体内容进行的变更，是对合同条款的修改、删节和补充。变更合同应经当事人协商一致，法律、行政法规规定变更合同应当办理批准、登记等手续的，依照其规定。

（3）合同转让是指合同主体的变更，即合同当事人一方将其合同的权利、义务全部或者部分转让给第三人，而合同的内容和客体没有发生变化。债权人转让权利的，应当通知债务人，未经通知，该转让对债务人不发生效力。债务人转移义务的，应当经债权人同意，否则其转让行为无效。

6. 合同的权利义务终止

合同的权利义务终止是指合同订立生效后，因为一定的法律事实的出现，引起合同双方当事人之间原有的民事权利义务关系的消灭或者趋于消灭的法律现象。合同的权利义务终止情形包括：债务已经按照约定履行、合同解除、债务相互抵消、债务人依法将标的物提存、债权人免除债务、债权债务同归于一人、法律规定或者当事人约定终止的其他情形。

合同解除是合同权利义务终止的一种情形，具备下列条件之一，当事人可以解除合同：① 不可抗力致使不能实现合同目的；② 在履行期限届满之前，当事人一方明确表示或者以自己的行为表明不履行主要债务；③ 当事人一方迟延履行主要债务，经催告后在合理期限内仍未履行；④ 当事人一方迟延履行债务或者有其他违约行为致使不能实现合同目的；⑤ 法律规定的其他情形。

7. 违约责任

合同当事人一方不履行合同义务或者履行合同义务不符合约定的，应当承担违约责任。承担违约责任的方式主要有继续履行、采取补救措施、赔偿损失、支付违约金、支付定金。

（1）继续履行，又称强制履行，是指一方不履行合同时，另一方有权请求人民法院强制违约方按合同规定的内容继续履行该合同，而不得以支付违约金或赔偿损失的方式代替合同履行。继续履行不同于一般的自愿履行，区别主要在国家强制力的保障实施。

（2）采取补救措施是指债务人在履行合同有某些不适当或不能履行合同的情况下，采取相应措施以实现合同目的。如提供的产品存在一定的质量瑕疵，予以修理后达到质量要求，修理即为补救措施。

（3）赔偿损失是违约责任中较常见的一种形式，其构成要件是违约行为、损害事实及违约行为与损害事实之间具有因果关系。赔偿损失的范围既包括实际损失，也包括可得利益损失，但不得超过违反合同一方订立合同时预见到或者应当预见到的因违反合同可能造成的损失。

（4）违约金是指当事人违反合同后，依照法律规定或者合同约定应当向对方支付的一定数额货币的责任形式。违约金分为法定违约金和约定违约金。合同有效是适用违约金的前提，合同主要内容无效，关于违约金的任何约定当然无效。违约方在支付违约金以后，仍必须继续履行合同债务或承担其他违约责任。

（5）定金是合同的担保方式之一。当事人可以约定一方向对方给付定金作为债权的担保。债务人履行债务后，定金应当抵作价款或者收回。给付定金的一方不履行约定的债务的，无权要求返还定金；收受定金的一方不履行约定的债务的，应当双倍返还定金。定金应当以书面形式约定。当事人应当约定交付定金的期限，定金条款从实际交付定金之日起生效。定金的数额由当事人约定，但不得超过主合同标的额的百分之二十。当事人既约定违约金又约定定金的，一方违约时，对方可以选择适用违约金或者定金条款。

违约责任的法定免责事由是不可抗力。因不可抗力不能履行合同的，根据不可抗力的影响，部分或者全部免除责任，但法律另有规定的除外。当事人迟延履行后发生不可抗力的，不能免除责任。所谓不可抗力是指不能预见、不能避免并不能克服的客观情况。不可抗力既包括自然现象，如地震、台风、洪水、海啸等，也包括社会现象，如战争、动乱、国家法律修改等。

8. 合同争议的解决

合同争议的解决方法主要有四种，包括和解、调解、仲裁和诉讼。

二、供用电合同

1. 供用电合同的概念及特征

供用电合同是平等主体的供电方与用电方之间就设立、变更、终止供用电的权利与义务之间的关系而达成的民事协议。

（1）供用电合同的供电方是特殊主体。供电方只能是依法取得供电营业资格的供电企业，且该供电企业是在国家批准的供电营业区内向用电方提供电力，其他任何单位和个人均不得作为供电方。

（2）供用电合同属于持续供给合同。由于电的供应与使用都是连续的，供用电合同的履行方式处于一种持续状态。在正常情况下，供电方应当连续向用电方供电，不得中断；用电方在合同约定的期限内享有连续用电的权利。

（3）供用电合同一般按照格式条款或示范文本订立。格式条款是指当事人为了反复使用而预先拟定，并在订立合同时未与对方协商的条款。供用电合同若采用格式条款订立，应注意《合同法》对格式条款的限制性规定，即提供格式条款的一方应尽到公平义务、提醒义务，且格式条款利己无效、解释利他。

示范文本是合同参考文本，签约当事人针对不同具体情况对示范文本内容进行适当修改或选择即可形成签约的正式文本。

（4）供用电合同当事人的意思自治受到一定程度的限制。供用电具有社会公益性，而电力的生产、供应与使用又具有网络性与系统性，任何一个用户的使用都可能关系到整个电力系统的运行，关系到其他用户的利益。因此供电方对本营业区内的用户有按照国家规定供电的义务；用电方有按照有关规定和约定安全合理地使用电能的义务，否则要承担相应的法律责任。

2. 供用电合同签订的依据

按照《供电营业规则》第九十二条规定，供电企业和用户应当在正式供电前，根据用户用电需求和供电企业的供电能力，以及办理用电申请时双方已认可或协商一致的下列文件，签订供用电合同。① 用户的用电申请报告或用电申请书；② 新建项目立项前双方签订的供电意向性协议；③ 供电企业批复的供电方案；④ 用户受电装置施工、竣工检验报告；⑤ 用电计量装置安装完工报告；⑥ 供电设施运行维护管理协议；⑦ 其他双方事先约定的有关文件。

对用电量大的用户或供电有特殊要求的用户，在签订供用电合同时，可单独签订电费结算协议和电力调度协议等。

3. 供用电合同管理

根据公司下发的统一供用电合同文本，与客户协商拟订合同内容，形成合同文本初稿及附件。电气化铁路客户应签订《电气化铁路牵引站供用电合同》。对于低压居民客户，精简供用电合同条款内容，可采取背书方式签订，或通过"掌上电力"手机 App、移动作业终端电子签名方式签订。对于低压小微企业，试点签订电子供用电合同。

高压供用电合同实行分级管理，由具有相应管理权限的人员进行审核。对于重要客户或者对供电方式及供电质量有特殊要求的客户，采取网上会签方式，经相关部门审核会签后形成最终合同文本。

供用电合同文本经双方审核批准后，由双方法定代表人、企业负责人或授权委托人签订，合同文本应加盖双方的"供用电合同专用章"或公章后生效；如有异议，由双方协商一致后确定合同条款。利用密码认证、智能卡、手机令牌等先进技术，推广应用供用电合同网上签约。

4. 供用电合同的主要内容

供用电合同除应具备一般合同必备的条款外，还应根据电力供应与使用的特殊性，约定其特殊的必备条款。《合同法》第一百七十七条规定："供用电合同的内容包括供电的方式、质量、时间，用电容量、地址、性质，计量方式，电价、电费的结算方式，供用电设施的维护责任等条款。"《电力供应与使用条例》第三十三条对其内容也做了较为详细的规定。

（1）供电方式。由供电方在收到用电方的申请后，从供用电的安全、经济、合理和便于管理出发，依据国家的有关政策和规定、电网的规划、用电需求及当地供电条件等因素，进行技术经济比较，与用电方协商确定。供电方式的分类按不同标准可划分为如下几种。

1）按电压，分为高压与低压供电方式；

2）按电源相数，分为单相与三相供电方式；

3）按供电电源数，分为单电源和多电源供电方式；

4）按供电回路数，分为单路和多路供电方式；

5）按用电期限，分为临时与正式供电方式；

6）按计量形式，分为装表与非装表供电方式；

7）按管理关系，分为直接与间接供电方式。

用电方单相用电设备总容量不足 10kW 的可采用低压 220V 供电。但有单台设备容量超过 1kW 的单相交流设备时，用电方必须采取有效的技术措施，以消除对电能质量的影响，否则应改为其他方式供电。

用电方用电设备容量在 100kW 及以下或需用变压器容量在 50kVA 及以下者，可采用低压三相四线制供电，特殊情况也可采用高压供电。

用电方需要备用、保安电源时，供电方应按其负荷重要性、用电容量和供电的可能性，与用电方协商确定。

（2）供电质量。

1）供电的额定频率为交流 50Hz。

2）供电的额定电压：低压供电单相为 220V、三相为 380V；高压供电为 10kV、35（63）kV、110kV、220kV。

用电方需要的电压等级不在上列范围时，应自行采取变压措施解决。

3）在电力系统正常状况下，供电频率的允许偏差为：电网装机容量在 300 万 kW 及以上的，为 ±0.2Hz；电网装机容量在 300 万 kW 以下的，为 ±0.5 Hz。

在电力系统非正常状况下，供电频率允许偏差不应超过 ±1.0 Hz。

4）在电力系统正常状况下，供电企业供到用电方受电端的供电电压允许偏差为：35kV 及以上电压供电的，电压正、负偏差的绝对值之和不超过额定值的 10%；10kV 及以下三相供电的，为额定值的 ±7%；220V 单相供电的，为额定值的 +7%、−10%。

在电力系统非正常状况下，用电方受电端的电压最大允许偏差不应超过额定值的 ±10%。

（3）供电时间。用电方与供电方应在合同中明确具体的供用电时间和期限。

（4）用电容量。用电容量又称协议容量，是指用电方申请并经供电方核准使用电力的最大功率或视在功率。一般来讲，用电容量是用电方瞬间可使用电力的最高值，允许用电方低于但不能超过用电容量用电。

（5）用电地址。用电地址是用电方受电设施的地理位置，合同中应予明确约定且不得随意更改。

（6）用电性质。用电按性质可分为农业用电、工业用电、居民生活用电、商业用电等，不同性质的用电执行不同的电价。

（7）计量方式。合同应当明确约定采用何种用电计量装置计量、计量装置安装的位置及由谁来安装。

（8）电价、电费结算方式。用电方用电应根据国家规定的电价向供电方支付相应的电费。合同中应明确计费容量、电价、电能计量方式、电费结算方式、电费支付方式。

（9）供用电设施维护责任的划分。供用电合同若无特别约定，供用电设施的产权分界处即为供用电合同的履行地点，同时产权分界处也是供用电双方对供用电设施维护管理责任划分的分界点。在供电设施上发生事故引起的法律责任，也按供电设施产权归属确定。产权归属于谁，谁就承担其拥有的供电设施上发生事故引起的法律责任。但产权所有者不承担受害者因违反安全或其他规章制度、擅自进入供电设施非安全区域内而发生事故引起的法律责任，以及在委托维护的供电设施上，因代理方维护不当所发生事故引起的法律责任。责任分界点按下列各项确定。

1）公用低压线路供电的，以供电接户线用户端最后支持物为分界点，支持物属供电企业。

2）10kV 及以下公用高压线路供电的，以用户厂界外或配电室前的第一断路器或第一支持物为分界点，第一断路器或第一支持物属供电企业。

3）35kV 及以上公用高压线路供电的，以用户厂界外或用户变电站外第一基电杆为分界点，第一基电杆属供电企业。

4）采用电缆供电的，本着便于维护管理的原则，分界点由供电企业与用户协商确定。

5）产权属于用户且由用户运行维护的线路，以公用线路分支杆或专用线路接引的公用变电站外第一基电杆为分界点，专用线路第一基电杆属用户。

在电气上的具体分界点，由供用电双方协商确定。

（10）合同的有效期限。合同中须明确约定合同的有效期限及起止时间。

（11）违约责任。供电方或者用电方违反供用电合同，给对方造成损失的，应当依法承担违约责任。

1）电力运行事故责任。供用电双方在合同中订有电力运行事故责任条款的，按下列规定办理。① 由于供电企业电力运行事故造成用户停电时，供电企业应按用户在停电时间内可能用电量的电度电费的 5 倍（单一制电价为 4 倍）给予赔偿。用户在停电时间内可能用电量，按照停电前用户正常用电月份或正常用电一定天数内的每小时平均用电量乘以停电小时数求得。② 由于用户的责任造成供电企业对外停电，用户应按供电企业对外停电时间内的少供电量，乘以上月份供电企业平均售电单价给予赔偿。③ 因不可抗力或者用电方自身的过错造成电力运行事故的，供电方不承担赔偿责任。

2）电压质量责任。供用电双方在合同中订有电压质量责任条款的，按下列规定办理。① 用户用电功率因数达到规定标准，而供电企业供电电压超出规定的变动幅度，给用户造成损失的，供电企业应按用户每月在电压不合格的累计时间内所用的电量，乘以用户当月用电的平均电价的 20%给予赔偿。② 用户用电的功率因数未达到规定标准或其他用户原因引起的电压质量不合格的，供电企业不负赔偿责任。③ 电压变动超出允许变动幅度的时间，以用户自备并经供电企业认可的电压自动记录仪表的记录为准，如用户未装此项仪表，则以供电企业的电压记录为准。

3）频率质量责任。供用电双方在合同中订有频率质量责任条款的，按下列规定办理。① 供电频率超出允许偏差，给用户造成损失的，供电企业应按用户每月在频率不合格的累计时间内所用的电量，乘以当月用电的平均电价的 20%给予赔偿。② 频率变动超出允许偏差的时间，以用户自备并经供电企业认可的频率自动记录仪表的记录为准，如用户未装此项仪表，则以供电企业的频率记录为准。

4）电费滞纳的违约责任。用户在供电企业规定的期限内未交清电费时，应承担电费滞纳的违约责任。电费违约金从逾期之日起计算至交纳日止。每日电费违约金按下列规定计算：居民用户每日按欠费总额的 1‰计算；其他用户当年欠费部分，每日按欠费总额的 2‰计算；跨年度欠费部分，每日按欠费总额的 3‰计算。电费违约金收取总额按日累加计收，总额不足 1 元者按 1 元收取。

5）违约用电的违约责任。用户有下列违约用电行为，应承担其相应的违约责任。① 在电价低的供电线路上，擅自接用电价高的用电设备或私自改变用电类别，应按实际使用日期补交其差额电费，并承担 2 倍差额电费的违约使用电费。使用起讫日期难以确定的，实际使用时间按 3 个月计算。② 私自超过合同约定的容量用电，除应拆除私增容量设备外，属于两部制电价的用户，应补交私增设备容量使用月数的基本电费，并承担 3 倍私增容量基本电费的违约使用电费；其他用户应承担私增容量每千瓦（千伏安）50 元的违约使用电费。如用户要求继续使用者，按新装增容办理手续。③ 擅自超过计划分配的用电指标，应承担高峰超用电力每次每千瓦 1 元和超用电量与现行电价电费 5 倍的违约使用电费。④ 擅自使用已在供电企业办理暂停手续的电力设备或启用供电企业封存的电力设备，应停用违约使用的设备，属于两部制电价的用户，应补交擅自使用或启用封存设备容量和使用月数的基本电费，并承担 2 倍补交基本电费的违约使用电费；其他用户应承担擅自使用或启用封存设备容量每次每千瓦（千伏安）30 元的违约使用电费。启用属于私增容量被封存的设备的违约使用者，还应承担私自超过合同约定的容量用电的违约责任。⑤ 私自迁移、更动和擅自操作供电企业的用电计量装置、电力负荷管理装置、供电设施及约定由供电企业调度的用户受电设备者，属于居民用户的，应承担每次 500 元的违约使用电费；属于其他用户的，应承担每次 5000 元的违约使用电费。⑥ 未经供电企业同意，擅自引入（供出）电源或将备用电源和其他电源私自并网的，除当即拆除接线外，应承担其引入（供出）或并网电源容量每千瓦（千伏安）500 元的违约使用电费。

（12）争议解决方式。供用电合同争议的解决方式有四种：协商、调解、仲裁、诉讼。供用电双方在合同中可就争议解决方式及管辖机构或管辖地予以约定。

5. 供用电合同变更或解除的条件

依《供电营业规则》第九十四条的规定，供用电合同的变更或者解除，必须依法进行。有下列情形之一的，允许变更或解除供用电合同。① 当事人双方经过协商同意，并且不因此损害国家利益和扰乱供用电秩序；② 由于供电能力的变化或国家对电力供应与使用管理的政策调整，订立供用电合同时的依据被修改或取消；③ 当事人一方依照法律程序确定确实无法履行合同；④ 由于不可抗力或一方当事人虽无过失，但无法防止的外因，合同无法履行。依《供电营业规则》第二十二条的规定，用户申请办理减容、暂停、暂换、迁址、移表、暂拆、更名或过户、分户、并户、销户、改压、改类等业务时，应及时变更供用电合同。因供电企业原因，涉及供用电合同条款发生变化时，也应及时变更供用电合同，如电网结构变化而使客户接电电源或接电分界点发生变化。

三、供用电合同的适用及注意事项

1. 供用电合同的种类及适用范围

依据不同的分类标准，可以将供用电合同分为六类，见表 2-15。

表 2-15　　　　　　　　　　　　供用电合同种类及适用范围

供用电合同种类	适用范围
高压供用电合同	适用于供电电压为 10kV（含 6kV）及以上的高压电力用户
低压供用电合同	适用于供电电压为 220V、380V 的低压普通电力用户
临时供用电合同	适用于短时、非永久性用电的用户，如基建工地、农田水利、市政建设、抢险救灾等的供电
趸购电合同	适用于向供电企业趸购电力再转售给其他用户的情况
委托转供电合同	适用于公用供电设施尚未到达的地区，供电企业委托有供电能力的直供用户（转供电方）向其附近的用户（被转供电方）转供电力的情况，但不得委托重要的国防军工用户转供电
居民供用电合同	适用于居民的用电。由于居民客户用电需求雷同，供电方式简单，对居民客户的供用电合同，可以采用背书的方式（居民用电须知印于用电申请书背面）或以"居民用电须知"的方式及其他简捷的方式处理

2. 高压供用电合同适用中的注意事项

根据供电电源的数量，高压供用电合同分为高压单电源供用电合同和高压多电源供用电合同。高压单电源供用电合同适用于供电电压为 10kV（含 6kV）及以上且只有一回路电源供电的高压电力用户。高压多电源供用电合同适用于供电电压为 10kV（含 6kV）及以上且有多回路电源供电的高压电力用户，包括一回路电源主供、其他回路电源备用的高压电力用户或者所有回路电源均同时作为主供的多回路电源供电的高压电力用户。

签订高压多电源供用电合同时要注意：《供用电合同》必须明确供电的各回路电源正常情况下的运行方式；还必须明确在一回路电源（或多回路电源）无法正常供电情况下，剩余供电电源的运行方式。

高压供用电合同应区分用户负荷性质，重要负荷的用户应有保安电源。依《供电营业规则》第十一条的规定，用户重要负荷的保安电源，可由供电企业提供，也可由用户自备。遇有下列情况之一者，保安电源应由用户自备：① 在电力系统瓦解或不可抗力造成供电中断时，仍需保证供电的；② 用户自备电源比从电力系统供给更为经济合理的。

供电企业向有重要负荷的用户提供的保安电源，应符合独立电源的条件。有重要负荷的用户在取得供电企业供给的保安电源的同时，还应有非电性质的应急措施，以满足安全的需要。

对负荷性质的划分，依据 GB 50052—2009《供配电系统设计规范》的规定，一级负荷和二级负荷属重要负荷，三级负荷属一般负荷。其中，符合下列情况之一时，应为一级负荷：① 中断供电将造成重大人身伤亡；② 中断供电将在政治、经济上造成重大损失；③ 中断供电将影响有重大政治、经济意义的用电单位的正常工作，如重要交通枢纽、重要通信枢纽、重要国际活动集中的场所等。

符合下列情况之一时，应为二级负荷：① 中断供电将在政治、经济上造成较大损失；② 中断供电将影响重要用电单位的正常工作，如大型商场、大型影剧院等。

不属于一级、二级负荷者应为三级负荷。

3. 低压供用电合同适用中的注意事项

根据低压用户用电容量，可将低压供用电合同分为 50kW 以下低压供用电合同和 50kW 及以上低压供用电合同两类。50kW 以下低压供用电合同适用于供电电压为 220～380V 且报装容量在 50kW 以下的低压普通电力用户。50kW 及以上低压供用电合同适用于供电电压为 220～380V 且报装容量在 50kW 及以上的低压普通电力用户。

4. 临时供用电合同适用中的注意事项

临时用电期限除经供电企业准许外，一般不得超过 6 个月，逾期不办理延期或永久性正式用电手续的，供电企业应终止供电。

使用临时电源的用户不得向外转供电，也不得转让给其他用户，供电企业也不受理其变更用电事宜。如需改为正式用电，应按新装用电办理。

因抢险救灾需要紧急供电时，供电企业应迅速组织力量，架设临时电源供电。架设临时电源所需的工程费用和应付的电费，由地方人民政府有关部门负责从救灾经费中拨付。

临时用电的用户，应安装用电计量装置。对不具备安装条件的，可根据其用电容量，按双方约定的每日使用时数和使用期限预收全部电费。用电终止时，实际使用时间不足约定期限 1/2 的，可退还预收电费的 1/2；超过约定期限 1/2 的，预收电费不退。到约定期限时，终止供电。

第十节 电力营销业务系统（SG186）中的业扩报装部分

本节以电力营销业务系统（SG186）中的高压新装流程操作为例进行说明。

一、高压新装业务受理

提供高压新装业务受理，包含客户信息、用电客户信息等信息的录入、查询、保存、发送、打印等功能。

客户到供电局办理新装用电时，需填写《用电登记表》并递交有关的用电资料，经业扩报装员审查通过后，输入计算机建立用户申请档案，电力营销系统将自动产生用户编号和传单申请编号。发给客户查询卡，以便客户及时了解查询业扩进程，并将机内流程传至下一环节。

高压新装业务受理的主要操作步骤依次是：输入客户自然信息；输入用电申请信息；根据用户资料的实际清单填写申请证件、联系信息、银行账号、用电资料、用电设备、受电设备等信息；所有输入信息检查无误后，发送至下一个岗位。

二、高压新装勘查派工

提供高压新装勘查派工信息的录入、保存、发送功能。

勘查班长需每日安排到达本岗位流程的现场勘查计划，根据流程内容安排计划勘查日期及勘查人员，勘查人员必须根据计划安排日期按时到现场完成勘查任务。

三、高压新装现场勘查

提供高压新装现场勘查的选定工单、打印、保存勘查信息、录入方案、退单、发送、重新勘查、工作单查询、查询线路配电变压器、打印供电方案、设置供电方案模板、选择模板等功能。

现场勘查人员根据派单要求，打印《勘查工作单》，根据流程情况向营业厅调用客户原始申请资料，在指定计划工作日期到现场进行勘查。现场勘查时，勘查人员在《勘查工作单》上记录客户有关信息，提出勘查意见，如有外部工程，需确定施工材料、施工注意事项，画出施工简图。勘查回来后，将勘查结果输入计算机，并初步拟定供电方案，完成后发送至下一流程。客户原始申请资料在勘查完毕之后应立刻交还营业厅存档。

高压新装现场勘查业务的主要操作步骤根据现场勘查情况依次填写，第一步输入勘查信息和方案信息；第二步制定受电点方案信息和电源方案信息；第三步制定用户定价策略方案和用户电价方案；第四步制定计量点方案和该计量下所装计量装置方案；第五步制定台区和受电设备方案；第六步所有方案信息制定完成并检查无误后，发送至下一个岗位。

四、高压新装拟定供电方案

提供高压新装拟定供电方案工单、打印、保存勘查信息、录入方案、退单、发送、重新勘查、工作单查询、查询线路配电变压器、打印供电方案、设置供电方案模板、选择模板等功能。

现场勘查人员根据初步拟定的供电方案修改并确认形成正式供电方案，完成后发送至下一流程。

高压新装拟定供电方案业务的主要操作步骤根据现场勘查情况依次填写，第一步修改方案信息；第二步修改受电点方案信息和电源方案信息；第三步修改用户定价策略方案和用户电价方案；第四步修改计量点方案和该计量下所装计量装置方案；第五步修改台区和受电设备方案；第六步所有方案信息制定完成并检查无误后，发送至下一个岗位。

五、高压新装方案审核和业务审批

提供高压新装方案审核和业务审批功能，包括审批信息的查询、录入、保存、历史审批信息查询、打印供电方案及流程发送等。

审批人员在计算机内签署审批意见，根据实际需要将流程发送至相关部门。具体要求如下。

（1）审批人员在签署审批意见后，将业务发送到下一个审批岗位或下一个流程，进行供电方案答复。

（2）如果审批人员不同意业务勘查意见，需重新勘查，将工作单退单至勘查派供岗位，重新安排现场复勘查计划，派勘查人员到现场勘查，勘查人员将勘查内容输入计算机，审批人员重新审批。

六、高压新装确定业务费用

按照国家有关规定及物价部门批准的收费标准，确定高压新装相关业务费用，包括费用录入、保存及流程发送等。

接到系统传到的工单任务，要确定相关业务费用及收取期限等，立即将工单发送至下一环节。

七、高压新装业务费用收取

按确定的收费项目和收费金额收取费用，打印发票和收费凭证，建立客户的实收信息，更新欠费信息。

业务收费员负责收取和退还客户办理用电业务的所有业务费用。

接到系统传来的工单任务，要及时通知客户交费或退费，收费或退费前要认真审核。收费或退费后，立即将工单发送至下一环节。

八、高压新装设计文件审核

用于实现高压新装设计文件审核信息的管理功能，包括设计文件审核信息的查询、录入、保存、打印及流程发送等。

对用户提供的图样或图样设计人员设计的文件图样要进行审核，记录审核意见。如果有委托设计，可以输入设计单位的资质审查。

九、高压新装中间检查

用户实现高压新装中间检查信息的管理功能，包括中间检查信息的查询、录入、保存、打印及流程发送等。

客户内部变电隐蔽工程施工前，客户应通知工程管理员安排中间检查。工程管理员应会同用电检查人员及质量监理及时进行现场检查，检查内容如下。

（1）客户工程的施工是否符合设计要求。

（2）施工工艺和工程选用材料是否符合规范和设计要求。

（3）检查隐蔽工程，如电缆沟的施工和电缆头的制作、接地装置的埋设等是否符合有关规定的要求。

（4）变压器的吊芯检查、电气设备元件安装前的特性校验等。

（5）用电检查人员在中间检查应做好记录，检查出的问题应填写在《客户电气设施缺陷通知单》上并通知客户限期处理。

十、高压新装竣工报验

用于实现高压新装竣工报验信息的管理功能，包括竣工报验信息的查询、录入、保存、打印及流程发送等。

用户内部配电设施安装完毕后，持《竣工报验单》向营业厅报验，业扩报装员在计算机内输入有关竣工报验信息。

十一、高压新装竣工验收

用于实现高压新装竣工验收信息的管理功能，包括竣工报验信息的查询、录入、保存、打印及流程发送等。

验收人员在客户竣工报验后打印验收单，在规定的时限内安排工程竣工验收，并将验收信息记录在验收单上。

（1）若验收不合格，验收人员应当填写《工程整改意见通知书》发给用户，并由用户负责人签收，回来后应于当天将有关信息输入计算机，并将工单退单到竣工报验岗位。

（2）用户整改后，持盖有单位公章的《工程整改意见通知书》向营业厅进行第二次报验，并交复验费。由营业厅送交验收部门安排复验。

（3）经验收合格，由用电检查人员填写验收合格日期，确定计费方式、用户执行的电价、电能计量方案，有配电变压器的用户核对配电变压器方案并输入计算机，并将流程发往合同管理员签订供用电合同。

十二、高压新装安装派工

提供高压新装人员，根据本部门现场工作人员现有的工作情况合理安排工作人员到现场执行装表任务。

装表班长接到用电工作传票后，可以查到所有要进行装表处理的工单，应根据各岗职权范围进行装表派工，安排装表或换表工作人员到库房领表，在规定的日期内进入现场装表或换表工作。

十三、高压新装配表

提供高压新装材料的录入、保存、发送功能。

装表工接到工作任务后，打印《装拆表工作单》，到表计库房管理员处按计量方案领取装表所需计量装置，配表人员和领表人员做好表计领用交接手续后，由领表人员领取表计，去现场安装。

配表人员有两种配表方式：一种是先确定该户对应的表计，然后将对应的表计发放到装拆计量装置的领表人员手中；另一种是直接将表计发放给领表人员，不确定该表计对应的用户。

十四、高压新装安装信息录入

提供高压新装现场安装工作结束，回到室内后将现场安装信息录入并保存、发送的功能。

装表人员现场安装表计（互感器）并加铅封，记录计量装置的相关信息。完成后，在《电能计量装接单》上签名并注明装接日期，现场记录装拆表的装出指示数和拆回指示数，并于当天将装接日期、表计示数输入计算机内。确认后，将流程发往下一工作岗位。

十五、高压新装合同起草

提供高压新装合同起草信息的录入、查询、保存及合同文件维护、合同有效期监测、提交等方法。

运行单位合同管理员负责草拟供用电合同，并会签有关部门，本单位法人代表或授权人负责与客户签订供用电合同。

供用电合同应当具备以下条款。

（1）供电方式、供电质量和供电时间。

（2）用电容量和用电地址、用电性质。

（3）计量方式和电价、电费结算方式。

（4）供用电设施维护责任的划分。

（5）合同有效期限。

（6）违约责任。

（7）双方共同认为应当约定的其他条款。

十六、高压新装合同审核

提供高压新装和他审核功能，通过和他起草功能、审批功能完成合同审核过程。

运行单位合同管理员负责草拟供用电合同，并会签有关部门，本单位法人代表或授权人负责与客户签订供用电合同。

供用电合同应当具备以下条款。

（1）供电方式、供电质量和供电时间。

（2）用电容量和用电地址、用电性质。

（3）计量方式和电价、电费结算方式。

（4）供用电设施维护责任的划分。

（5）合同有效期限。

（6）违约责任。

（7）双方共同认为应当约定的其他条款。

十七、高压新装合同审核

提供高压新装合同签订信息的录入、查询、保存、下载打印及提交等功能。

运行单位合同管理员负责草拟供用电合同，并会签有关部门，本单位法人代表或授权人负责与客户签订供用电合同。

供用电合同应当具备以下条款。

（1）供电方式、供电质量和供电时间。

（2）用电容量和用电地址、用电性质。

（3）计量方式和电价、电费结算方式。

（4）供用电设施维护责任的划分。

（5）合同有效期限。

（6）违约责任。

（7）双方共同认为应当约定的其他条款。

十八、高压新装合同归档

提供高压新装合同归档信息的录入、查询、保存及下载打印等方法。

运行单位合同管理员负责草拟供用电合同，并会签有关部门，本单位法人代表或授权人负责与客户签订供用电合同。

供用电合同应当具备以下条款。

（1）供电方式、供电质量和供电时间。

（2）用电容量和用电地址、用电性质。

（3）计量方式和电价、电费结算方式。

（4）供用电设施维护责任的划分。

（5）合同有效期限。

（6）违约责任。

（7）双方共同认为应当约定的其他条款。

十九、高压新装送（停）电管理

提供高压新装送（停）电记录信息的查询、录入、保存和送电工作任务单打印、送电任务现场工作单打印及流程发送等功能。

业扩工程验收合格后具备送电条件的，接电员在规定的期限内进行送电，并记录相应的送电日期，发送到下一岗位。

二十、高压新装信息归档

提供高压新装信息审核、信息归档的管理功能。

报装员将报装过程中的全部资料整理归档。业务归档是新装增容及变更用电业务类与其他业务类的分界线，系统产生的有关用户的用电资料经过业务归档后，转为其他业务类所需的资料。

二十一、高压新装资料归档

提供高压新装资料归档的管理功能，包括档案号、盒号、柜号等资料归档信息的录入和保存功能。

报装员将报装过程中的全部资料整理归档。资料归档是指将资料整理存放入档案柜中，对资料存放信息的录入和用电资料的录入。

复 习 思 考 题

1. 业扩报装的工作流程及要求是什么？

2. 业扩报装的业务范围有哪些？

3. 如何确定供电方案的基本原则？

4. 供电方案的组成及其主要内容有哪些？

5. 工程建设包含的环节有哪些？

6. 中间检查的目的是什么？

7. 供电合同的分类有哪些？

第三章 变更用电

●目的和要求

1. 理解变更用电的定义及作用
2. 掌握变更用电的分类
3. 掌握办理减容和暂停用电的相关规定
4. 掌握变更用电的基本流程

第一节 概　　述

一、变更用电的定义

变更用电是指因用电方生产或生活需要引起供用电双方签订的《供用电合同》中约定的有关用电事宜变动的行为，属于电力营销活动工作中日常营业的范畴。日常营业是指供电企业日常受理运行中，电力客户各种用电业务工作的统称。具体定义是：客户在不增加报装容量和供电回路的情况下，由于自身经营、生产、建设、生活等变化而向供电企业申请，要求改变原《供用电合同》中约定的用电事宜的业务。

二、变更用电的作用

任何单位和个人办理用电业务手续后，在正常使用电力的过程中，为适应其生产和生活变化的需要，会对供电企业提出用电业务变更的申请。由于用电客户的生产工艺、流程等千变万化，用电性质各不相同，涉及的范围大、项目多、内容广、政策多、社会性和服务性强，且变更用电业务在电力营销日常营业管理中起着承前启后的作用，是"业扩报装"与"电费管理"各个环节之间连接的纽带，是沟通电力供需的桥梁，这项工作在供电企业的用电营销管理中具有非常重要的作用。

三、变更用电的分类

有下列情况之一者，为变更用电。用户需变更用电时，应事先提出申请，可通过线上办理、电话申请等，也可携带有关证明文件到供电企业用电营业场所办理手续，变更供用电合同。变更用电包括：① 减少合同约定的用电容量（简称减容）；② 暂时停止全部或部分受电设备的用电（简称暂停）；③ 临时更换大容量变压器（简称暂换）；④ 迁移受电装置用电地址（简称迁址）；⑤ 移动用电计量装置安装位置（简称移表）；⑥ 暂时停止用电并拆表（简称暂拆）；⑦ 改变用户的名称（简称更名或过户）；⑧ 一户分列为两户及以上的用户（简称分户）；⑨ 两户及以上用户合并为一户（简称并户）；⑩ 合同到期终止用电（简称销户）；⑪ 改变供电电压等级（简称改压）；⑫ 改变用电类别（简称改类）。

四、变更用电申请表格式

供电公司在受理客户用电变更申请后，会形成客户申请信息完整的纸质版申请单，由客户确认申请单上信息无误后签字（盖章）确认（如客户为线上或电话申请，由供电公司现场工作人员带信息填写完整的申请单到现场请客户确认签字）。用电申请书见表3－1。

表3－1   **用 电 申 请 书**

客户编号		客户名称	
用电地址		邮政编码	
通信地址			
证件类别	□营业执照 □法人证明 □部队证明 □组织机构代码证 □房产证 □其他	证件号码	
联系人		联系电话	
联系人手机		电子邮件地址	
联系人 证件类别	□身份证 □士官证 □其他	联系人证件号码	

申请容量		重要性等级	□特级 □一级 □二级 □临时性	用电类别	□大工业 □普通工业 □非工业 □商业 □非居民照明 □居民生活 □农业生产 □趸售

客户在以下业务项中选择：（√）

一、新装增容业务

□高压新装   □低压非居民新装   □低压居民新装   □小区新装

□装表临时用电   □无表表临时用电   □高压增容   □低压非居民增容

□低压居民增容

二、变更业务

□减容   □减容恢复

□暂停   □暂停恢复   □暂换   □暂换恢复

□迁址   □移表   □暂拆   □复装   □更名

□过户   □分户   □并户   □销户   □改压

□改类   □计量装置故障   □更改交费方式   □批量销户   □申请校表

□无表临时用电延期   □无表临时用电终止

申请事由：			

客户申明：	本表及附件中的信息和提供的相关文件资料真实准确，谨此确认。
	
	                        经办人签字：
	                        填表日期：年 月 日		

申请编号		受理人	受理时间

五、变更用电业务一览表

变更用电业务一览表见表3-2。

表3-2　　　　　　　　　　　　　　变更用电业务一览表

业务类	业务项	业务子项
变更用电	减容	业务受理
		现场勘查
		答复供电方案
		供电工程进度跟踪
		竣工报验
		竣工验收
		变更合同
		换表
		送电
		信息归档
		客户回访
		归档
	减容恢复	业务受理
		现场勘查
		答复供电方案
		供电工程进度跟踪
		竣工报验
		竣工验收
		变更合同
		换表
		送电
		信息归档
		客户回访
		归档
	暂停	业务受理
		现场勘查、设备封停、换表
		信息归档
		客户回访
		归档
	暂停恢复	业务受理
		现场勘查、设备启封、换表
		信息归档

业务类	业务项	业务子项
变更用电	暂停恢复	客户回访
		归档
	暂换	业务受理
		现场勘查
		供电工程进度跟踪
		竣工报验
		竣工验收
		变更合同
		装表接电
		信息归档
		客户回访
		归档
	暂换恢复	业务受理
		现场勘查
		供电工程进度跟踪
		竣工报验
		竣工验收
		变更合同
		装表接电
		信息归档
		客户回访
		归档
	迁址	业务受理
		现场勘查
		拟定供电方案
		答复供电方案
		收费收取
		供电工程进度跟踪
		设计文件审核（重要或特殊负荷客户）
		中间检查（重要或特殊负荷客户）
		迁移采集终端
		竣工报验
		竣工验收
		签订合同

业务类	业务项	业务子项
变更用电	迁址	装表
		送电
		信息归档
		客户回访
		归档
	移表	业务受理
		现场勘查
		供电工程进度跟踪
		迁移采集终端
		竣工报验
		竣工验收
		变更合同
		装表接电
		信息归档
		客户回访
		归档
	暂拆	业务受理
		现场勘查
		拆表
		信息归档
		客户回访
		归档
	复装	业务受理
		现场勘查
		审批
		确定费用
		业务收费
		装表接电
		信息归档
		客户回访
		归档
	更名	业务受理
		签订合同
		客户回访

业务类	业务项	业务子项
变更用电	更名	信息归档
		归档
	过户	业务受理
		现场勘查
		签订合同
		信息归档
		客户回访
		归档
	分户	业务受理
		现场勘查
		拟定供电方案
		答复供电方案
		费用收取
		供电工程进度跟踪
		设计文件审核（重要或特殊负荷客户）
		中间检查（重要或特殊负荷客户）
		安装采集终端
		竣工报验
		竣工验收
		签订合同
		装表
		送电
		信息归档
		客户回访
		归档
	并户	业务受理
		现场勘查
		拟定供电方案
		答复供电方案
		费用收取
		供电工程进度跟踪
		设计文件审核（重要或特殊负荷客户）
		中间检查（重要或特殊负荷客户）
		装拆采集终端

业务类	业务项	业务子项
变更用电	并户	竣工报验
		竣工验收
		变更合同
		装表
		送电
		信息归档
		客户回访
		归档
	改压	业务受理
		现场勘查
		拟定供电方案
		答复供电方案
		费用收取
		供电工程进度跟踪
		设计文件审核（重要或特殊负荷客户）
		中间检查（重要或特殊负荷客户）
		安装采集终端
		竣工报验
		竣工验收
		变更合同
		装表
		送电
		信息归档
		客户回访
		归档
	销户	业务受理
		现场勘查
		拆除采集终端
		拆表、停电
		结清费用
		终止合同
		信息归档
		归档

续表

业务类	业务项	业务子项
变更用电	改类	业务受理
		现场勘查
		变更合同
		装表接电
		信息归档
		客户回访
		归档
	市政代工	业务受理
		现场勘查
		供电工程进度跟踪
		归档
	计量装置故障	业务受理
		现场勘查
		费用收取
		计量故障处理
		信息归档
		客户回访
		归档
	更改交费方式	业务受理
		变更合同
		信息归档
		归档
	批量销户	业务受理
		现场勘查
		拆除采集终端
		拆表
		结清费用
		终止合同
		信息归档
		归档

第二节　变更用电的业务流程

一、减容

减容是指客户在正式用电后，由于生产经营情况发生变化，考虑到原用电容量过大，不能全部利用，为了减少基本电费的支出或节能的需要，提出减少供用电合同约定的用电容量的一种变更用电业务。减容分为临时性减容和永久性减容。

依据《供电营业规则》第二十三条规定，供电部门受理客户减容申请并核实相关资料，进行现场勘查，跟踪客户受电工程进度，竣工验收后与客户变更供用电合同，更换计量装置，更换或封停受电设备，审核、归档变更客户的档案信息。

减容业务流程图如图3-1所示。

（1）业务受理。

根据《供电营业规则》第二十三条规定，减容须在5天前向供电企业提出申请。供电企业应按下列规定办理。

1）减容期间不受时间限制。电力用户减容两年内恢复或部分恢复的，按减容恢复办理。减容超过两年如需再增加用电容量按新装或增容办理。供电企业在受理之后，根据用户申请减容的日期对设备进行加封。自设备加封之日起，减容部分免收基本电费。减容后容量达不到实施两部制电价规定容量标准的，应改按相应用电类别单一制电价计费，并执行相应的分类电价标准，减容（暂停）恢复用电后，其用电容量达到实施两部制电价规定容量标准的，应改按两部制电价标准和政策执行。

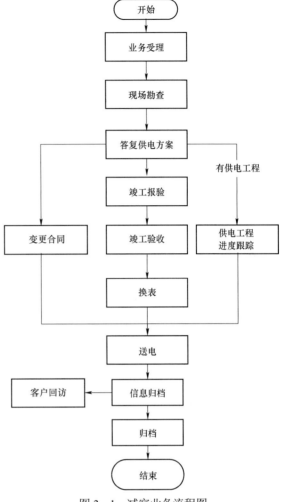

图3-1　减容业务流程图

2）在减容期限内，供电企业应保留用户减少容量的使用权。用户要求恢复用电，不再交付供电贴费；超过减容期限要求恢复用电时，应按新装或增容手续办理。

3）在减容期限内要求恢复用电时，应在5天前向供电企业办理恢复用电手续，基本电费从启封之日起计收。

（2）现场勘查。

1）在约定的时间内到现场进行勘查。

2）现场勘查应携带《用电变更现场勘查工作单》。

3）接到勘查工作任务单后，应在规定的时限内进行现场勘查。

4）现场勘查应核对客户名称、地址、减容容量等信息与勘查单上的资料是否一致，核实计量装置是否运行正常。勘查意见需完整、翔实、准确。

5）根据《供电营业规则》第二十三条规定，减容必须是整台或整组变压器（含不通过变压器的高压电动机）的停止或更换小容量变压器用电。

（3）答复供电方案。

《国家电网公司业扩报装工作管理规定（试行）》（国家电网营销〔2007〕49号）第二十

条规定，供电方案应在下述时限内书面答复客户，若不能如期确定供电方案，应主动向客户说明原因。

自受理之日起，高压单电源客户不超过 15 个工作日；高压双电源客户不超过 30 个工作日。

（4）供电工程进度跟踪。

1）登记供电工程的负责人、负责单位。

2）登记工程的立项设计结果信息。

3）登记工程的图样审查结果信息。

4）登记工程的工程预算结果信息。

5）登记工程费收取结果信息。

6）登记设备供应结果信息。

7）登记工程的监理信息。

8）登记工程施工结果信息，包括开工时间、完工时间。

9）登记工程中间检查结果信息。

10）登记工程竣工验收结果信息。

11）登记工程决算信息。

（5）竣工报验。受理竣工报验时需核查竣工报验材料的完整性，包括：① 客户竣工验收申请书；② 工程竣工图；③ 变更设计说明；④ 隐蔽工程的施工及试验记录；⑤ 电气试验及保护整定调试记录；⑥ 安全用具的试验报告；⑦ 运行管理的有关规定和制度；⑧ 值班人员名单及资格；⑨ 供电企业认为必要的其他资料或记录。

（6）竣工验收。

1）按照国家标准和电力行业标准及有关设计规程、运行规程、验收规范、各种安全措施、反事故措施的要求进行验收。

2）对工程不符合规程、规范和相关技术标准要求的，应以书面形式通知客户整改，整改后予以再次验收，直至合格。

（7）变更合同。

需在送电前完成与客户变更供用电合同的工作。合同变更后应反馈变更时间等信息。

（8）换表。

电能计量装置的更换应严格按通过审查的计量方案进行，严格遵守电力工程安装规程的有关规定。应及时完成计量装置的更换工作。计量装置更换后应反馈更换前后的计量装置资产编号、操作人员、操作时间等信息。

（9）送电。

1）《供电营业规则》第二十三条规定，供电企业在受理之日后，根据用户申请减容的日期对设备进行加封。

2）替换小容量变压器时，必须有供电企业检查人员在场，经检查核实后，方可投入运行，客户不得自行替换。

3）实施送电前应具备的条件：① 供电工程已验收合格；② 用户受电工程已竣工验收合格；③ 供用电合同及有关协议均已签订；④ 业务相关费用已结清；⑤ 电能计量装置已安装检验合格；⑥ 用户电气工作人员具备相关资质；⑦ 用户安全措施已齐备。

（10）信息归档。

根据相关信息变动情况，变更客户基本档案、电源档案、计费档案、计量档案、用检档案和合同档案等。

（11）客户回访。

规定回访时限内按比例抽样完成申请减容客户的回访工作，并准确、规范记录回访结果。回访内容参见 95598 业务处理业务类的客户回访业务项。

（12）归档。

1）减容完整的客户档案资料应包括：① 用电申请书；② 属政府监管的项目的有关批文；③ 授权委托书；④ 法人或委托代理人居民身份证、税务登记证明原件及复印件；⑤ 用电设备清单；⑥ 现场勘查工作单；⑦ 电气设备安装工程竣工及检验报告；⑧ 受电工程竣工验收登记表；⑨ 受电工程竣工验收单；⑩ 装拆表工作单；⑪ 送电任务单；⑫ 供用电合同；⑬ 审定的客户电气设计资料及图样（含竣工图样）。

2）应为客户档案设置物理存放位置。

3）应在规定时限内完成归档。

二、暂停

暂停是指客户在正式用电后，由于生产经营情况发生变化，需要临时变更或设备检修或季节性用电等，为了节省和减少电费支出，需要短时间内停止使用一部分或全部用电设备容量的一种变更用电业务。

依据《供电营业规则》第二十四条规定，供电部门受理客户暂停申请并核实相关资料，进行现场勘查，记录勘查意见，更换计量装置（根据情况），封停用电设备，审核、归档变更客户的档案信息。

暂停业务流程图如图 3-2 所示。

（1）业务受理。

《供电营业规则》第二十四条规定，用户暂停须在 5 天前向供电企业提出申请。供电企业应按下列规定办理。

1）用户在每一日历年内，可申请全部（含不通过受电变压器的高压电动机)或部分用电容量的暂时停止用电，一年累计暂停时间不得超过 6 个月。季节性用电或国家另有规定的用户，累计暂停时间可以另议。

2）按变压器容量计收基本电费的用户，暂停用电必须是整台或整组变压器停止运行。供电企业在受理暂停申请后，根据用户申请暂停的日期对暂停设备加封。从加封之日起，按原计费方式减收其相应容量的基本电费。

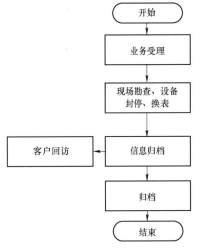

图 3-2 暂停业务流程图

3）暂停期满或每一日历年内累计暂停用电时间超过 6 个月者，不论用户是否申请恢复用电，供电企业都须从期满之日起，按合同约定的容量计收其基本电费。

4）在暂停期限内，用户申请恢复暂停用电容量用电时，须在预定恢复日前 5 天向供电企业提出申请。

5）按最大需量计收基本电费的用户，申请暂停用电必须是全部容量（含不通过受电变压器的高压电动机）的暂停，并遵守 1）～4）项的有关规定。

（2）现场勘查。

1）在约定的时间内到现场进行勘查。

2）现场勘查应携带《用电变更现场勘查工作单》。

3）接到勘查工作任务单后，应在规定的时限内进行现场勘查。

4）现场勘查应核对客户名称、地址、暂停容量等信息与勘查单上的资料是否一致，核实计量装置是否运行正常。现场勘查记录应完整、翔实、准确。

5）按变压器容量计收基本电费的用户，暂停用电必须是整台或整组变压器停止运行。

6）按最大需量计收基本电费的客户，申请暂停用电必须是全部容量（含不通过变压器的高压电动机）的暂停。

（3）换表。

电能计量装置的更换应严格按通过审查的计量方案进行，严格遵守电力工程安装规程的有关规定。应及时完成计量装置的更换工作。计量装置更换后应反馈更换前后的计量装置资产编号、操作人员、操作时间等信息。

（4）设备封停。

在客户申请的暂停日，用电检查人员到现场加封申请暂停的受电设备。

（5）信息归档。

根据相关信息变动情况，变更客户计费档案、计量档案，用检档案等。

（6）客户回访。

（7）归档。

1）审核暂停业务相关数据的完整性和正确性，包括暂停变压器的信息及计量装置装拆信息和计费信息等，如发现问题需发起相关流程纠错。

2）对暂停变更用电资料，包括客户暂停变更用电申请书和其他相关的业务资料进行归档、存放。

三、暂换

按照《供电营业规则》的有关规定，受理客户的暂换业务，安排现场勘查，确定客户的计量装置是否需更换，是否需供电工程进度跟踪，并组织现场验收，完成客户合同的变更，并给予装表接电，进行归档，完成暂换变更用电业务的流程管理。

暂换业务流程图如图3-3所示。

（1）业务受理。

根据《供电营业规则》第二十五条规定，用户暂换（因受电变压器故障而无相同容量变压器替代，需要临时更换大容量变压器）须在更换前向供电企业提出申请。供电企业应按下列规定办理。

1）必须在原受电地点内整台地暂换受

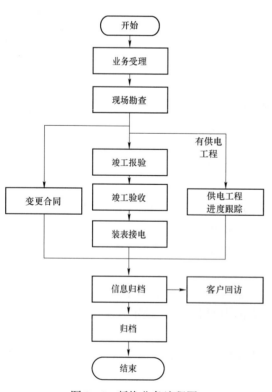

图3-3 暂换业务流程图

电变压器。

2）暂换变压器的使用时间，10kV 及以下的不得超过 2 个月，35kV 及以上的不得超过 3 个月。逾期不办理手续的，供电企业可中止供电。

3）暂换的变压器经检验合格后才能投入运行。

4）暂换变压器增加的容量不收取供电贴费，但对两部制电价用户，须在暂换之日起按替换后的变压器容量计收基本电费。

（2）现场勘查。

1）在约定的时间内到现场进行勘查。

2）现场勘查应携带《用电变更现场勘查工作单》。

3）接到勘查工作任务单后，应在规定的时限内进行现场勘查。

4）现场勘查应核对客户名称、地址、暂换容量等信息与勘查单上的资料是否一致，核实计量装置是否运行正常。现场勘查记录应完整、翔实、准确。

（3）供电工程进度跟踪。

1）登记供电工程的负责人、负责单位。

2）登记工程的立项设计结果信息。

3）登记工程的图样审查结果信息。

4）登记工程的工程预算结果信息。

5）登记工程费收取结果信息。

6）登记设备供应结果信息。

7）登记工程的监理信息。

8）登记工程施工结果信息，包括开工时间、完工时间。

9）登记工程中间检查结果信息。

10）登记工程竣工验收结果信息。

11）登记工程决算信息。

（4）竣工报验。受理竣工报验时需核查竣工报验材料的完整性，包括：① 客户竣工验收申请书；② 工程竣工图；③ 变更设计说明；④ 隐蔽工程的施工及试验记录；⑤ 电气试验及保护整定调试记录；⑥ 安全用具的试验报告；⑦ 运行管理的有关规定和制度；⑧ 值班人员名单及资格；⑨ 供电企业认为必要的其他资料或记录。

（5）竣工验收。

1）接受客户竣工验收申请，组织相关部门进行现场检查验收，如发现缺陷，应出具整改通知单，要求工程建设单位予以整改，并记录缺陷及整改情况。

2）验收范围：工程建设参与单位的资质是否符合规范要求；工程建设是否符合设计要求；工程施工工艺、建设用材、设备选型是否符合规范，技术文件是否齐全；安全措施是否符合规范及现行的安全技术规程的规定。

3）验收项目：线路架设或电缆敷设检验；高、低压盘（柜）及二次结线检验，配电室建设及接地检验，变压器检验，环网柜、电缆分支箱检验，中间检查记录，交接试验记录，运行规章制度及入网工作人员资质检验，安全措施检验等。

4）收集客户受电工程的技术资料及相关记录，以备归档。技术资料包括：① 客户受电变压器的详细参数及安装信息；② 竣工资料：母线耐压试验记录、户外负荷开关试验单、竣工图样、变压器试验单、电缆试验报告、电容器试验报告、避雷器试验报告、接地电阻测试记录、户内负荷开关试验单、其他各类设备试验报告及保护装置试验报告；③ 安全设施：安全器具、消防器材、通信设备配备情况，运行规程制度记录，保安电源及非电性质的保安措施，双电源及保安电源闭锁装置的可靠性，以及保证安全用电的技术措施；④ 缺陷记录、整改通知记录。

（6）变更合同。

（7）装表接电。电能计量装置的更换应严格按通过审查的计量方案进行，严格遵守电力工程安装规程的有关规定。应及时完成计量装置的更换工作。计量装置更换后应反馈更换前后的计量装置资产编号、操作人员、操作时间等信息。

（8）信息归档。

（9）客户回访。

（10）归档。

四、迁址

客户供电点、容量、用电类别均不变的前提下迁移受电装置用电地址，原址按销户的流程进行销户处理，新址按新装流程进行新装业务处理。

迁址业务流程图如图 3-4 所示。

（1）业务受理。

1）通过【客户申请确认】获取的申请信息，需要通知客户备妥资料到营业厅办理相关手续或提供主动上门服务。

2）为客户提供信息宣传与咨询服务，请客户核对用电申请书上的信息并签字确认。

3）查询客户以往的服务记录，审核客户法人所代表的其他单位以往用电历史、欠费情况、信用情况，并形成客户相关的附加信息。如有欠费，则应给予提示。

4）查验客户材料是否齐全、申请单信息是否完整、判断证件是否有效。

5）详细记录客户的客户名称、用电地址、身份证号码、联系人、联系方式、用电设备等申请信息。

根据《供用电规则》第二十六条规定，用户迁址须在 5 天前向供电企业提出申请。供电企业应按下列规定办理。

1）原址按终止用电办理，供电企业予以销户。新址用电优先受理。

2）迁移后的新址不在原供电点供电的，新址用电按新装用电办理。

3）迁移后的新址在原供电点供电的，且新址用电容量不超过原址容量，新址用电不再收取供电贴费。新址用电引起的工程费用由用户负担。

4）迁移后的新址仍在原供电点，但新址用电容量超过原址用电容量的，超过部分按增容办理。

5）私自迁移用电地址而用电者，除按本规则第一百条第 5 项处理外，自迁新址不论是否引起供电点变动，都一律按新装用电办理。

（2）现场勘查。

1）在约定的时间内到现场进行勘查。

2）现场勘查应携带用电变更现场勘查工作单。

3）接到勘查工作任务单后，应在规定的时限内进行现场勘查。

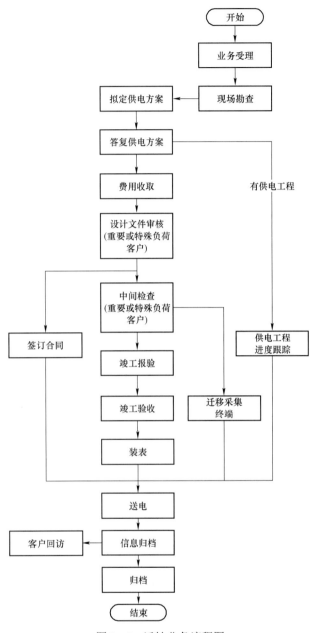

图 3-4　迁址业务流程图

4）现场勘查应核对客户名称、地址、容量、用电性质等信息与勘查单上的资料是否一致，核实计量装置是否运行正常。现场勘查记录应完整、翔实、准确。

（3）拟定供电方案。

1）根据配网结构及客户供电需求，确定客户电源接入方案，包括供电电压、供电的电源点、供电方式及供电线路导线选择和架设方式等。

2）确定客户的计量方案，包括计量点与采集点设置，电能计量装置配置要求及接线方式、安装位置、计量方式、电量采集终端安装方案等。

3）确定客户的计费方案。

4）召集相关部门对供电方案进行会审，根据会审意见对方案进行修改完善、重新会审，并形成最终供电方案意见书。

（4）答复供电方案。高压单电源用户最长不超过 1 个月；高压双电源用户最长不超过 2 个月。若不能如期确定供电方案，供电企业应向用户说明原因。用户对供电企业答复的供电方案有不同意见时，应在 1 个月内提出意见，双方可再行协商确定。用户应根据确定的供电方案进行受电工程设计。

（5）费用收取。

1）对缓收的费用，需经审批同意，可分多次缴纳打印收费凭证，更新客户的欠费信息，费用结清后打印正式发票；同时记录操作人员、审批人员、时间及减免的费用信息等。

2）对需要退还客户的费用，按确定的金额退还并打印凭证。

（6）供电工程进度跟踪。

1）登记供电工程的负责人、负责单位。

2）登记工程的立项设计结果信息。

3）登记工程的图样审查结果信息。

4）登记工程的工程预算结果信息。

5）登记工程费收取结果信息。

6）登记设备供应结果信息。

7）登记工程的监理信息。

8）登记工程施工结果信息，包括开工时间、完工时间。

9）登记工程中间检查结果信息。

10）登记工程竣工验收结果信息。

11）登记工程决算信息。

（7）设计文件审核（重要或特殊负荷客户）。

1）接收并审查客户工程的设计图样及其他资料，答复审核意见受电工程设计文件审核结果通知单。

2）将审核通过的设计图样及其他资料存档。

（8）中间检查（重要或特殊负荷客户）。

1）对于有隐蔽工程的项目，应在隐蔽工程完工前去现场检查，合格后方能封闭，再进行下道工序。

2）对现场施工未实施中间检查的隐蔽工程，供电企业有权对竣工的隐蔽工程提出返工暴露，并按要求督促整改。

3）中间检查应及时发现不符合设计要求与验收规范的问题并提出整改意见，以便在完工前进行处理，避免返工。

（9）迁移采集终端。

（10）竣工报验。

（11）竣工验收。

（12）签订合同。

（13）装表。

（14）送电。

（15）信息归档。

（16）客户回访。

（17）归档。

五、移表

供电部门依据《供电营业规则》有关移表的相关条款受理客户移表申请，及时现场勘查，按规定收取相关费用，完成装表接电及客户资料归档工作。

移表业务流程图如图 3-5 所示。

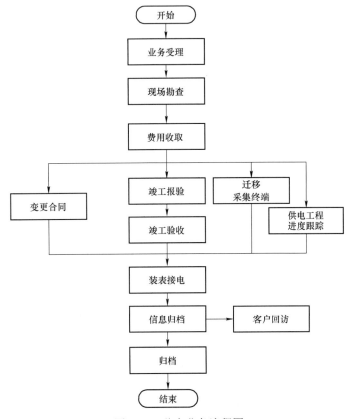

图 3-5　移表业务流程图

（1）业务受理。根据《供电营业规则》第二十七条规定，用户移表（因修缮房屋或其他原因需要移动用电计量装置安装位置）须向供电企业提出申请。供电企业应按下列规定办理。

1）在用电地址、用电容量、用电类别、供电点等不变的情况下，可办理移表手续。

2）移表所需的费用由用户负担。

3）用户不论何种原因，不得自行移动表位，否则可按本规则第一百条第 5 项处理。

（2）现场勘查。

1）在约定的时间内到现场进行勘查。

2）现场勘查应携带《用电变更现场勘查工作单 BM01_BD_07》。

3）接到勘查工作任务单后，应在规定的时限内进行现场勘查。

4）现场勘查应核对客户名称、地址、容量、用电性质等信息与勘查单上的资料是否一致，核实计量装置是否运行正常。现场勘查记录应完整、翔实、准确。

（3）费用收取。

1）按确定的应收金额收取客户的相关费用，建立客户的实收信息。

2）对需要退还客户的费用，按确定的金额退还并打印凭证。

3）要求在装表接电之前结清费用。

（4）供电工程进度跟踪。

1）登记供电工程的负责人、负责单位。

2）登记工程的立项设计结果信息。

3）登记工程的图样审查结果信息。

4）登记工程的工程预算结果信息。

5）登记工程费收取结果信息。

6）登记设备供应结果信息。

7）登记工程的监理信息。

8）登记工程施工结果信息，包括开工时间、完工时间。

9）登记工程中间检查结果信息。

10）登记工程竣工验收结果信息。

11）登记工程决算信息。

（5）迁移采集终端。

（6）竣工报验。

受理竣工报验时需核查竣工报验材料的完整性，包括：① 客户竣工验收申请书；② 工程竣工图；③ 变更设计说明；④ 供电企业认为必要的其他资料或记录。

（7）竣工验收。

1）接受客户竣工验收申请，组织相关部门进行现场检查验收，如发现缺陷，应出具整改通知单，要求工程建设单位予以整改，并记录缺陷及整改情况。

2）验收范围：工程建设参与单位的资质是否符合规范要求；工程建设是否符合设计要求；工程施工工艺、建设用材、设备选型是否符合规范，技术文件是否齐全；安全措施是否符合规范及现行的安全技术规程的规定。

3）验收项目：电能计量装置、采集装置等。

4）收集客户受电工程的技术资料及相关记录，以备归档。技术资料包括：① 竣工资料：电能计量装置试验报告、户外负荷开关试验单、竣工图样、电缆试验报告、户内负荷开关试验单、其他相关设备试验报告；② 缺陷记录、整改通知记录。

（8）变更合同。

（9）装表接电。根据相关信息变动情况，变更客户基本档案、电源档案、计费档案、计量档案、用检档案和合同档案等。

（10）信息归档。

（11）客户回访。

（12）归档。

六、暂拆

本业务适用于用户因修缮房屋等原因需要暂时停止用电并拆表。

供电部门依据《供电营业规则》关于暂拆的条款，查验客户提供的相关材料，在规定时限内完成现场勘查和拆表工作。

暂拆的业务流程图如图3-6所示。

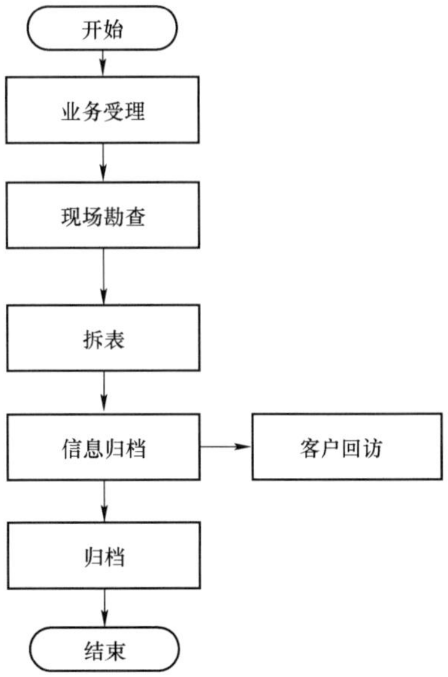

（1）业务受理。

根据《供电营业规则》第二十八条规定，用户暂拆（因修缮房屋等原因需要暂时停止用电并拆表）应持有关证明向供电企业提出申请。供电企业应按下列规定办理。

1）用户办理暂拆手续后，供电企业应在5天内执行暂拆。

2）暂拆时间最长不得超过6个月。暂拆期间，供电企业保留该用户原容量的使用权。

图3-6 暂拆业务流程图

3）暂拆原因消除，用户要求复装接电时，须向供电企业办理复装接电手续并按规定交付费用。上述手续完成后，供电企业应在5天内为该用户复装接电。

4）超过暂拆规定时间要求复装接电者，按新装手续办理。

（2）现场勘查。

1）在约定的时间内到现场进行勘查。

2）现场勘查应携带《用电变更现场勘查工作单》。

3）接到勘查工作任务单后，应在规定的时限内进行现场勘查。

4）现场勘查应核对客户名称、地址、容量、用电性质等信息与勘查单上的资料是否一致，核实计量装置是否运行正常。现场勘查记录应完整、翔实、准确。

（3）拆表。拆除计量装置，引用计量点管理业务类【运行维护及检验】的【拆除】来完成。拆除采集终端装置，引用电能信息采集业务类【运行管理】的【终端拆除】来完成。

（4）信息归档。

（5）客户回访。在规定回访时限内按比例抽样完成申请暂拆客户的回访工作，并准确、规范记录回访结果。回访内容参见95598业务处理业务类的客户回访业务项。

（6）归档。

1）核对客户待归档资料，主要包括申请信息、计量信息等；如有问题，需发起相关流程纠错。

2）如果无档案信息差错，在审核完成的同时收集、整理客户暂拆变更资料及相关业务资料，包括客户暂拆变更用电申请书和其他相关的业务资料等，按档案存放要求与原客户档案资料一起归档。

七、过户

供电部门依据《供电营业规则》有关过户的条款规定和国网公司统一发布的服务承诺要求，在一定的时限内，由于客户产权关系的变更，为客户办理过户申请，现场勘查核实客户

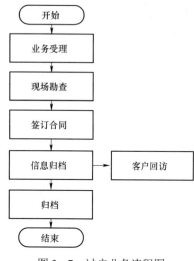

图 3-7　过户业务流程图

的用电地址、用电容量、用电类别未发生变更后，依法与新客户签订供用电合同，注销原客户供用电合同，同时完成新客户档案的建立及原客户档案的注销。

过户业务流程图如图 3-7 所示。

（1）业务受理。

根据《供电营业规则》第二十九条规定，用户更名或过户（依法变更用户名称或居民用户房屋变更户主）应持有关证明向供电企业提出申请。供电企业应按下列规定办理。

1）在用电地址、用电容量、用电类别不变的条件下，允许办理更名或过户。

2）原用户应与供电企业结清债务，才能解除原供用电关系。

3）不申请办理过户手续而私自过户者，新用户应承担原用户所负债务。经供电企业检查发现用户私自过户时，供电企业应通知该户补办手续，必要时可中止供电。

（2）现场勘查。

1）在约定的时间内到现场进行勘查。

2）现场勘查应携带用电变更现场勘查工作单。

3）接到勘查工作任务单后，应在规定的时限内进行现场勘查。

4）现场勘查应核对客户名称、地址、容量、用电性质等信息与勘查单上的资料是否一致，核实计量装置是否运行正常。现场勘查记录应完整、翔实、准确。

5）如果用电性质发生变化，应要求新户办理改类业务。如果用电容量发生变化，应要求新户办理增容业务。如果地址发生变化，应根据具体情况更改客户的用电地址或办理迁址业务。

（3）签订合同。

（4）信息归档。

（5）客户回访。

（6）归档。

1）要对如下过户提供资料归档：① 居民用户因更换房屋产权人等，需过户时，应持有关证明，如上级的证明文件、工商变更证明、房产证、户口本、身份证；② 机关、企事业单位、社会团体、部队等过户，应持工商行政管理部门注册登记执照及有关证明；③ 经办人的身份证及复印件，法定代表人出具的授权委托书。归档的同时还需要更新客户基本档案、合同档案等。

2）归档的同时还需要建立客户基本档案及合同档案等，注销原客户档案及合同档案等。

八、分户和并户

分户是指一户分列为两户及以上的用户。

供电部门依据《供电营业规则》有关申请用电的条款规定和国网公司统一发布的服务承诺要求，在一定的时限内，为客户办理分户申请，组织现场勘查，制定原客户及分出户的供电方案，向原客户及分出户收取有关营业费用，跟踪供电工程的立项、设计、图样审查、工程预算、设备供应、施工和受电工程的设计、设备供应及工程施工过程，组织受电工程的图样审查、中间检查、竣工验收，与原客户重新签订供用电合同，与分出户分别签订供用电合同，并给予装表送电，通过归档完成原客户档案变更及分出户立户的全过程。

并户是指两户及以上客户合并为一户。

供电部门依据《供电营业规则》有关申请用电的条款规定和国网公司统一发布的服务承诺要求，在一定的时限内，为在同一供电点、同一用电地址的相邻两个及以上客户并户的变更业务建立申请，组织现场查勘，制定供电方案，向客户收取有关营业费用，跟踪供电工程的立项、设计、图样审查、工程预算、设备供应、施工和受电工程的设计、设备供应及工程施工过程，组织受电工程的图样审查、中间检查、竣工验收，与客户变更供用电合同，并给予装表送电，完成归档并户全过程。

被合并客户应销户。依据《供电营业规则》规定，并户后容量不得超过原户容量之和。

分户业务流程图如图 3－8 所示。

（1）业务受理。根据《供电营业规则》第三十条规定，用户分户应持有关证明向供电企业提出申请。供电企业应按下列规定办理。

1）在用电地址、供电点、用电容量不变，且其受电装置具备分装的条件时，允许办理分户。

2）在原用户与供电企业结清债务的情况下，再办理分户手续。

3）分立后的新用户应与供电企业重新建立供用电关系。

4）原用户的用电容量由分户者自行协商分割，需要增容者，分户后另行向供电企业办理增容手续。

5）分户引起的工程费用由分户者负担。

6）分户后受电装置应经供电企业检验合格，由供电企业分别装表计费。

根据《供电营业规则》第三十一条规定，用户并户应持有关证明向供电企业提出申请。供电企业应按下列规定办理。

1）在同一供电点、同一用电地址的相邻两个及以上用户允许办理并户。

2）原用户应在并户前向供电企业结清债务。

3）新用户用电容量不得超过并户前各户容量之和。

4）并户引起的工程费用由并户者负担。

5）并户的受电装置应经检验合格，由供电企业重新装表计费。

（2）现场勘查。

1）根据勘查派工的结果或事先确定的工作分配原则，接受分配勘查任务，提前和客户预约现场勘查的时间，确认勘查地点，准备好相应作业资料，在规定的期限内准时到达现场进行勘查。

2）现场核实原客户及分出户的申请信息，如客户名称、地址、用电容量、用电性质等与现场是否相符。

3）现场勘测过程中，应及时将现场情况准确填入《用电变更现场勘查工作单》。

4）根据现场核实的客户的用电情况，需迁移变压器的，提出变压器迁移方案，需变更电能计量装置的，提出计量变更方案，包括电能表、互感器和采集终端等变更信息，根据原客户及分出户的用电容量、用电性质和重要性等级等，提出计费变更方案，包括用电性质、执行的电价、功率因数执行标准等信息。

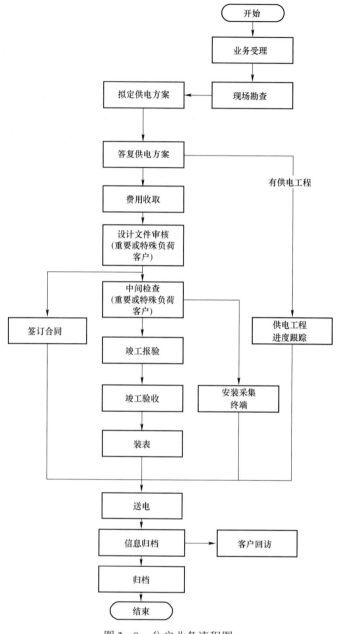

图 3-8　分户业务流程图

5）勘查结束应将勘查结果信息及相关方案在系统中进行记录，并转入后续流程处理。

（3）拟定供电方案。

1）电能计量装置的配置与安装应符合 DL/T 448—2000《电能计量装置技术管理规程》及相关技术规程的要求。

2）计费方案的制定应符合国家规定的电价政策。

3）重要电力用户供电电源的配置应执行《关于加强重要电力用户供电电源及自备应急电源配置监督管理的意见》（国家电网营销〔2008〕1097 号），至少应符合以下要求：① 特级重要电力用户具备三路电源供电条件，其中的两路电源应当来自两个不同的变电站，当任何两路电源发生故障时，第三路电源能保证独立正常供电；② 一级重要电力用户具备两路电源供电条件，两路电源应当来自两个不同的变电站，当一路电源发生故障时，另一路电源能保证独立正常供电；③ 二级重要电力用户具备双回路供电条件，供电电源可以来自同一个变电站的不同母线段；④ 临时性重要电力用户按照供电负荷重要性，在条件允许的情况下，可以通过临时架线等方式具备双回路或两路以上电源供电条件；⑤ 重要电力用户供电电源的切换时间和切换方式要满足重要电力用户允许中断供电时间的要求。

（4）答复供电方案。

（5）费用收取。

（6）供电工程进度跟踪。

1）登记供电工程的负责人、负责单位。

2）登记工程的立项设计结果信息。

3）登记工程的图样审查结果信息。

4）登记工程的工程预算结果信息。

5）登记工程费收取结果信息。

6）登记设备供应结果信息。

7）登记工程的监理信息。

8）登记工程施工结果信息，包括开工时间、完工时间。

9）登记工程中间检查结果信息。

10）登记工程竣工验收结果信息。

11）登记工程决算信息。

（7）设计文件审核（重要或特殊负荷客户）。

（8）中间检查（重要或特殊负荷客户）。

（9）安装采集终端。

（10）竣工报验。

（11）竣工验收。

（12）签订合同。

（13）装表。

（14）送电。

（15）信息归档。

（16）客户回访。

（17）归档。

1）核对原客户及分出户待归档资料，主要包括客户申请信息、设备信息、基本信息、供电方案信息、计费信息、计量信息（包括采集装置）等；如有问题，需发起相关流程纠错。

2）如果原客户及分出户均无档案信息差错，在审核完成的同时需要对如下业扩变更资料和客户档案内容归档：① 用电申请书；② 客户用电设备登记表；③ 供电方案批复文件；④ 用电报装协议或协议执行委托书；⑤ 业扩工程设计资料审查意见书；⑥ 竣工的所有资料；⑦ 电气设备安装工程竣工及检验报告；⑧ 中间检查、竣工验收意见书；⑨ 业务工作凭单。

九、销户

本业务适用于因客户拆迁、停产、破产等申请停止全部用电容量的使用，和供电部门终止供用电关系。

根据《供电营业规则》中销户业务的相关规定进行客户销户申请的受理，并进行现场勘查、审批，对计量装置已破坏的客户，根据实际情况，予以赔偿。

销户业务流程图如图 3-9 所示。

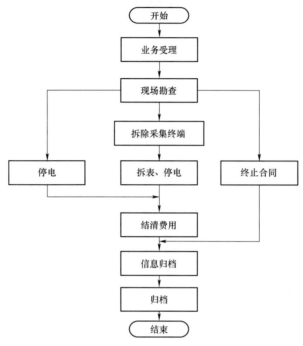

图 3-9　销户业务流程图

（1）业务受理。

1）客户办理销户业务提供销户申请书、供用电合同等主要相关资料。

2）允许同一城市内销户业务异地受理。受理辖区外客户的用电变更和缴费，需准确记录客户的联系方式。

3）在接到异地受理的客户用电申请后，应及时与客户取得联系，办理后续用电业务。

4）受理时须核查客户同一自然人或同一法人主体的其他用电地址的电费缴费情况，如有欠费，则须在缴清电费后方可办理。

5）受理时须了解客户相关的咨询等服务历史信息、是否被列入失信客户等信息，了解该客户同一自然人或同一法人主体的其他用电地址的历史用电的信用情况，形成客户报装附加信息。

《供电营业规则》第三十二条规定，用户销户须向供电企业提出申请。供电企业应按下列规定办理。

1）销户必须停止全部用电容量的使用。

2）用户已向供电企业结清电费。

3）查验用电计量装置完好性后，拆除接户线和用电计量装置。

4）用户持供电企业出具的凭证，领还电能表保证金与电费保证金。

办完上述事宜，即解除供用电关系。

《供电营业规则》第三十三条规定，用户连续 6 个月不用电，也不申请办理暂停用电手续者，供电企业须以销户终止其用电。用户需再用电时，按新装用电办理。

（2）现场勘查。

1）在约定的时间内到现场进行勘查。

2）现场勘查应携带用电变更现场勘查工作单。

3）接到勘查工作任务单后，应在规定的时限内进行现场勘查。

4）现场勘查应核对客户名称、地址、容量、用电性质等信息与勘查单上的资料是否一致，核实计量装置是否运行正常。现场勘查记录应完整、翔实、准确。

（3）拆除采集终端。

1）终端设备的拆除应严格按通过审查的施工设计和确定的供电方案进行。

2）应及时完成采集终端设备的拆除工作。

3）采集终端设备拆除完成后应反馈资产编号、操作人员、操作时间等信息。

（4）拆表、停电。

1）现场为客户停止供电。

2）停电完成后，应按照停电工作单格式记录停电人员、停电时间及相关情况。

3）将填写好的停电工作单交与客户签字确认，并存档以供查阅。

（5）结清费用。

1）应对当天的收取情况进行日结，并报送财务部门。

2）应对收取的支票进行登记，对退票进行及时处理。

（6）终止合同。

（7）信息归档。

（8）归档。

1）销户完整的客户档案资料应包括：① 用电申请书；② 授权委托书；③ 法人登记证件或委托代理人居民身份证及复印件；④ 用电变更现场勘查工作单；⑤ 装拆表工作单；⑥ 供用电合同。

2）应为客户档案设置物理存放位置。

3）应在规定时限内完成归档。

十、改压

供电部门依据《供电营业规则》有关申请用电的条款规定和国网公司统一发布的服务承诺要求，在一定的时限内，为在原址改变供用电电压等级的客户办理用电变更申请，组织现场查勘，制定改变后的电压等级的供电方案，向客户收取有关营业费用，跟踪供电工程的立项、设计、图样审查、工程预算、设备供应、施工和受电工程的设计、设备供应及工程施工过程，组织受电工程的图样审查、中间检查、竣工验收，与客户变更供用电合同，并给予装表送电，完成归档客户用电变更的全过程。

改压业务流程图如图 3-10 所示。

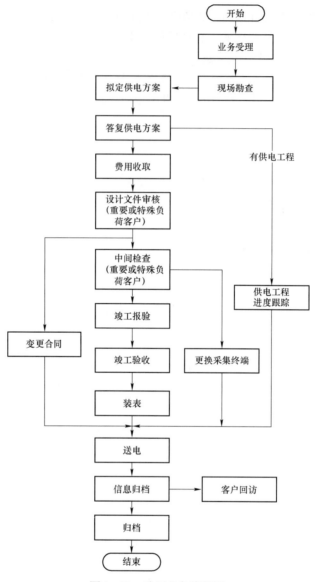

图3-10 改压业务流程图

（1）业务受理。根据《供电营业规则》第三十四条规定，用户改压（因用户原因需要在原址改变供电电压等级）应向供电企业提出申请。供电企业应按下列规定办理。

1）改为高一等级电压供电，且容量不变者，免收其供电贴费。超过原容量者，超过部分按增容手续办理。

2）改为低一等级电压供电时，改压后的容量不大于原容量者，应收取两级电压供电贴费标准差额的供电贴费。超过原容量者，超过部分按增容手续办理。

3）改压引起的工程费用由用户负担。由于供电企业的原因引起用户供电电压等级变化的，改压引起的用户外部工程费用由供电企业承担。

（2）现场勘查。按照现场任务分配情况进行现场勘查，根据客户的用电申请信息到现场核查需要改变受电电压等级的线路、变压器容量等。根据客户的用电性质、用电规模及该区域电网结构，对供电可能性和合理性进行调查，为拟定供电方案（包括电源接入、计费和计量方案）提供基础资料。

（3）拟定供电方案。

（4）答复供电方案。

（5）费用收取。

（6）供电工程进度跟踪。

1）登记供电工程的负责人、负责单位。

2）登记工程的立项设计结果信息。

3）登记工程的图样审查结果信息。

4）登记工程的工程预算结果信息。

5）登记工程费收取结果信息。

6）登记设备供应结果信息。

7）登记工程的监理信息。

8）登记工程施工结果信息，包括开工时间、完工时间。

9）登记工程中间检查结果信息。

10）登记工程竣工验收结果信息。

11）登记工程决算信息。

（7）设计文件审核（重要或特殊负荷客户）。

（8）中间检查（重要或特殊负荷客户）。

1）对于有隐蔽工程的项目，应在隐蔽工程完工前去现场检查，合格后方能封闭，再进行下道工序。

2）对现场施工未实施中间检查的隐蔽工程，供电企业有权对竣工的隐蔽工程提出返工暴露，并按要求督促整改。

3）中间检查应及时发现不符合设计要求与验收规范的问题并提出整改意见，以便在完工前进行处理，避免返工。

（9）更换采集终端。

（10）竣工报验。

（11）竣工验收。

（12）变更合同。

（13）装表。电能计量装置的更换应严格按通过审查的计量方案进行，严格遵守电力工程安装规程的有关规定。应及时完成计量装置的更换工作。计量装置更换后应反馈资产编号、操作人员、操作时间等信息。

（14）送电。

（15）信息归档。

（16）客户回访。

（17）归档。

1）改压完整的客户档案资料应包括：① 用电申请书；② 属政府监管的项目的有关批文；③ 授权委托书；④ 法人登记证件或委托代理人居民身份证及复印件；⑤ 用电设备清单；⑥ 现场勘查工作单；⑦ 受电工程设计文件审核登记表；⑧ 受电工程设计文件审核结果通知

单；⑨ 受电工程中间检查登记表；⑩ 受电工程中间检查结果通知单；⑪ 电气设备安装工程竣工及检验报告；⑫ 受电工程竣工验收登记表；⑬ 受电工程竣工验收单；⑭ 装拆表工作单；⑮ 送电任务单；⑯ 供用电合同；⑰ 重要用户认证材料；⑱ 审定的客户电气设计资料及图样（含竣工图样）。

2）应为客户档案设置物理存放位置。

3）应在规定时限内完成归档。

十一、改类

客户在同一受电装置内，电力用途发生变化而引起用电电价类别的增加、改变或减少时，向供电企业提出变更申请，供电企业依据《供电营业规则》有关办理改类的规定进行客户变更申请的受理，并进行现场勘查、审批，与客户签订供用电变更合同，并给予装表接电，核实改类时的电表抄码，完成各项审核工作，根据变更情况对客户进行回访，最后归档完成整个改类变更的全过程。

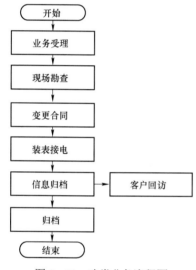

图 3-11　改类业务流程图

改类业务流程图如图 3-11 所示。

（1）业务受理。

1）客户办理改类业务提供改类申请书、供用电合同等主要相关资料。

2）允许同一城市内改类业务异地受理。受理辖区外客户的用电变更和缴费，需准确记录客户的联系方式。

3）在接到异地受理的客户用电申请后，应及时与客户取得联系，办理后续用电业务。

4）受理时须核查客户同一自然人或同一法人主体的其他用电地址的电费缴费情况，如有欠费，则须在缴清电费后方可办理。

5）受理时须了解客户相关的咨询等服务历史信息、是否被列入失信客户等信息，了解该客户同一自然人或同一法人主体的其他用电地址的历史用电的信用情况，形成客户报装附加信息。

根据《供电营业规则》第三十五条规定，用户改类须向供电企业提出申请。供电企业应按下列规定办理。

1）在同一受电装置内，电力用途发生变化而引起用电电价类别改变时，允许办理改类手续。

2）擅自改变用电类别，应按本规则第一百条第 1 项处理。

《供电营业规则》第三十六条规定，用户依法破产时，供电企业应按下列规定办理。

1）供电企业应予销户，终止供电。

2）在破产用户原址上用电的，按新装用电办理。

3）从破产用户分离出去的新用户，必须在偿清原破产用户电费和其他债务后，方可办理变更用电手续；否则，供电企业可按违约用电处理。

（2）现场勘查。

1）在约定的时间内到现场进行勘查。

2）现场勘查应携带用电变更现场勘查工作单。

3）接到勘查工作任务单后，应在规定的时限内进行现场勘查。

4）现场勘查应核对客户名称、地址、容量、用电性质等信息与勘查单上的资料是否一致，核实计量装置是否运行正常。现场勘查记录应完整、翔实、准确。

（3）变更合同。

（4）装表接电。

（5）信息归档。

（6）客户回访。

（7）归档。

1）核对客户待归档资料，包括计费信息（特别是电价类别）、计量信息等；如有问题，需发起相关流程纠错。

2）为档案变更档案设置物理存放位置，形成并记录档案存放号。

第三节　变更用电的办理基本原则与注意事项

客户需要变更用电业务时，首先应向供电公司提出申请，可线上、电话或直接到供电公司营业厅办理。应核对《变更用电申请表》，并签字、盖章，同时在变更用电后，随即根据用电业务变更内容重新签订《供用电合同》。

供电企业不受理临时用电客户的变更用电事宜。从破产客户分离出去的新户，必须在偿清原破产户电费和其他债务后，方可办理变更用电手续。如出现隐瞒债务情况，供电企业可按违约用电处理。

供电企业在办理业务变更时应按照《供电营业规则》中的规定执行。《供电营业规则》中的第二十三条至三十六条，对各种类别的变更用电做出了详细的规定，具体叙述如下。

一、减容

客户在正式用电后，由于生产经营情况发生变化，用电负荷减少，原有容量过大，为减少电费，节约开支，需减少《供用电合同》中约定的容量的一种变更用电事宜，简称减容。

客户减容应提前 5 个工作日向供电企业提出书面申请。供电企业应按下列规定办理。

（1）电力用户申请减容必须是整台或整组的变压器的停止或更换小容量变压器用电。减容期限不受时间限制。电力用户减容两年内恢复或部分恢复的，按减容恢复办理。减容超过两年如需再增加用电容量按新装或增容办理。供电企业在受理之后，根据用户申请减容的日期对设备进行加封。自设备加封之日起，减容部分免收基本电费。减容后容量达不到实施两部制电价规定容量标准的，应改按相应用电类别单一制电价计费，并执行相应的分类电价标准。减容恢复用电后，其用电容量达到实施两部制电价规定容量标准的，应改按两部制电价标准和政策执行。

（2）在减容期限内，供电企业应保留客户减少容量的使用权。

（3）在减容期限内要求恢复用电时，应在 5 天前向供电企业办理恢复用电手续，基本电费从启封之日起计收。

二、暂停

客户由于生产、经营情况发生变化，如客户设备检修、产品滞销、季节性用电等原因，用电负荷减少，为减少电费支出，需短时间停止全部或部分用电设备容量的一种变更用电业务，简称暂停。

客户申请暂停用电，必须在5天前向供电企业提出申请。供电企业应按下列规定办理。

（1）客户在一个日历年内，可根据用电需求变化情况，提前5个工作日向当地电网企业申请暂停用电，申请时间每次应不少于15天，每一日历年内累计不超过6个月。季节性用电或国家另有规定的客户，累计暂停时间可再议。

（2）按变压器容量计收基本电费的客户，暂停用电必须是整台或整组变压器停止运行。供电企业在受理暂停申请后，根据用户申请暂停的日期对暂停设备加封。自设备加封之日起，暂停部分免收基本电费。暂停后容量达不到实施两部制电价规定容量标准的，应改按相应用电类别单一制电价计费，并执行相应的分类电价标准。暂停恢复用电后，其用电容量达到实施两部制电价规定容量标准的，应改按两部制电价标准和政策执行。

（3）暂停期满或每一日历年内累计暂停用电时间超过6个月者，且未办理暂停恢复或减容的，超过天数需缴纳基本电费。

（4）在暂停期限内，客户申请恢复暂停用电容量时，须在预定恢复日前5天向供电企业提出申请。暂停用电时间少于15天者，暂停期间基本电费照收。

（5）按最大需量计收基本电费的客户，申请暂停用电是全部容量（含不通过受电变压器的高压电动机）的暂停，并遵守上述（1）～（4）项的规定。

三、暂换

客户因受电变压器发生故障或计划检修，无相同容量变压器替代，需临时更换大容量变压器代替运行的业务，简称暂换。

客户申请暂换需在更换前向供电企业提出申请。供电企业应按下列规定办理。

（1）必须在原受电地点内整台地暂换受电变压器。

（2）暂换变压器的使用时间，10kV及以下的不得超过2个月，35kV及以上的不得超过3个月。逾期不办理手续的，供电企业可中止供电。

（3）暂换的变压器经检验合格后才能投入运行。

（4）对执行两部制电价的客户须在暂换之日起，按替换后的变压器容量计收基本电费。

四、迁址

客户因扩建改造或市政发展规划，需改变用电地址，将原用电设备迁移他址的一种变更用电业务，简称迁址。

客户申请迁址，应在5天前向供电企业提出申请。供电企业应按下列规定办理。

（1）原址按终止用电办理，供电企业予以销户。新址用电优先受理。

（2）迁移后的新址不在原供电点供电的，新址用电按新装办理。

（3）迁址后的新址在原供电点且新址用电容量不超过原址容量的，新址用电不按新装办理，但新址用电引起的工程费用由客户承担。

（4）迁移后的新址仍在原供电点，但新址用电容量超过原址用电容量的，超过部分按增容办理。

（5）私自迁移用电地址而用电者，除按《供电营业规则》第一百条第5项处理外，自迁新址不论是否引起供电点变动，一律按新装用电办理。

五、移表

客户在原用电地址内，因修缮房屋、变（配）电室改造或其他原因，需移动用电计量装置安装位置的业务，简称移表。

客户办理移表变更业务时，首先应向供电企业提出书面申请。供电企业按下列规定办理。

（1）在用电地址、用电容量、用电类别、供电点等不变的情况下，可办理移表手续。

（2）移表所需的费用由客户负担。

（3）客户不论何种原因，都不得自行移动计量装置位置，否则属违约行为，可按《供电营业规则》第一百条第 5 项规定处理，即"私自迁移供电企业的用电计量装置者，属于居民客户的，应承担每次 500 元的违约使用电费；属于其他客户的，应承担每次 5000 元的违约使用电费"。

六、暂拆

客户办理暂拆手续后，供电企业应在 5 天内执行暂拆。因修缮房屋或变（配）电站改造等需暂时停止用电并拆表的业务，简称暂拆。

客户在办理暂拆业务时，应持有关证明向供电企业提出书面申请。供电企业按下列规定办理。

（1）客户办理暂拆手续后，供电企业应在 5 天内执行暂拆。

（2）暂拆时间最长不得超过 6 个月。暂拆期间，供电企业保留该客户原有容量的使用权。

（3）暂拆原因消除后，客户要求复装接电时，需向供电企业办理复装接电手续并按规定交付费用。上述手续完成后，供电企业应在 5 天内为该户复装接电。

（4）超过暂拆规定时间要求复装接电者，按新装手续办理。

七、更名或过户

更名是原客户不变，只是因客户原名称改变而变更客户名称的业务；过户是客户发生了变化，由原客户变为另一客户的一种变更业务。

客户不论办理哪种业务，在书面申请书上，都必须有原客户法人的签字和章印，并根据业扩管理要求，提供相应的资料，方可办理更名或过户手续。供电企业则应按下列规定办理。

（1）在用电地址、用电容量、用电类别不变的情况下，允许办理更名或过户。

（2）原客户应与供电企业结清债务，才能解除原供用电关系。

（3）不申请办理过户手续而私自过户者，新客户应承担原客户所有的债务。经供电企业检查发现客户私自过户时，供电企业应通知该户补办过户手续，必要时可中止供电。

八、分户

客户因生产经营方式改变或其他原因，由一个电力客户变为两个或两个以上的电力客户的业务，简称分户。

客户申请分户时应根据业扩管理要求，向供电企业提供相应的证明资料和书面申请。供电企业按下列规定办理。

（1）在用电地址、供电点、用电容量不变，且其受电装置具备分装的条件时，允许办分户。

（2）在原客户与供电企业结清债务的情况下，再办理分户手续。

（3）原客户的用电容量由分户者自行协商分割，需要增容者，分户后另行向供电企业办理增容手续。

（4）分户引起的费用由分者负担。

（5）分户后受电装置应经供电企业检验合格，由供电企业分别装表计费。

九、并户

因客户生产经营方式发生改变或其他原因，需两个或以上客户合并为一个电力客户的业务，简称并户。

客户申请并户时，应根据供电企业业扩管理要求，提供相应的证明资料和书面申请。供电企业按下列规定办理。

（1）同一供电点、同一用电地址的相邻两个及两个以上的客户允许办理并户。

（2）原客户在并户前向供电企业结清债务。

（3）新客户用电容量不得超过并户前各户用电容量之和。

（4）并户引起的工程费用由并户者承担。

（5）并户的受电装置应经检验合格，由供电企业重新装表计费。

十、销户

销户是指因客户合同到期、企业破产、国家产业政策明令禁止等而终止供电的业务，或供电企业强制终止客户用电的业务，即供用电双方解除供用电关系的业务。

供电企业在办理销户时，应按下列规定办理。

（1）必须停止全部用电容量的使用。

（2）客户与供电企业结清电费和其他债务。

（3）检验用电计量装置完好性后，拆除接户线和用电计量装置。

（4）解除供用电合同关系。

（5）在销户客户的原址上用电的，应按新装用电办理。

（6）属破产客户分离出的新客户，必须在偿还清原破产客户电费和其他债务后，方可办理用电业务。

十一、改压

客户因自身原因，需要改变供电电压等级的一种变更用电业务，简称改压。

客户申请改压时，应向供电企业提供书面申请。供电企业应按下列规定办理。

（1）客户改压，且容量不变者，供电企业按业扩管理要求予以办理。如超过原有容量，超过部分按增容办理。

（2）改压引起的工程费用由客户负担，但由供电企业原因引起客户供电电压发生变化的，客户的外部供电工程费用由供电企业负担。

十二、改类

由于客户生产和经营发生变化，引起其电力用途改变，从而导致用电类别发生变化即用电电价发生变化的一种变更用电业务，简称改类。

改类可以是原计费表内所带负荷用电性质发生变化，也可以是原计费表所带负荷中部分负荷用电性质发生变化，即调整用电类别比例。

客户申请改类，需向提供企业提供证明和出书面申请。供电企业应按下列规定办理。

（1）在同一受电装置内，电力用途发生变化而引起用电电价类别改变时，允许办理改类手续。

（2）客户私自改变用电类别，应按照《供电营业规则》第一百条第1项规定办理，即在电价低的供电线路上，擅自接用电价高的用电设备或私自改变用电类别的，应按实际使用日期补交其差额电费，并承担 2 倍差额电费的违约使用电费。使用起讫日期难以确定的，实际使用时间按 3 个月计算。

复 习 思 考 题

1. 变更用电业务的作用是什么？
2. 变更用电业务的定义是什么？
3. 变更用电业务的分类有哪几种？
4. 办理减容和暂停用电业务有哪些规定？
5. 简述变更用电业务的基本流程。

第四章 客户档案

● 目的和要求

   1. 理解客户档案的定义

   2. 掌握客户档案的作用

   3. 理解客户档案的分类

   4. 了解客户档案的管理要求

   5. 掌握客户档案的管理方式

第一节 概 述

一、客户档案的概述

1. 客户档案的概念

客户档案也称为客户档案，是指从客户登记用电开始，直至装表接电以后用电业务变更的一切存档的原始资料。它是正确处理日常营业工作的原始凭证，也是加强经营管理，提高服务质量的一个重要工具。

2. 客户档案的作用

客户档案是供电企业业扩管理的基础，是确保客户安全合理用电、准确及时回收电费的重要依据，在电力营销中具有非常重要的作用。

（1）客户档案是用电客户用电变动的历史档案。客户档案集中了所有客户的每一件申请书、每一页工作传票、每一张业务联系单、每一份供用电合同及各经办部门的有关批示、签注的意见、办理的日期等。打开客户档案，即可对用电客户的用电历史一目了然，清楚地了解到每一个用电客户用电始末的全过程。一旦发生问题，就可以迅速查明原因，分清责任。因此，客户档案是加强经营管理工作中不可缺少的历史性档案，一定要科学管理，不损不丢。

（2）借鉴作用。客户在用电过程中发生的问题，内容广泛，形式多样。通过长期积累，分析研究，就可以总结出它本身的规律。在日常工作中，有很多已经处理过的特殊事例，往往会重复发生。时间长了，机构变动、经办人员记忆不清，当新的情况再次出现时往往会显得束手无策。当然，对于一般的事例，以往的处理办法也是有参考价值的，起到了借鉴作用。

（3）向导作用。电力营销管理需要进行大量的调查核实工作。在进行现场调查核实之前，必须首先熟悉客户情况，明确调查的目的、内容，才能抓住关键，有的放矢。而客户档案又是达此目的的最佳选择，起到了向导作用。

（4）作为教材。客户在用电过程中发生的问题，尤其是对很多复杂的技术业务问题的处理，均是某些技术业务人员正确执行政策的结果，也是工作经验的总结，具有一定的技术业务水平。结论都保存在客户档案里。充分利用这些资料，对营销人员进行技术业务培训，既生动又实际，有益于技术业务的提高。

3. 客户档案总体结构图

客户档案总体结构图如图 4-1 所示。

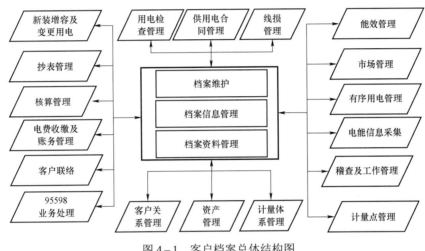

图 4-1 客户档案总体结构图

二、客户档案的分类

客户档案按客户办理申请用电环节可分为三类。

1. 客户申请用电资料

（1）客户用电申请书。

（2）客户用电登记表（高压、低压、居民）。

（3）证明客户身份的有效证件，如身份证、营业执照复印件等。

（4）客户申请用电工程项目的批准文件及政府产业政策要求的相关证件、环保部门的相关批文等。

（5）客户申请用电的相关其他资料，如用电设备登记表等。

2. 报装流程过程中相关资料

报装流程过程中相关资料指在受理客户申请后，在每一业扩流程环节中的相关资料，包括：① 用电登记表；② 业扩现场勘查工作单；③ 供电方案答复单；④ 答复客户通知书；⑤ 受电工程图样审核登记表；⑥ 受电工程图样审核结果通知单；⑦ 受电工程中间检查登记表；⑧ 受电工程中间检查结果通知单；⑨ 客户电气设施缺陷整改通知单；⑩ 客户工程竣工报验申请书；⑪ 客户工程接电验收单；⑫ 供用电相关合同、协议；⑬ 用电工作票；⑭ 供电企业认为必要的其他资料。

3. 变更用电业务相关资料

变更用电业务相关资料是指客户在办理变更用电业务过程中，供电企业根据变更用电业务的种类，要求客户提供的相关证明材料和供电企业办理变更用电业务过程时出局的用电工作票及变更用电业务登记单，包括：① 客户变更用电申请书；② 变更用电登记表；③ 电能计量装置追补电量计算单；④ 用电异常报告单；⑤ 定量、定比核定单；⑥ 违约、违章、窃电登记单；⑦ 改变用电类别或计量装置审批单；⑧ 客户计量装置测试通知书；⑨ 用电工作票。

三、如何加强客户档案管理

1. 建立现代化的档案管理系统

现在已经是网络化的时代，进行客户档案管理不再需要以前那样花费那么多的人力、物力、财力来进行管理，只要供电企业找一家软件开发公司，出资开发一个客户档案管理系统即可。客户的信息通过计算机输入这个客户档案管理系统当中，只要设置添加、查询、归档、借阅、统计、设置、提醒等功能，供电企业中的各个部门就能随时进行客户信息查找。这样电力营销部门的档案管理人员只要把客户的信息输入系统中，而且不断对客户信息进行更新，就不会造成因纸质档案丢失而造成客户信息缺失的情况，为供电企业更好地发展客户提供了方便，也能更好服务客户，帮助客户解决用电问题。

2. 建立规章制度，实现客户档案规范化管理

古话道："没有规矩，不成方圆。"只有有一个好的规章制度，档案管理人员才会认真、负责地进行档案管理工作。客户的档案是属于客户的个人隐私，供电企业在进行档案管理时，必须对客户的信息进行保密工作，如果没有一套有效的规章制度，那么客户档案信息的产生、收集、归档、利用、销毁等就会出现问题，因此，供电企业必须要有一套规范的管理办法和工作机制去推动，才能实现档案的规范化管理。这样就能明确客户档案管理工作的原则，以及客户档案管理工作人员的责任。

3. 提高电力营销中客户档案管理工作的意识

现在很多的供电企业都没有认识到电力营销中客户档案管理工作的重要性，因此，要进行有效的客户档案管理工作，就必须提高供电企业的客户档案管理意识，只有意识到客户档案管理工作的意义和重要性，供电企业的电力营销才能得到更好的发展。提高电力营销中客户档案管理工作的意识，首先要对相关的人员进行培训工作。这个培训不仅要培训相关人员的专业能力，还要培养这些人员的工作素质。只有具备了优秀的专业能力和良好的工作素质才能更好地进行客户档案管理工作，才能更好地为客户进行服务，从而也使供电企业得到更好的发展。

第二节 客户档案的管理要求及保管

一、客户档案的管理要求

供电企业对客户档案要设专人保管，且要求业扩资料管理员在接收客户档案时对档案内容进行审核，并有交接手续。

1. 客户档案的准确性

客户档案中记录的客户信息要与该户的电费账卡、计量账卡、客户用电现场实际及营销

自动化系统记录相符。

2. 客户名称的唯一性

客户档案中相关资料中的客户名称应唯一，并与该户提供的营业执照、《供用电合同》、《付费售电协议》、电费账卡、增值税发票及营销系统中客户的名称相一致。

3. 客户档案的时效性

对客户办理拆表销户（含临时用电销户）的客户档案，可另行保管，不得销毁，并在档案目录上注明"已销户"字样。

4. 客户档案修改的严肃性

对已存入的客户档案原始资料，任何人都不得随意修改，如需更改，应按照规定的流程并上报主管营销领导批准后方能改动。改动后要由改动人员及主管领导签章确认。

5. 客户档案借阅的程序性

因工作需要借用客户档案时，应履行借阅手续；归还时，业扩报装员应当面核对资料内容及份数，防止丢失。

二、客户档案的保管

客户档案应建立和装入客户档案袋，妥善保管，应有专柜、专室，且应按下列要求存放。

（1）每一客户在供电企业的用电户号是识别客户之间的唯一识码，也是在供电公司的永久代号，因此每一客户档案应标注客户户号。每一客户资料均按业扩报装流程顺序及业务变更前后时间排列，并设有目录或索引。

（2）客户档案柜及档案盒要求规格统一、放置整齐，并按线路、台区顺序依次编排存放，存入的资料应悬挂类别、名称标志牌，标示牌颜色要与档案柜颜色区分开来，字迹要工整。

（3）客户档案要有专门的存放室，要求干燥、通风、整洁，有防火、防盗等措施，照明灯具齐全。

随着计算机知识的运用，用电营销管理系统的不断发展，供电企业客户档案会逐步用电子档案管理取消手工填写、人工档案袋管理的烦琐操作。

第三节　客户档案的归档资料

1. 高压客户受理申请环节归档资料
（1）用电申请表。
（2）企事业单位需提供资料。
（3）客户业扩报装办理告知书。
（4）个体工商户需提供资料。
（5）房地产开发项目需提供资料。
2. 低压客户归档资料
（1）用电申请表。
（2）企事业单位需提供资料。
（3）客户业扩报装办理告知书。
（4）个体工商户需提供资料。
（5）居民客户需提供资料。

3. 高压客户供电方案环节归档资料

（1）客户业扩现场勘查工作单。

（2）供电方案审批单。

（3）客户供电方案答复书。

4. 低压客户供电方案环节归档资料

（1）客户业扩现场勘查工作单。

（2）客户供电方案答复书。

5. 高压客户受电工程设计审查环节归档资料

（1）客户受电工程设计单位资质审查意见及资质证书复印件。

（2）受电工程图样审核登记表。

（3）受电工程图样审核结果通知单。

6. 低压客户受电工程中间检查及竣工验收环节归档资料

（1）受电工程竣工验收登记表。

（2）受电工程竣工报验资料清单。

（3）受电工程竣工验收资料。

（4）竣工资料（包括竣工图样、电气设备出厂合格证书、电气设备交接试验记录、试验单位资质证明）。

7. 高压客户受电工程中间检查及竣工验收环节归档资料

（1）客户受电工程施工单位资质审查意见及资质证书复印件。

（2）受电工程中间检查结果。

（3）客户受电工程试验单位资质审查意见及资质证书。

（4）受电工程竣工验收单。

（5）客户受电工程设备制造单位资质审查意见及资质证书。

（6）受电工程竣工验收单。

（7）用电性质受电工程竣工报验资料清单。

（8）受电工程中间检查登记表。

（9）竣工资料（包含竣工图样、电气设备出厂合格证书、电气设备交接试验记录、实验单位资质证明）。

8. 高压客户送电环节归档资料

（1）受电工程送电工作单。

（2）计量装置装拆工单。

（3）供用电合同及其附件。

（4）用电信息采集装置安装竣工单。

9. 低压客户送电环节归档资料

（1）受电工程送电工作单。

（2）计量装置装拆工单。

（3）供用电合同及其附件。

（4）用电信息采集装置安装竣工单。

第四节　客户档案的重要性

客户档案是电力营销管理工作中的一项重要信息，客户档案主要包括其基本资料、用电情况、用电设备、计费参数及用电合同等资料，对于电力营销业务的正常开展具有巨大的影响作用。客户信息的准确性与有效性直接影响着电力营销管理中报表统计、服务质量及线路损耗等工作，因此，客户档案在电力营销管理中不可缺少，且不容有失。

电力营销中客户档案管理的意义如下。

（1）在供电企业进行供电的过程中，客户档案可以为供电企业提供详细的客户个人信息，并且以此为依据，明确供电企业和客户双方之间的交易，以及双方的利益。有了这个客户档案，如果之后用电或者是费用问题导致供电企业和客户之间发生了纠纷，那么就可以将客户的档案信息拿出来，作为法律依据。现在人们的法律意识不断增强，供电企业有了档案作为法律依据就不怕客户进行诬告，保障了企业自身的利益。

（2）如果电力营销部门把客户的档案进行分类整理，再妥善进行管理，企业就能够拥有客户完整的信息，如客户的姓名、客户的地址、客户的联系方式等，一旦发生了什么问题的话，企业就能够迅速找到客户，解决遇到的问题。如果供电企业没有将客户的档案进行登记管理，在出现用电问题或者要通知客户某些信息时，就会找不到客户的联系方式，无法及时为客户解决问题，或者是通知客户信息，导致双方的工作和生活都非常不便，也会使电力营销部门的业务量下降。

（3）掌握客户的用电信息。客户用电信息主要是指用户使用电的种类、用电量、使用的地址等，这些用电信息能够帮助供电企业对用户更好地供电。因为生活用电和工业用电的类型不一样，电力营销部门如果掌握了客户的用电信息，就能够为客户进行适合客户需要的供电，更好的计算客户的用电费用。如果没有掌握客户的用电信息，那么电力营销部门就会把客户的用电费用计算错误，就会给客户和企业带来一定的经济损失。因此一定要准确掌握客户信息，核对客户信息，这样才能避免供电企业和客户双方面的损失。

（4）进行客户档案管理有助于提高营销员工的工作效率。对客户的档案进行有效的管理，就能够在电力营销部门需要客户用电信息的时候及时调出用户信息，而不是到处去翻找客户的信息。如果没有进行客户档案管理，那么工作人员在查找客户信息时就会浪费很多的时间，而且长时间找不到客户信息，客户在遇到问题时就不能及时进行处理，那么客户对电力营销部门服务工作的满意度就会降低。因此进行客户档案管理不仅能够缩短查找客户用电信息的时间，还能够更好地为客户提供服务。

（5）建立了一个完整的客户档案，就能够减少偷电、拖欠电费的问题。有一些用电户为了自己的一点小利益，就会想出一些办法来进行有电，而有一些用电户则会拖着不给供电企业电费，这些问题会给企业造成一些工作上的不便。建立了完整的客户档案之后，就能及时发现这些问题，并且针对这些问题采取一些应对措施，保证供电企业的利益。

总而言之，只有供电企业能够正确认识到客户档案管理的意义，才能使电力营销做得更好，客户的用电满意度才能提升。如果不能有效地进行客户档案管理，那么供电企业的电力营销就会受到阻碍，企业也就不能满足客户的需求，而且也不容易发展新的客户。只有有效地进行客户管理，电力营销的工作效率才会得到提升，客户才能更加信任供电企业，企业才会得到获得更多的利益，得到更大的发展。

复 习 思 考 题

1. 简述客户档案的定义。
2. 客户档案的作用是什么？
3. 客户档案的分类有几种？
4. 客户档案的管理要求是什么？
5. 客户档案如何管理？

第五章 电 能 计 量

●目的和要求

1. 了解电能计量装置的组成
2. 了解电能表铭牌标志包含的内容
3. 了解互感器的定义和作用
4. 了解单相有功表，三相三线、三相四线有功表和无功表的正确接线图
5. 了解电能计量装置配置的基本原则

第一节 概　　述

一、电能计量的基本概念

电能计量技术是由电能计量装置来确定电能量值，为实现电能单位的统一及其量值准确、可靠的一系列活动。

在电力系统中，电能计量是电力生产、销售及电网安全运行的重要环节，发电、输电、配电和用电均需要对电能进行准确测量。电能计量的技术水平和管理水平不仅影响电能量结算的准确性和公正性，还事关电力工业的发展，涉及国家、供电企业和广大电力客户的合法权益。因此，搞好电能计量技术具有十分重要的意义。

通常我们把各种类型的电能表、与其配合使用的电压互感器、电流互感器、电能表到互感器的二次回路连接线及电能计量柜、箱、屏统称为电能计量装置。

二、对电能计量装置的要求

（1）电力系统具有跨区、跨省联网运营的自然特性，要求整个系统内的电能量值准确统一。

（2）电力生产具有发、供、用电同时完成的特性，要求电能计量装置具有在线的、不间断的，又必须准确可靠的性能。

（3）电能计量工作要遵守电力系统的安全、运行规则，要求电能计量装置与其他电气设备必须配套，并连接成网络一起运行。

（4）电能计量是电力营销的重要环节，应当公正、诚信。

第二节 电 能 表 常 识

一、电能表的分类

电能表是专门用于计量负荷在某一段时间内所消耗的电能的仪表，它反映的是这段时间

内平均功率与时间的乘积，广泛用于发电、供电和用电的各个环节。一般将电能表分为测量用电能表和标准电能表两大类。根据测量用电能表用途、结构形式、工作原理、准确度等级、测量对象的不同，以及所接的电源性质和接入方式的不同，可将电能表分成若干类别。

（1）按其结构和工作原理的不同，可分为感应式（机械式）电能表、静止式（电子式）电能表和机电一体式（混合式）电能表。

（2）根据接入电源的性质，可分为交流电能表和直流电能表。

（3）按其准确度等级，一般分为 3、2、1、0.5、0.5 级等不同等级的电能表。随着静止式电能表制造工艺及电子组件质量的提高，近年来又增加了 0.5S 级和 0.2S 级静止式电能表。

S 级电能表与非 S 级电能表的主要区别在于对轻负荷计量的准确度要求不同。非 S 级电能表在 $5\%I_b$ 以下没有误差要求，而 S 级电能表在 $1\%I_b$ 即有误差要求。

（4）按照表计安装接线的方式，又可分为直接接入式和间接接入式（经互感器接入式）；其中，又有单相、三相三线、三相四线电能表之分。

（5）按平均寿命的长短，单相感应式电能表又分为普通型电能表和长寿命技术电能表。长寿命技术电能表是指平均寿命为 20 年及以上，且平均寿命的统计分布服从指数分布规律的测量频率为 50Hz（或 60Hz）的感应式电能表，通常用于装配量大而用电量较小的单相供用电量的计量。

（6）根据付款方式，还有预付费电能表，如投币式、磁卡式、电卡式 IC 卡等。预付费电能表就是一种用户必须先买电，然后才能用电的特殊电能表。安装预付费电能表的客户必须先持卡到供电部门售电机上购电，将购得的电量存入 IC 卡中，当 IC 卡插入预付费电能表时，电能表可显示购电数量，购电过程即告完成。预付费电能表不需要人工抄表，有效地解决了抄表难的问题。

（7）按其用途，又可分为以下类别。

1）有功电能表：通过将有功功率对相应时间积分的方式测量有功电能的仪表，多用于计量发电厂生产至用电户消耗的有功电能。

2）无功电能表：通过将无功功率对相应时间积分的方式测量无功电能的仪表，多用于计量发电厂生产及用电户与电力系统交换的无功电能。

3）最大需量表：一般由有功电能表和最大需量指示器两部分组成，除测量有功电量外，在指定的时间区间内还能指示需量周期（我国规定为 15min）内测得的平均有功功率最大值，主要用于执行两部制电价的用电计量。

4）分时计度电能表：装有多个计度器，每一个计度器在设定的时段内计量交流有功或复费率或多费率的电能表。在我国，根据地区（省、直辖市）经济的发展，分时电价一般分为尖峰、峰、平、谷（24h 内又分为至少 8 个以上时段），白天与黑夜，枯水期与丰水期等不同费率，国外还有节假日、星期天等许多费率时段分别执行不同电价。早期分时计度电能表多为机械电子式，随着电子工业的发展和计算机技术的广泛应用，目前多采用电子式，即静止式分时计度电能表。

5）多功能电能表：一种比分时计度电能表功能更多、数据传输功能更强的静止式电能表。多功能电能表由测量单元和数据处理单元等组成，除计量有功（无功）电能量外，还具有分时计量、测量需量等两种以上功能，并能自动显示、存储和传输数据。

6）智能电能表：由测量单元、数据处理单元、通信单元等组成，具有电能计量、数据处理、实时检测、自动控制、信息交互等功能。目前按照用户类型，可分为单相表和三相表。按缴费方式的不同，可分为本地表和远程表。相对于传统电能表来说，智能电能表具有很多优点，具有双显示、计量准确、精度稳定、安全保密、性能可靠、功能完全、功耗低、操作简单方便等优点，是目前使用最广泛的一种电能表。

二、电能表的铭牌标志

1. 型号及含义

型号是用字母和数字的排列来表示的，内容如下：

$$类别代号+组别代号+设计序号+派生号$$

类别代号：D——电能表。

组别代号（表示相线）：D——单相；S——三相三线；T——三相四线。

设计序号：用阿拉伯数字表示。如 862、864、201 等。

派生号：有以下几种表示方法，T——湿热、干燥两用；TH——湿热带用；TA——干热带用；G——高原用；H——船用；F——化工防腐用等。

2. 电能计量单位

有功电能表为 kWh，无功电能表为 kvarh。

3. 字轮式计度器的窗口

整数位和小数位用不同的颜色区分，中间有小数点；若无小数位，窗口各字轮均有被乘系数，如 $\times 100$、$\times 10$、$\times 1$ 等。

4. 准确度等级

以相对误差来表示准确度等级。

5. 基本电流和额定最大电流

基本电流（标定电流）是确定电能表有关特性的电流值，用 I_b 表示；额定最大电流是仪表能满足其制造标准规定的准确度的最大电流值，以 I_{max} 表示。如 1.5（6）A 即基本电流为 1.5A，额定最大电流为 6A。对于三相电能表，还应在前面乘以相数，如 3×5（20）A。

6. 额定电压

额定电压指的是确定电能表有关特性的电压值。

对于三相三线电能表，以相数乘以线电压表示，如 $3 \times 380V$、$3 \times 100V$；对于三相四线电能表，则以相数乘以相电压/线电压表示，如 $3 \times 220/380V$、$3 \times 57.7/100V$；对于单相电能表，则以电压线路接线端上的电压表示，如 220V。

7. 电能表常数

电能表常数指电能表记录的电能和相应的转盘转数或脉冲数之间关系的比例数，有功电能表以 kWh/r（imp）或 r（imp）/kWh 表示。

8. 额定频率

额定频率是指确定电能表有关特性的频率值，以赫兹（Hz）作为单位。

三、电能表的常见故障

在现场运行的电能表，经常会遇到各种各样的故障，这就需要工作人员去分析、检查和处理。以下是电能表的常见故障。

1. 表计无显示

（1）用万用表查看线路是否有电压（建议在表计电压端子排上测量）。

（2）检查表计的电压是否按面板上所标定的额定电压接入。

2. 表计不计电量或少计电量

（1）检查接入电压是否正常，电流接线是否符合要求（某一相或二相电流进出线接反）。

（2）有条件的用户可用现场校验仪对表计进行检测。

（3）估算客户的用电负荷，将其与表计显示的功率相比较，如相差不大，表计计量应该没什么问题。

（4）检查接线盒内或计量柜内的端子排上电流短接片（线）是否取下（此现象在新装表或更换电能表后多出现）。

3. 辅助端子功率脉冲测量不到

（1）如果铭牌上功率脉冲灯闪烁，可检查测试线接线是否正确。

（2）若是加外接电源（5～24V）DC 的表计，可用万用表检查是否达到要求。

4. 在进行抄读时 RS485 通信不成功

（1）检查通信软件是否正常，通信软件在发命令时用万用表的 10V 直流挡在 RS485 A 与 B 之间测量应有跳变的电压。

（2）检查通信线接线是否正确，可用万用表的 10V 直流挡在 RS485 口，高电位应接 A 端，低电位应接 B 端。

（3）检查规约是否正确，表计与软件的通信规约应一致。

（4）参数管理系统内的端口选择与所插硬件的端 0 是否为同一个端 0。端口设置是否正确：停止位 1，数据位 8，偶校验，通信波特率是否与表内一致。

5. 参数设置不成功

（1）参数管理系统内的端口选择与所插硬件的端口是否为同一个端口。端口设置是否正确：停止位 1，数据位 8，偶校验，通信波特率是否与表内一致。

（2）权限密码是否正确，编程按键是否按下。

（3）是否有相应的权限控制字，可在表计上的显示代码 080060～080065 中查看。

第三节　互　感　器　知　识

一、互感器的定义与分类

1. 互感器的定义

互感器又称为仪用变压器，是电流互感器和电压互感器的统称。其功能主要是将高电压或大电流按比例变换成标准低电压（100V）或标准小电流（5A 或 1A，均指额定值），以便实现测量仪表、保护设备及自动控制设备的标准化、小型化。同时，互感器还可用来隔开高电压系统，以保证人身和设备的安全。

2. 互感器的分类

（1）根据互感器工作原理，可分为电磁式、电容式和光电式三种。

（2）按照互感器的功能，可分为电压互感器和电流互感器两种。

二、互感器的作用及参数

1. 电压互感器的作用及参数

电压互感器能把高电压改变成低电压，用于测量或保护设备。其参数如下。

（1）额定电压。电压互感器铭牌上分别标明了一次绕组、二次绕组、零序电压绕组的额定电压数值。一般规定二次额定电压为100V，接在三相系统相与地间的单相电压互感器的二次额定电压为 $100/\sqrt{3}$ V，供中性点不直接接地用的电压互感器的零序绕组的额定电压为 $100/\sqrt{3}$ V。

（2）额定电压比。额定电压比是指电压互感器的一次额定电压与二次额定电压之比，也即电压互感器的变比。

（3）准确度等级。电压互感器的准确度等级是指在规定的一次电压和二次负荷变化范围内，负荷功率因数为额定值时的误差最大限值。通常电力系统用的有0.1、0.2、0.5、1、3级。其中，0.1、0.2级主要用于实验室进行功率、电能的精密测量，也可以作为标准电压互感器；0.2、0.5级主要用于电能表计量电能；1级主要用于配电盘仪表测量电压、功率；3级主要用于继电保护装置。

2. 电流互感器的作用及参数

电流互感器能把大电流改变成小电流，供给测量仪表和继电保护装置，二次侧的电流一般为5A和1A。其参数如下。

（1）额定电压。电流互感器铭牌所标的额定电压都是指线电压。它要求电流互感器一次绕组能够长期承受的对地最大电压的有效值不低于所接线路的额定相电压。

（2）额定电流比。额定电流比是指一次额定电流与二次额定电流之比，即电流互感器的变比。

（3）准确度等级。电流互感器的准确度等级是指在规定的二次负荷范围内，一次电流为额定值时的最大误差限值。国产电流互感器的准确度等级有0.01、0.02、0.05、0.1、0.2、0.5、1、3、10、0.2S、0.5S级。其中，0.1级及以上的电流互感器主要用于实验室进行精密测量；0.2S级和0.5S级互感器常与计算电费用的电能表相连；1级互感器常与作为监视用的指示性仪表相连；3级和10级互感器与继电器配合使用。

第四节　电能计量装置的倍率计算及配置

一、倍率计算

电能计量的倍率由两部分组成，一部分是表本身的倍率，另一部分是采用互感器后产生的倍率。电能表是电能计量装置的主体。电流互感器和电压互感器是电能计量装置的附件，主体与附件通过导线连接在一起进行电能计量。由于各类用户的用电性质不同、使用容量不同，在计量方式上也不尽相同。有的用户用电能表直接计算，有的用户为了扩大量程，采用电流互感器，或既采用电流互感器又采用电压互感器，具体计算如下。

（1）未采用互感器的电能表计量的电量为该表每月度数与上月度数之差。

（2）采用电流互感器的电能表的电量要乘以电流互感器变比的比值数。

（3）既有电流互感器又有电压互感器的电能表的电量要乘以两互感器变比的连乘积。

二、电能计量装置的配置

1. 电能表形式的确定

电能表形式的选择应与供电电压、供电方式相适应，否则将无法正确计量，同时因用电客户的用电性质和用电类别的不同而存在电价差别，所以对不同类别的负荷分别装表计量，见表 5-1。

表 5-1 电 能 表 形 式 确 定

供电电压	供电方式	电能表形式
35kV 及以上	三相（中性点不接地）	三相三线 100V 有功、无功
35kV 及以上	三相（中性点接地或经消弧线圈接地）	三相四线 100/$\sqrt{3}$ V
3～10kV	三相	三相三线 100V 有功、无功
380V/220V	三相四线	三相四线 380V/220V 有功、无功
380V	三相三线	三相三线 380V/220V 有功、无功
220V	单相	单相 220V

2. 电能表容量的选择

（1）电能表的容量用标定电流 I_b 表示，使用中应使线路正常负荷电流等于或接近电能表的标定电流，但不允许超过电能表的额定最大电流。

（2）电能表额定容量的大小应根据用户用电负荷的大小进行选择。用电负荷的上限应不超过电能表的额定容量；下限应不低于电能表允许误差规定的负荷电流值。

（3）当电能表与 0.5 或 0.2 级电流互感器连用时，如果电流互感器的额定二次电流为 5A，则电能表的电流量程应为 1.5（6）A 或 3（6）A 或 5A。如果电流互感器的额定二次电流为 1A，则电能表的电流量程应为 0.3（1.2）A 或 1A。若负荷电流变化幅值较大或实际使用电流经常小于电流互感器额定一次电流的 30‰，宜选用更宽负载的电能表。

（4）当电能表与 0.5S 或 0.2S 级电流互感器连用时，电能表的电流量程应为 1.5（6）A 或 0.3（1.2）A。当电能表直接接入计量回路时，应根据经核准的用户申请报装负荷容量来确定额定最大电流，即

$$I_{max} = \frac{P \times 1000}{3U_{ph}\cos\varphi} = \frac{P \times 1000}{\sqrt{3}U_L\cos\varphi}$$

式中，P 为经核准的用户申请报装的负荷容量，kW；U_{ph} 为线路相电压，V；U_L 为线路线电压，V；$\cos\varphi$ 为平均功率因数。

为了提高低负荷时计量的准确性，一般宜采用过载能力为 4 倍及以上的电能表。

（5）低压供电线路的负荷电流为 60A 及以下时，宜采用直接接入式电能表。实践证明，由于电能表的质量问题，直接接入式电能表的额定最大电流超过 60A 时，接线端子易过热受损。因此，低压供电线路的负荷电流为 60A 及以下时，宜选用额定最大电流不大于 60A 的直接接入式电能表；当线路负荷电流大于 60A 时，宜选用经互感器接入式的电能表。

3. 互感器的选择

互感器与电能表连接导线截面的大小，直接影响互感器的实际二次负载，进而影响计量装置的准确性。对测量用的互感器除考虑使用场所外，还应考虑额定电压、额定变比、准确度等级、额定负荷等。

（1）电流互感器额定二次电流为 5A 或 1A，电流互感器正常运行时的一次电流（实际值）应为其额定一次电流值的 60%左右，至少不得低于 30%。通常是以电流互感器所接一次负荷

的大小来确定额定一次电流。当实际负荷电流小于 30%时，应采用二次绕组具有抽头的多变比或 S 级电流互感器，或采用具有较高额定短路时热电流和动稳定电流，且接近实际负荷电流的小量程电流互感器。

（2）电压互感器额定变比即额定一次电压与额定二次电压的比值。额定一次电压应满足电网电压的要求，额定二次电压应和计量仪表等二次设备的额定电压相一致。

（3）额定二次负荷的确定。当接入互感器的实际二次负荷超过其额定二次负荷时，准确性能下降。为确保计量的准确性，一般要求测量用电流、电压互感器的二次负荷必须在额定二次负荷的 25%～100%范围内。

（4）二次回路导线截面的选择。

1）电流互感器二次回路的连接导线应采用铜质单芯绝缘线。连接导线的截面面积应由计算确定。对电流二次回路，应按电流互感器的额定二次负荷计算，但至少不应小于 $4mm^2$。对电压二次回路，应按允许的电压降计算，但至少不应小于 $2.5mm^2$。

2）负荷电流的大小，应选择的二次回路导线截面面积见表 5-2。

表 5-2　　　　　　　　　　　　　电流互感器二次回路导线截面面积

负荷电流/A	20 及以下	20～40	20～40
铜芯导线截面面积/mm^2	4.0	6.0	7×1.5

3）电压互感器二次回路导线截面面积的选择应满足计量的准确性，通常电压二次回路的导线截面面积应不小于 $2.5mm^2$。

（5）配置原则。电能计量装置配置原则如下。

1）贸易结算用的电能计量装置原则上应设置在供用电设施的产权分界处。发电企业上网线路、电网企业间的联络线路和专线供电线路的另一端应配置考核用电能计量装置。分布式电源的出口应配置电能计量装置，其安装位置应便于运行维护和监督管理。

2）经互感器接入的贸易结算用电能计量装置应按计量点配置电能计量专用电压、电流互感器或专用二次绕组，并不得接入与电能计量无关的设备。

3）电能计量专用电压、电流互感器或专用二次绕组及其二次回路应有计量专用二次接线盒及试验接线盒。电能表与试验接线盒应按一对一原则配置。

4）Ⅰ类电能计量装置、计量单机容量 100MW 及以上发电机组上网贸易结算电量的电能计量装置和电网企业之间购销电量的 110kV 及以上电能计量装置，宜配置型号、准确度等级相同的计量有功电量的主副两只电能表。

5）35kV 以上贸易结算用电能计量装置的电压互感器二次回路，不应装设隔离开关辅助接点，但可装设快速自动空气开关。35kV 及以下贸易结算用电能计量装置的电压互感器二次回路，计量点在电力用户侧的应不装设隔离开关辅助接点和快速自动空气开关等；计量点在供电企业变电站侧的可装设快速自动空气开关。

6）安装在电力用户处的贸易结算用电能计量装置，10kV 及以下电压供电的用户，应配置符合 GB/T 16934—2013《电能计量柜》规定的电能计量柜或电能计量箱；35kV 电压供电的用户，宜配置符合 GB/T 16934—2013《电能计量柜》规定的电能计量柜或电能计量箱。未配置电能计量柜或箱的，其互感器二次回路的所有接线端子、试验端子应能实施封印。

7）安装在电力系统和用户变电站的电能表屏，其外形及安装尺寸应符合 GB/T 7267—2015《电力系统二次回路保护及自动化机柜（屏）基本尺寸系列》的规定，屏内应设置交流试验电源回路及电能表专用的交流或直流电源回路。电力用户侧的电能表屏内应有安装电能信息采集终端的空间，以及二次控制、遥信和报警回路的端子。

8）贸易结算用高压电能计量装置应具有符合 DL/T 566—1995《电压失压计时器技术条件》要求的电压失压计时功能。

9）互感器二次回路的连接导线应采用铜质单芯绝缘线，对电流二次回路，连接导线截面面积应按电流互感器的额定二次负荷计算确定，至少应不小于 4mm²；对电压二次回路，连接导线截面面积应按允许的电压降计算确定，至少应不小于 2.5mm²。

10）互感器额定二次负荷的选择应保证接入其二次回路的实际负荷在 25%～100%额定二次负荷范围内。二次回路接入静止式电能表时，电压互感器额定二次负荷不宜超过 10VA，额定二次电流为 5A 的电流互感器额定二次负荷不宜超过 15VA，额定二次电流为 1A 的电流互感器额定二次负荷不宜超过 5VA。电流互感器额定二次负荷的功率因数应为 0.8～1.0；电压互感器额定二次负荷的功率因数应与实际二次负荷的功率因数接近。

11）电流互感器额定一次电流的确定，应保证其在正常运行中的实际负荷电流达到额定值的 60%左右，至少应不小于 30%。否则，应选用高动热稳定电流互感器，以减小变比。

12）为提高低负荷计量的准确性，应选用过载 4 倍及以上的电能表。

13）经电流互感器接入的电能表，其额定电流宜不超过电流互感器额定二次电流的 30%，其最大电流宜为电流互感器额定二次电流的 120%左右。

14）执行功率因数调整电费的电力用户，应配置计量有功电量、感性和容性无功电量的电能表；按最大需量计收基本电费的电力用户，应配置具有最大需量计量功能的电能表；实行分时电价的电力用户，应配置具有多费率计量功能的电能表；具有正、反向送电的计量点，应配置计量正向和反向有功电量及四象限无功电量的电能表。

15）交流电能表外形尺寸应符合 GB/Z 21192—2007《电能表外形和安装尺寸》的相关规定。

16）计量直流系统电能的计量点应装设直流电能计量装置。

17）带有数据通信接口的电能表通信协议应符合 DL/T 645—2007《多功能电能表通信协议》及其备案文件的要求。

18）Ⅰ、Ⅱ类电能计量装置宜根据互感器及其二次回路的组合误差优化选配电能表；其他经互感器接入的电能计量装置宜进行互感器和电能表的优化配置。

19）电能计量装置应能接入电能信息采集与管理系统。

（6）各类电能计量装置应配置的电能表、互感器专区额度等级应不低于表 5-3 所示值。

表 5-3 准 确 度 等 级

电能计量装置类别	准确度等级			
	电能表		电力互感器*	
	有功	无功	电压互感器	电流互感器
Ⅰ	0.2S	2	0.2	0.2S
Ⅱ	0.5S	2	0.2	0.2S
Ⅲ	0.5S	2	0.5	0.5S

续表

电能计量装置类别	准确度等级			
	电能表		电力互感器*	
	有功	无功	电压互感器	电流互感器
Ⅳ	1	2	0.5	0.5S
Ⅴ	2	—	—	0.5S

* 发电机出口可选用非 S 级电流互感器。

第五节　电能计量点及计量方式的确定

一、电能计量点

电能计量点原则上应设置在供电设施与受电设施的产权分界处。

二、电能计量方式

低压供电的客户，负荷电流为 60A 及以下时，电能计量装置接线宜采用直接接入式；负荷电流为 60A 以上时，宜采用经电流互感器接入式。

高压供电的客户，宜在高压侧计量；但对 10kV 供电且容量在 315kVA 及以下、35kV 供电且容量在 500kVA 及以下的，高压侧计量确有困难时，可在低压侧计量，即采用高供低计方式。

有两条及以上线路分别来自不同电源点或有多个受电点的客户，应分别装设电能计量装置。

客户一个受电点内不同电价类别的用电，应分别装设电能计量装置。

有送、受电量的地方电网和有自备电厂的客户，应在并网点上装设送、受电电能计量装置。

三、电能计量装置的接线方式

接入中性点绝缘系统的电能计量装置，宜采用三相三线接线方式；接入中性点非绝缘系统的电能计量装置，应采用三相四线接线方式。

四、电能计量装置分类

电能计量装置的分类如下。

运行中的电能计量装置按计量对象重要程度和管理需要分为五类（Ⅰ、Ⅱ、Ⅲ、Ⅳ、Ⅴ）。分类细则及要求如下。

1. Ⅰ 类电能计量装置

220kV 及以上贸易结算用电能计量装置，500kV 及以上考核用电能计量装置。计量单机容量 300MW 及以上发电机发电量的电能计量装置。

2. Ⅱ 类电能计量装置

110（66）～220kV 贸易结算用电能计量装置，220～500kV 考核用电能计量装置。计量单机容量 100～300MW 发电机发电量的电能计量装置。

3. Ⅲ 类电能计量装置

10～35kV 贸易结算用电能计量装置，10～110kV 考核用电能计量装置。计量 100MW 以下发电机发电量、发电企业厂（站）用电量的电能计量装置。

4. Ⅳ类电能计量装置

380V～10kV 电能计量装置。

5. Ⅴ类电能计量装置

220V 单相电能计量装置。

五、电能计量装置的配置

各类电能计量装置配置电能表、互感器的准确度等级应不低于表5-4所示值。

表5-4　　　　　　　　　　　　电能表、互感器准确度等级

电能计量装置类别	准确度等级			
	电能表		电力互感器*	
	有功	无功	电压互感器	电流互感器
Ⅰ	0.2S	2	0.2	0.2S
Ⅱ	0.5S	2	0.2	0.2S
Ⅲ	0.5S	2	0.5	0.5S
Ⅳ	1	2	0.5	0.5S
Ⅴ	2	—	—	0.5S

*　发电机出口可选用非S级电流互感器。

六、用电信息采集终端的配置

所有电能计量点均应安装用电信息采集终端。根据应用场所的不同选配用电信息采集终端。对高压供电的客户配置专变采集终端，对低压供电的客户配置集中抄表终端，对有需要接入公共电网分布式能源系统的客户配置分布式能源监控终端。

第六节　电能计量装置的接线

一、有功电能计量装置的接线

（1）单相电能装置的接线。单相有功电能表的接线分为两种：一种是不经电器的接线，另一种是经电流互感器的接线，这两种接线方法均适用单相低压电源。

1）不经电流互感器的电能表的接线图和相量图如图5-1所示。

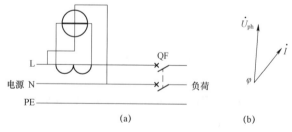

图5-1　不经电流互感器的电能表的接线图和相量图
(a) 单相有功电能表的电路图；(b) 相量图

单相电能表有功功率 P 的表达式为

$$P = U_{ph}I\cos\varphi$$

式中，U_{ph} 为负载两端相电压，V；I 为负载电流，A；φ 为电流与电压之间的夹角。

2）经电流互感器的单相电能表的接线图和相量图如图 5-2 所示。

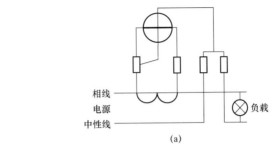

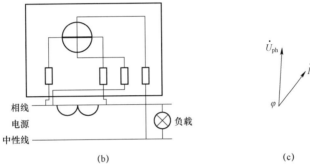

图 5-2　经电流互感器的单相电能表的接线图和相量图

（a）单流、电压共用方式接线；（b）电流、电压分别进表方式接线；（c）相量图

（2）三相四线有功电能表的接线。三相四线电路，实际上可以看成由三个单相电路构成，其三相有功功率的表达式为

$$P = P_U + P_V + P_W = U_U I_U\cos\varphi + U_V I_V\cos\varphi + U_W I_W\cos\varphi = \sqrt{3}U_l I\cos\varphi$$

三相四线有功电能表的接线图和相量图如图 5-3 所示。

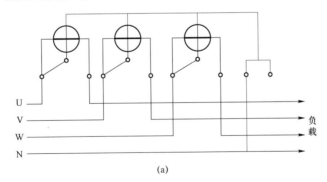

图 5-3　三相四线有功电能表的接线图和相量图（一）

（a）三相四线有功电能表标准接线（低压）；

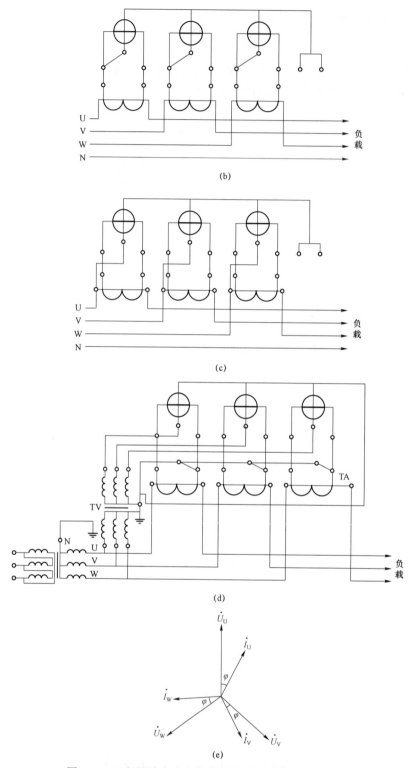

图 5-3　三相四线有功电能表的接线图和相量图（二）

（b）电压、电流共用接线方式（低压）；（c）电压、电流线分开接线方式（低压）；

（d）三相四线有功电能表经互感器；（e）相量图

（3）三相三线有功电能表的接线。三相三线有功电能表的接线图和相量图如图 5-4 所示。

图 5-4 中三相有功电能表，第一元件接入的电压为线电压 U_{UV}，通入的电流为 I_U；第二元件接入的电压为线电压 U_{WV}，通入的电流为 I_W，三相电路的有功功率为

$$P = \sqrt{3}U_1 I_1 \cos\varphi$$

三相三线有功电能表第一元件的计量功率为

$$P_1 = \sqrt{3}U_{UV}I_U \cos(30° + \varphi)$$

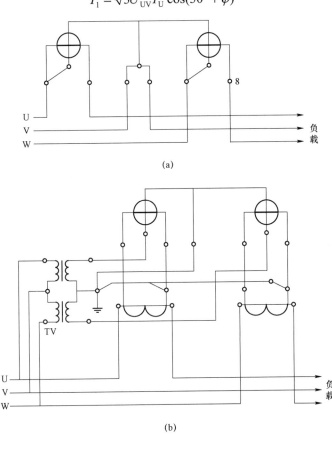

(a)

(b)

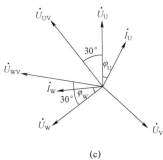

(c)

图 5-4　三相三线有功电能表的接线图和相量图
（a）直接接入式接线图；（b）经电流互感器接入式接线图；（c）相量图

第二元件的计量功率为

$$P_2 = \sqrt{3}U_{WV}I_W \cos(30° - \varphi)$$

$$P = P_1 + P_2 = \sqrt{3}U_{UV}I_U \cos(30° + \varphi) + \sqrt{3}U_{WV}I_W \cos(30° - \varphi)$$

当三相对称时

$$U_{UV} = U_{WV} = U_1$$

$$I_U = I_V = I_1$$

$$P = U_1I_1 \cos(30° + \varphi) + U_1I_1 \cos(30° - \varphi) = \sqrt{3}U_1I_1 \cos\varphi$$

通过以上推导可知，这种计量方式能够正确计量三相三线电路的有功电能。如果采用额定电压与线路电压相同的两只单相电能表按照三相三线表两个元件方式接线，也可以计量三相三线电路的有功电能，是这两只单相电能表读数的代数和，不过这种方法已经很少采用，只有校验室里用单相标准表校验三相三线有功表时才会用到。三相三线有功电能表经互感器接入三相电路时，接线方式也可以分为电压、电流共用方式和分别接入方式。采用电压、电流共用方式虽然接线方便、电缆芯数少，但容易造成接线错误，因电流互感器二次绕组接入线路电压时很容易发生接地和短路，这种接线方式已不被采用；采用电压、电流分别接入方式虽然增加了电缆的数量，但不容易造成短路故障，而且有利于电能表的现场校验。所以采用后一种方式比较合适。

在高压三相三线系统中，电压互感器一般是采用 V 形连接，而且二次侧的 V 相接地，电流互感器二次侧必须接地。

二、无功电能表的接线

（1）以 DX865-4 型无功电能表为例。DX865-4 型三相三线无功电能表的接线（经互感器）图和相量图如图 5-5 所示。

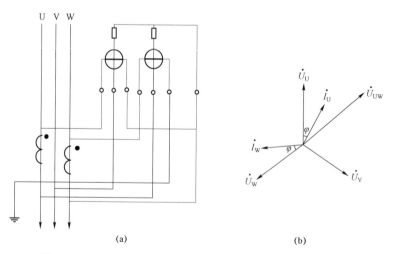

图 5-5 DX865-4 型三相三线无功电能表的接线图和相量图

（a）接线图；（b）相量图

DX865-4 型无功电能表，元件 PJRI 接入 V、W 相电压和 U 相电流，元件 PIR2 接入 U、W 相电压和 W 相电流，两元件电压线圈均串入电阻 R，电压线圈铁芯非工作磁通的磁路空隙比较大，适当减少了电压线圈电抗，因而使电压工作磁通滞后电压 60° 角。所以，称为 60° 角的三相无功电能表。元件和产生转矩的结果，就相当于各元件电压超前 30°。因而无功功率计算为

$$Q_1 = U_{WV}I_U \cos(90° - 30° - \varphi) = U_1 I \cos(60° - \varphi)$$

$$Q_2 = U_{UW}I_W \cos(150° - 30° - \varphi) = U_1 I \cos(120° - \varphi)$$

$$Q = Q_1 + Q_2 = U_1 I \cos(60° - \varphi) + U_1 I \cos(120° - \varphi) = \sqrt{3}U_1 I \sin\varphi$$

上述结果表明，DX865-4 型无功电能表完全可以计量三相无功电能。

（2）以 DX864-4 型无功电能表为例。DX864-4 型无功电能表采用的是线电压，正确接线如图 5-6 所示。

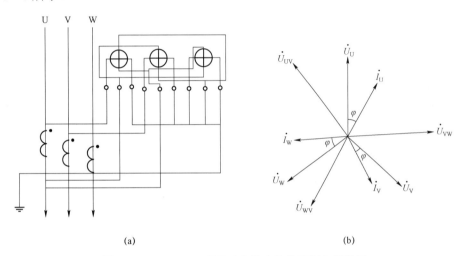

图 5-6　DX864-4 型无功电能表的接线图和相量图

（a）接线图；（b）相量图

$$Q_1 = U_{WV}I_U \cos(90° - \varphi) = U_1 I \cos(90° - \varphi)$$

$$Q_2 = U_{UW}I_V \cos(90° - \varphi) = U_1 I \cos(90° - \varphi)$$

$$Q_3 = U_{UV}I_W \cos(90° - \varphi) = U_1 I \cos(90° - \varphi)$$

$$Q = Q_1 + Q_2 + Q_3 = U_1 I \cos(60° - \varphi) + U_1 I \cos(120° - \varphi) + U_{UV}I_W \cos(90° - \varphi)$$

$$= U_1 I \cos(90° - \varphi)$$

第七节　计量相关法规及运行维护

一、计量相关法规

供电企业的电能计量是电力生产和经营活动的重要组成部分，所以，电能计量工作必须遵守《中华人民共和国电力法》《电力供应与使用条例》和《供电营业规则》等电力法规、制度，并接受国家监管部门及计量行政等有关部门的监督管理。

1.《中华人民共和国电力法》

第三十一条规定："电力客户应当安装用电计量装置。客户使用的电力、电量，以计量检

定机构依法认可的用电计量装置的记录为准。"

第三十三条规定："供电企业应当按照国家核准的电价和用电计量装置的记录，向客户计收电费，安装在客户处的用电装置，由客户负责保护。"

2.《电力供应与使用条例》

第二十六条规定："用户应当安装用电计量装置。用户使用的电力、电量，以计量检定机构依法认可的用电计量装置的记录为准。用电计量装置，应当安装在供电设施与受电设施的产权分界处。"

第二十七条规定："用户移表（因修缮房屋或其他原因需要移动用电计量装置安装位置），须向供电企业提出申请。供电企业应按下列规定办理……用户不论何种原因，不得自行移动表位，否则，可按本规则第一百条第五项处理。"

第三十条规定："客户不得有下列危害供用电安全，扰乱供用电秩序的行为：……（五）擅自迁移、更动或擅自操作供电企业的用电计量装置、电力负荷控制装置、供电设施及约定由供电企业调度的用户受电设备。"

3.《供电营业规则》

第七十条规定："供电企业应在用户每一个受电点内按不同电价类别，分别安装用电计量装置。每个受电点作为用户的一个计费单位。用户为满足内部核算的需要，可自行在其内部安装考核能耗用的电能表，但该表所示读数不得作为供电企业计费依据。"

第七十一条规定："在用户受电点内难以按电价类别分别装设用电计量装置时，可装设总的用电计量装置，然后按其不同电价类别的用电设备容量的比例或实际可能的用电量，确定不同电价类别的用电量的比例或定量进行分算，分别计价。"

第七十二条规定："用电计量装置包括计费电能表（有功、无功电能表及最大需量表）和电压、电流互感器及二次连接线导线。计费电能表及附件的购置、安装、移动、更换、校验、拆除、加封、启封及表计接线等，均由供电企业负责办理，用户应提供工作的方便。高压客户的成套设备中装有自备电能表及附件时，经供电企业检验合格、加封并移交供电企业维护管理的，可作为计费电极表。用户销户时，供电企业应将该设备交还用户。供电企业在新装、换装及现场校验后应对用电计量装置加封，并请用户在工作凭证上签章。"

第七十四条规定："用电计量装置原则上应装在供电设施的产权分界处。如产权分界处不适宜装表的，对专线供电的高压用户，可在供电变压器出口装表计量，对从公用线路用电的高压用户，可在用户受电装置的低压侧计量。当用电计量装置不安装在产权分界处……"

第七十五条规定："城镇居民用电一般应实行一户一表……"

第七十六条规定："临时用电的用户，应安装用电计量装置。对不具备安装条件的，要按其用电容量、使用时间、规定的电价计收电费。"

第七十七条规定："计费电能表装设后，应妥善保护，不应在表前堆放影响抄表或计量准确及安全的物品。如发生计费电能表丢失、损坏或过负荷烧坏等情况，用户应及时告知供电企业，以便供电企业采取措施。如因供电企业责任或不可抗力致使计费电能表出现或发生故障的，供电企业应负责换表，不收费用；其他原因引起的，用户应负担赔偿费或修理费。"

第七十九条规定："供电企业必须按规定的周期校验、轮换计费电能表，并对计费电能表进行不定期检查。发现计量失常时，应查明原因。用户认为供电企业装设的计费电能表不准时，有权向供电企业提出校验申请，在用户交付验表费后供电企业应在 7 天内检验，并将检验结果通知用户。如计费电能表的误差在允许范围内，验表费不退；如计费电能表的误差超出允许范围时，除退还验表费外，并应按本规则第八十条规定退补电费。用户对检验结果有异议时，可向供电企业上级计量检定机构申请检定。用户在申请验表期间，其电费仍应按期交纳，验表结果确认后，再行退补电费。"

第八十条规定："由于计费计量的互感器、电能表的误差及其连接线电压降超出允许范围或其他非人为原因致使计量记录不准时，供电企业应按下列规定退补相应的电费：

（1）互感器或电能表误差超出允许范围时，以"0"误差为基准，按验后的误差值退补电量。退补时间从上次校验或换装后投入之日起至误差更正之日止的1/2时间计算。

（2）连接线的电压降超出允许范围时，以允许电压降为基准，按验证后实际值与允许值之差补收电量。补收时间从连接线投入或负荷增加之日起至电压降更正之日止。

（3）其他非人为原因致使计量记录不准时，以用户正常月份的电量为基准，退补电量，退补时间按抄表记录确定。

退补期间，用户先按抄见电量如期交纳电费，误差确定后，再行退补。"

第八十一条规定："用电计量装置接线错误、保险熔断、倍率不符等原因，使电能计量或计算出现差错时，供电企业应按下列规定退补相应电量的电费：

（1）计费计量装置接线错误的，以其实际记录的电量为基数，按正确与错误接线的差额率退补电量，退补时间从上次校验或投入之日起至接线更正之日止。

（2）电压互感器保险熔断的，按规定计算方法计算值补收相应电量的电费；无法计算的，以用户正常月份用电量为基准，按正常月与故障月的差额补收应电量的电费。补收时间按抄表记录或按失压自动记录仪记录确定。

（3）计算电量的倍率或铭牌倍率与实际不符的，以实际倍率为基准，按正确与错误倍率的差值退补电量，退补时间以抄表记录为准确定。

退补电量未正式确定前，用户应先按正常用电量交付电费。"

第八十二条规定："供电企业应当按国家批准的电价，依据用电计量装置的记录计算电费，按期间向用户收取或通知用户按期交纳电费。供电企业可根据具体情况，确定向用户收取电费的方式。用户按供电企业规定的期限和交费方式交清电费，不得拖延或拒交电费。"

电能是社会生产和人民生活中应用最广泛的二次能源，电力生产和营销都离不开电能计量，它涉及国家、企业和个人等不同经济主体之间的利益。因此，在一些特殊场合，还应遵守一些与之相关的法律、法规，进一步规范电能计量行为，如《中华人民共和国民法通则》、《中华人民共和国刑法》、《中华人民共和国企业法》、《中华人民共和国合同法》、《中华人民共和国行政处罚法》、《中华人民共和国产品质量法》、《中华人民共和国仲裁法》、《中华人民共和国消费者权益保护法》及《中华人民共和国反不正当竞争法》等，本章不再一一叙述。

二、运行维护

电能计量装置运行维护及故障处理应遵守下列规定。

（1）安装在发、供电企业生产运行场所的电能计量装置，运行人员应负责监护，保证其封印完好。安装在电力用户处的电能计量装置，由用户负责保护其封印完好，装置本身不受损坏或丢失。

（2）供电企业宜采用电能计量装置运行在线监测技术，采集电能计量装置的运行数据，分析、监控其运行状态。

（3）运行电能表的时钟误差累计不得超过 10min。否则，应进行校时或更换电能表。

（4）当发现电能计量装置故障时，应及时通知电能计量技术机构进行处理。贸易结算用电能计量装置故障，应由电网企业和/或供电企业电能计量技术机构依据《中华人民共和国电力法》及其配套法规的有关规定进行处理。对造成的电量差错，应认真调查以认定、分清责任，提出防范措施，并根据《供电营业规则》的有关规定进行差错电量计算。

（5）对窃电行为造成电能计量装置故障或电量差错的，用电检查及管理人员应注意对窃电现场的保护和对窃电事实的依法取证。宜当场对窃电事实做出书面认定材料，由窃电方责任人签字认可。

（6）主副电能表运行应符合下列规定。

1）主副电能表应有明确标志，运行中主副电能表不得随意调换，其所记录的电量应同时抄录。主副电能表现场检验和更换的技术要求应相同。

2）主表不超差，应以其所计电量为准；主表超差而副表未超差时，以副表所计电量为准；两者都超差时，以考核表所计电量计算退补电量并及时更换超差表计。

3）当主副电能表误差均合格，但二者所计电量之差与主表所计电量的相对误差大于电能表准确度等级值的 1.5 倍时，应更换误差较大的电能表。

（7）对造成电能计量差错超过 10 万 kWh 及以上者，应及时报告上级管理机构。

（8）电能计量技术机构对故障电能计量器具，应定期按制造厂名、型号、批次、故障类别等进行分类统计、分析，制定相应措施。

复 习 思 考 题

1. 电能计量装置由哪些计量器具元件组成？
2. 电能表铭牌标志有哪些内容？
3. 互感器的定义和作用是什么？
4. 电能计量装置配置的基本原则是什么？

第六章 电 价 电 费

● **目的和要求**

1. 了解制定电价的一般原则
2. 了解我国电价管理的原则
3. 理解两部制电价
4. 了解大工业用户的电费的计算方法
5. 了解季节性电价的特点
6. 理解制定电价的目的
7. 了解电费回收的工作流程

第一节 概 述

一、电价的概念

电能是商品，电价是电能价值的货币表现。正确的制定和执行电价，不仅能保证供电企业的合理收入，还能在经济上促使客户合理用电，制定电价的目的是切实提高电能的使用效益。电价与各行各业、人民生活息息相关。

二、电价的特点

由于电力的生产具有不能储藏，生产、运输和消费瞬间同时完成的特点，电网经营具有垄断性，是资金和技术密集型企业，而且电力工业是国民经济的基础产业，又是各行业、千家万户离不开的公用事业。因此，电价具有以下特点。

（1）因客户消费电能的方式条件不同而实行多种电价。电能的生产和销售取决于用户，客户不用电，供电企业就无法进行生产。客户用电条件的差别，决定了必须按客户类别设置电价。也就是说，客户用电性质、时间、电压等级不同，应当负担的电价就应有所区别。这样做，有利于促进客户节约用电，公平地负担电力成本。

（2）电价的稳定性。电价一经确定就不应变动，要保持一个时期的稳定性。这因为电是基础产业，电价的变动对整个国民经济影响甚大。

（3）电价的复杂性。电价的变动受多种因素影响，如一次能源价格、水火电构成比例、电力建设工程造价等，对于火电，电价受一次能源价格影响最大。

（4）电价受国家计划制约。电力是能源中的优质能源，电力部门是国民经济中最重要的基础产业。因此，电价受国家计划制约。

三、电价的作用

1. 电价的杠杆作用

制定电价不但要以成本为基础，还要充分利用价格的杠杆作用，即根据不同类型的客户分别制定不同的电价，以便促使客户改善用电条件，提高其设备利用率和负荷率，使电网尽可能地提高供电能力。

2. 电价在国民经济领域中的作用

电价水平不仅影响能源的开发利用、国家的财政收入和电力工业的发展速度，还影响其他工业的发展水平、劳动生产效率和职工的生活习惯。如实行峰谷电价、定时工业电力电价，必然促使一些职工只能或大部分在后夜生产，这对劳动效率、产品质量及职工生活会带来一定的影响。若某些产品的电价水平过低，会使某些客户不适当地使用能源，以致造成浪费。

随着国民经济的发展和人民生活水平的提高，家用电器越来越多，耗电量日益增加，若生活用电电价水平不当，将使人民正常的收入与电费支出不能保持一定比例，也会影响人民的生活水平。这一切都应当给予足够的重视，以使电价能够真正、自觉地发挥其调节作用。

四、制定电价的目的

1. 为国家积累资金

电力工业生产建设周期长、投资大。电力工业企业的收入，除热电厂有供热收入和制造厂的一些产品有销售收入外，其余95%以上都是电费收入，其售电单价水平的高低直接影响电力工业企业的建设步伐。电力工业企业收入不仅要确保简单再生产的需要，还要考虑扩大再生产所需的庞大资金。

2. 节约能源

随着国民经济的发展和人民生活水平的提高，能源需求量大幅度增长，合理使用能源将影响整个社会的经济建设，节约能源应放在优先地位。为此，在拟订电价时，一定要考虑合理使用和节约电能的重要因素。

3. 适应国家在不同时期的方针政策

在拟订电价水平或调整电价时，应在国家计划的统一安排下，充分考虑国家不同时期的方针政策，使电价对各行各业的用电能够起到促进和制约的作用。

4. 公平合理

在制定电价时，即要考虑为国家积累资金，满足财政需要，又要实事求是、讲究公平合理，不得随意提高电价。

5. 便于计量和抄表收费

电价随着客户用电性质的不同而有差异，有的差异还很悬殊。为了精确地计算电费，电能计量装置也相应增多了。所以，在制定电价分类或拟订电价政策时，既要考虑电力工业产品的特点，又要适当注意实际需要，尽可能简单易行。

五、制定电价的原则

1. 基本原则

尽可能简单易行。实行统一政策，统一定价，分级管理。

2. 一般原则

合理补偿成本，合理确定收益，依法计入税金，坚持公平负担，促进电力建设，促进客户合理用电。

（1）合理补偿成本。合理补偿成本是针对我国电力工业普遍存在电力成本补偿不完全的现状确定的原则，它包含下列含义。

1）电力成本是依据发、供电成本核算出来的客观数值，它从货币量上反映了电力生产经营的必要耗费。因此，合理补偿成本制定电价，一方面要保证供电企业维持简单再生产，另一方面要排除供电企业非正常费用计入定价成本。

2）电力成本应当是电力生产经营过 0 的成本费用。因此包括财物费用、汇总损益等间接费用。

3）使电力生产经营过程中一部分固定资产的损耗能够得到补偿，俗称资产折旧费，应当能够补偿实际损耗。

综上所述，所谓合理补偿成本，是指电价必须能够补偿电力生产全过程和流通全过程的成本费用支出。

（2）合理确定收益。从现代企业制度的角度看，在电价中确定一定的利润率是合理确定收益的重要组成部分。现代企业制度突出的特点是所有权与经营权分离，电力公司法人并不是电力设施财产的所有者，不拥有所有权，但拥有经营权。尤其是供电企业财产的绝大多数的所有权归国家，也有一部分是其他股东或债权人的。供电企业要正常运营，就必须对企业财产的所有者支付相应的股息或利息，必须向国家交付税金，使国家有所收益。同时，供电企业应当有自我发展的能力，我国的供电企业属社会主义性质，不应在电价中含有超额利润。但是，应当含有自我发展的收益。供电企业的收益既包含了使用资本的费用，又包含了其有筹资属性的费用，用于电力继续发展。

《中华人民共和国电力法》关于电价原则规定"合理确定收益"的实质，包含了三个含义：第一，电价受国家管制，利润水平严格受国家控制，不得由供电企业获得超额利润；第二，电价应有使用资本的偿还能力，即通常所讲的"还本付息"能力和支付股息的能力；第三，允许供电企业自我发展，国家通过电价确定合理收益水平和标准，并把合理收益作为供电企业筹资的重要渠道，以利于供电企业能够继续扩大再生产。

（3）依法计入税金。所谓依法计入税金，是指依据我国法律允许纳入电价的税种、税款。

（4）公平负担。所谓公平负担，就是制定电价时，要从电力公用性和发、供、用的特殊性出发，向客户收取电费时必须公平合理。所谓公平，是从成本负担角度讲的公平，政府价格政策和供电企业的营业政策都不得实行价格歧视，电价结构的安排要根据电力生产和商品的特点区别客户的用电特性，实行消费者对电费的负担与其用电的特性相适应。

（5）特殊电价的制定。上网电价实行同网同价的原则，是对上述原则的例外规定。

《中华人民共和国电力法》第三十七条规定："上网电价实行同网同质同价"，是把普遍适用的商品"比质比价"定价办法引入电价机制的一种重要规定，有利于降低工程造价和发电成本，有利于平等竞争。许多专家主张，电价确定的办法采用成本导向定价办法，即以成本为基础加一定盈利来确定电价，这种制定电价的办法，在许多国家的电力法中也是肯定的。《中华人民共和国电力法》第三十六条规定，这种"成本加"的一般定价原则是结合中国实际确定的一种制定电价的原则。但是，仅仅采用"成本加"的办法，在某种情况下不利于竞争，不利于降低成本，甚至在某种程度上使个别电力成本上升。所以，在以相同商品质量为基础、进行价格比较后确定价格的比质比价办法中引入电价机制是解决上述问题的一项很好方法，也是电价改革的一项重要内容。

第二节　全行业用电分类

全社会用电总计包括全行业用电合计、城乡居民生活用电合计两种。

其中，全行业用电合计包括第一产业、第二产业、第三产业。城乡居民生活用电合计包括城镇居民、乡村居民。

（1）全行业用电分类，包括：① 农业；② 林业；③ 畜牧业；④ 渔业；⑤ 农、林、牧、渔专业及辅助性活动。

（2）工业，包括：① 采矿业；② 制造业；③ 电力、热力、燃气及水生产和供应业。

（3）建筑业，包括：① 房屋建筑业；② 土木工程建筑业；③ 建筑安装业；④ 建筑装饰、装修和其他建筑业。

（4）交通运输、仓储和邮政业，包括：① 铁路运输业；② 道路运输业；③ 水上运输业；④ 航空运输业；⑤ 管道运输业；⑥ 多式联运和运输代理业；⑦ 装卸搬运和仓储业；⑧ 邮政业。

（5）信息传输、软件和信息技术服务业，包括：① 电信、广播电视和卫星传输服务；② 互联网和相关服务；③ 软件和信息技术服务业。

（6）批发和零售业。

（7）住宿和餐饮业。

（8）金融业。

（9）房地产业。

（10）租赁和商务服务业。

（11）公共服务及管理组织。

第三节　电价制度和电价分类

一、电价制度

1. 单一制电价

这种电价以客户安装的电能表每月表示出实际用电量多少为计费依据。其特点是不问用电设备的容量和用电时间，只计算实际耗用电量。它与客户实用电量联系在一起，可促使客户节约用电，并且抄表、计费简单。单一制电价的缺点是不能促使客户避峰用电，提高负荷率。

2. 两部制电价

两部制电价就是将电价分为两个组成部分，一部分称为基本电价，另一部分称为电度电价。基本电价代表电力工业企业成本中的容量成本，即固定费用部分。两部制电价计费方式有三种：一是按变压器容量计收，二是按合同最大需量计收，三是按实际最大需量方式计收。

按变压器容量计收基本电费的客户，可不装最大需量表而按现装设备容量或受端变压器容量计收。客户每月所付的基本电费，仅与其容量，而与其实际使用的电量无关。

按合同最大需量计收的客户，应与电网企业签订合同，并按合同最大需量计收基本电费。合同最大需量核定值的变更周期按月变更，电力用户可提前 5 个工作日向电网企业申请变更下一个月（抄表周期）的合同最大需量核定值。电力用户实际最大需量超过合同确定值 105% 时，超过 105% 部分的基本电费加一倍收取；未超过合同确定值 105% 的，按合同确定值收取。申请最大需量核定值低于变压器容量和高压电机容量总和的 40% 时，按容量总和的 40% 核定合同最大需量。对按最大需量计费的两路及以上进线用户，各路进线分别计算最大需量，累加计收基本电费。

按实际最大需量方式计收基本电费的客户，适用于执行两部制电价的所有大工业用户和一般工商业用户，用户可以根据需要，提出申请，自愿选择；对选择执行实际最大需量的用户，按实际抄见最大需量计收基本电费，不受运行总容量（变压器容量及不通过变压器接入高压电动机容量总和）40% 下限限制。

电度电价代表电力工业企业成本中的电能成本，即变动费用部分，在计算电量电费时，以客户实际使用的电量来计算，单位为 kWh。为了计算电度电价，需要安装有功电能表，计收电量。以上两种电费分别计算后的电费总和即为客户应付的全部电费。这种以合理分担容量成本和电能成本为主要依据，并分别以基本电价和电度电价计算客户电费的办法就是两部制电价。

3. 功率因数调整电费

（1）实行功率因数调整电费的意义。

1）功率因数的概述。电力负荷分为有功负荷和无功负荷。有功负荷主要是供给能量转换，如将电能转变为化学能、热能、机械能等过程中的有效消耗。无功负荷主要是供给电气设备及供电设备的电感负荷交变磁场的能量消耗，所以，一般要求无功负荷越小越好。

功率因数（俗称力率）是电压与电流相位角的余弦值，即电路中有功功率与视在功率的比值，用 $\cos\varphi$ 表示。

也就是说，客户在受电变压器及供电电压不变的情况下用电，功率因数越高，其有功功率就越大，所能带的负荷就越大。

功率因数计算如下：

$$\cos\varphi = P/S$$

式中，P 为有功功率，kW；S 为视在功率，kVA；φ 为有功功率与视在功率的相位夹角。

2）影响功率因数变化的因素。根据上式看出，在有功功率一定的情况下，功率因数的高低与无功功率的大小有关，客户需要的无功功率越大，其视在功率也越大，功率因数就越低，反之，就越高。影响客户功率因数变化的主要因素有以下几点：① 电感性用电设备配套不合适和使用不合理，造成用电设备长期轻载或空负荷运行，致使无功功率的消耗量增大；② 大量采用电感性用电设备，如异步电动机、交流电焊机、感应电炉等；③ 变压器的负载率和年利用小时数过低，造成过多消耗无功功率；④ 线路中的感抗值比电阻值大好几倍，使无功功率损耗大；⑤ 无功补偿设备的容量不足，致使输变电设备的无功功率消耗很大。

综上所述，客户功率因数的高低反映了用电设备的合理使用状况、电能的利用程度和用电的管理水平。

3）提高功率因数的意义及效益。客户功率因数的高低对发、供、用电的经济性和电能使用的社会效益有重要影响。提高和稳定用电功率因数，能够改善电压质量，降低供、配电网络的电能损失，提高电气设备的利用率，减少电力设施的投资和节约有色金属，节约客户的电费开支。由于供电企业的发供电设备是按一定功率因数标准建设的，客户的用电功率因数也必须符合一定标准。因此，提高功率因数，能够使发电、供电和用电等部门均得到明显的效益。

4）功率因数调整电费的执行范围及标准。为了使客户提高功率因数并保持稳定，必须通过一定的奖罚，考核用户的功率因数。我国在1983年出台了《功率因数调整电费办法》，其依据各类客户不同的用电性质、供电方式、电价类别、用电设备容量及功率因数可能达到的程度，分为以下级别分别规定功率因数标准值并进行对应考核：① 功率因数标准为0.90，适用于160kVA以上的高压供电工业用户（包括社队工业用户）、装有带负荷调整电压装置的高压供电电力用户和3200kVA及以上的高压供电电力排灌站；② 功率因数标准为0.85，适用于100kVA（kW）以上的其他工业用户（包括农村工业用户）、100kVA（kW）以上的非工业用户和100kVA（kW）及以上的电力排灌站；③ 功率因数标准为0.80，适用于100kVA（kW）以上的农业用户和趸售用户，但大工业用户未划由电力直接管理的趸售用户，功率因数标准应为0.85；④ 网内互供电不实行功率因数调整办法。

（2）功率因数调整电费的计算方法。功率因数调整电费是指客户的实际功率因数高于或低于规定标准时，在按照规定的电价计算出用户电费后，再按照"功率因数调整电费表"所规定的百分数计算减收或增收的调整电费。

1）功率因数的计算。

a. 凡实行功率因数调整电费的客户，应装设带有防倒装置或双向性的无功电能表，按用户每月实用的有功电量和无功电量，来计算月平均功率因数。

b. 凡装有无功补偿设备且有可能向电网倒送无功电量的用户，应随其负荷和电压变动及时投入或切除部分无功补偿设备，供电企业应在计费计量点加装带有防倒装置的反向无功电能表，按倒送的无功电量与实用的无功电量两者的绝对值之和，来计算月平均功率因数。

c. 对不需装电容器，用电功率因数就能达到标准值的用户，或离电源点较近，电压质量较好、无须进一步提高用电功率因数的用户，可以降低功率因数标准值或不实行功率因数调整电费办法。降低功率因数标准值的用户的实际功率因数，高于降低后的功率因数标准时，不减收电费，但低于降低后的功率因数标准时，应增收电费，即只罚不奖。凡满足以上条件实行只罚不奖，要报上级主管部门批准备案。

d. 对用户不同的受电点和不同用电类别的用电分别安装计费电能表，每组电能表作为一个计费单位，但考虑到用户的计量方式不同，可按下列方式计算：① 总表内装有不同用电类别的计费电能表，而考核功率因数的标准值相同，可按总表计量点的有功电量与无功电量（包括倒送的无功电量）计算实际功率因数。如果总表内各类用电考核功率因数的标准值不同，应按总表计量点的实际功率因数，对执行不同标准值的各类用电调整电费。② 对同一受电点，由于分线分表装有不同类别的计费电能表（均为母表），可将这一受电点的有功电量、无功电量分表总加计算这个受电点的实际功率因数，按考核的标准值对每个计费单位进行电费调整。③ 用电计量装置未装在产权分界处时，线路与变压器损耗均应参加月平均功率因数计算。

2）功率因数调整电费的计算。

功率因数的标准值及适用范围：

（1）功率因数标准0.90，适用于160kVA以上的高压供电工业用户（包括社队工业用户），装有带负荷调整电压装置的高压供电电力用户和320kVA及以上的高压供电电力排灌站。以0.90为标准值的功率因数调整电费见表6-1。

表 6-1　　　　　　　　　　以 0.90 为标准值的功率因数调整电费

减收电费		增收电费			
实际功率因数	月电费减少（%）	实际功率因数	月电费增加（%）	实际功率因数	月电费增加（%）
0.90	0.00	0.89	0.5	0.75	7.5
0.91	0.15	0.88	1.0	0.74	8.0
0.92	0.30	0.87	1.5	0.73	8.5
0.93	0.45	0.86	2.0	0.72	9.0
0.94	0.60	0.85	2.5	0.71	9.5
		0.84	3.0	0.70	10.0
		0.83	3.5	0.69	11.0
		0.82	4.0	0.68	12.0
		0.81	4.5	0.67	13.0
0.95～1.00	0.75	0.8	5.0	0.66	14.0
		0.79	5.5	0.65	15.0
		0.78	6.0	功率因数自 0.64 及以下，每降低 0.01 电费增加 2%	
		0.77	6.5		
		0.76	7.0		

（2）功率因数标准 0.85，适用于 100kVA（kW）及以上的其他工业用户（包括社队工业用户）、100kVA（kW）及以上的非工业用户和 100kVA（kW）及以上的电力排灌站。以 0.85 为标准值的功率因数调整电费见表 6-2。

表 6-2　　　　　　　　　　以 0.85 为标准值的功率因数调整电费

减收电费		增收电费			
实际功率因数	月电费减少（%）	实际功率因数	月电费增加（%）	实际功率因数	月电费增加（%）
0.85	0.0	0.84	0.5	0.70	7.5
0.86	0.1	0.83	1.0	0.69	8.0
0.87	0.2	0.82	1.5	0.68	8.5
0.88	0.3	0.81	2.0	0.67	9.0
0.89	0.4	0.80	2.5	0.66	9.5
0.90	0.5	0.79	3.0	0.65	10.0
0.91	0.65	0.78	3.5	0.64	11.0
0.92	0.80	0.77	4.0	0.63	12.0
0.93	0.95	0.76	4.5	0.62	13.0
		0.75	5.0	0.61	14.0
		0.74	5.5	0.60	15.0
0.94～1.00	1.10	0.73	6.0	功率因数自 0.59 及以下，每降低 0.01 电费增加 2%	
		0.72	6.5		
		0.71	7.0		

（3）功率因数标准 0.80，适用于 100kVA（kW）及以上农业用户和趸售用户，但大工业用户未划由电业直接管理的趸售用户，功率因数标准应为 0.85。以 0.80 为标准值的功率因数调整电费见表 6-3。

表 6-3　　　　　　　　　　　　以 0.80 为标准值的功率因数调整电费

减收电费		增收电费			
实际功率因数	月电费减少（%）	实际功率因数	月电费增加（%）	实际功率因数	月电费增加（%）
0.80	0.0	0.79	0.5	0.65	7.5
0.81	0.1	0.78	1.0	0.64	8.0
0.82	0.2	0.77	1.5	0.63	8.5
0.83	0.3	0.76	2.0	0.62	9.0
0.84	0.4	0.75	2.5	0.61	9.5
0.85	0.5	0.74	3.0	0.60	10.0
0.86	0.6	0.73	3.5	0.59	11.0
0.87	0.7	0.72	4.0	0.58	12.0
0.88	0.8	0.71	4.5	0.57	13.0
0.89	0.9	0.70	5.0	0.56	14.0
0.90	1.0	0.69	5.5	0.55	15.0
0.91	1.15	0.68	6.0	功率因数自 0.54 及以下，每降低 0.01 电费增加 2%	
0.92～1.00	1.3	0.67	6.5		
		0.66	7.0		

4. 分时电价

分时电价又称峰谷电价。它是根据电力系统负荷变化情况把全日 24h 分成三段，即高峰、平段、低谷时段。由于各地区电网负荷构成不同，高峰、平段、低谷时段也不同。根据时段来制定高峰、低谷电价，目的是提高电力系统负荷率，尽量削减电力系统高峰，适当填补电力系统的低谷。

实行峰谷分时电价的客户必须装设分时计量装置，分别计量高峰、低谷和平段时段的用电量。峰谷电价体现了价格的杠杆作用，对于调整负荷、提高设备利用小时数、缓和电力紧张情况均能起到积极作用。对于不注意经济核算、不过多考虑生产成本及电费支出占其成本比重不大的一些工矿企业，在推行峰谷电价的同时还应伴以必要的行政手段，否则会出现不惜成本、宁可用高价格购买高峰电力的情况，这样会加重电力系统在高峰负荷时间内的负担，使峰谷差距更大。

5. 季节性电价（丰枯电价）

为了充分利用丰水期间的水利资源，避免弃水造成浪费，鼓励大电力客户特别是耗电量大的客户，在丰水期间多用电并尽量在电网高峰季节以外的时间用电。在丰水期和电网高峰季节以外时间用电，实行优惠电价。这种电价的优越性不但可以节省能源，增加发电机利用小时数，还可缓和电力资源紧张的状况，如运用得当还可推迟供电企业的基本建设时间，并且可适当减少供电企业的年运行费用。

6. 分级制电价

这种电价是把客户每月耗电量划分为两个或更多的级别，各级之间电价不同。分级电价又有两种：一种是第一级电价最高，以后逐级降低，鼓励客户多用电；另一种是第一级电价最低，以后逐级提高，鼓励客户节约用电。这种电价制度比单一制电价优越，使电价初步起到了经济杠杆的作用；但它的缺点在于没有考虑客户用电时间，没有考虑在电力系统高峰时间以外用电的差别待遇，同时对于电力工业企业的容量成本没有能够合理分担。

7. 现行电价管理政策

我国对电价管理的原则按照《中华人民共和国电力法》规定的"电价实行统一政策、统一定价原则、分级管理"。也就是要求电价管理在统一政策、统一定价原则、集中统一的前提下分级进行。这样可发挥各方面的积极作用，使电价管理体制更为科学、合理、规范，逐步建立合理的电价形成机制。

二、电价分类

1. 按生产流通环节分类

电价分类是世界各国都采用的电价制度，也是我国长期以来实行的电价制度。目前我国电价分类方法种类较多，计算也较为复杂。电价按不同的划分依据区分为不同的电价类别。按照生产和流通环节划分，可分为上网电价、网间互供电价、销售电价。在《中华人民共和国电力法》中，电价是指电力生产企业的上网电价、电网间互供电价、电网销售电价。

（1）上网电价。上网电价就是指独立核算的发电企业向电网经营企业提供上网电量时与电网经营企业之间的结算价格。上网电价是调整独立经营的电力生产企业与电网经营企业之间利益关系的重要手段，用于协调两者的经济关系，是发、供企业协调发展的重要经济杠杆之一。

（2）电网间互供电价。电网间互供电价就是指电网与电网之间通过联络线相互提供电力、电量的结算价格，售电方和购电方为两个不同核算单位的电网，包括跨省、自治区、直辖市电网和独立网之间，省级电网和独立电网之间，独立电网与独立电网之间相互交换电力电量的结算价格。

（3）电网销售电价。电网销售电价是指电网通过供电企业向用户销售电力的价格。电网销售电价直接关系到用户的经济负担，是电力价值的具体体现，与广大客户有着密切的关系。

2. 销售电价分类

电价分类是世界各国都采用的电价制度，也是我国长期以来实行的电价制度。

（1）直供电价。直供电价是指供电企业直接向电力客户销售电力的价格。

（2）趸售电价。趸售电价是指对具有趸售任务的供电企业执行的电价。

3. 按用电容量分类

（1）单一制电价。

（2）两部制电价，包括基本电价、制度。

4. 按用电时间分类

（1）峰谷分时电价。

（2）季节性电价。

5. 按用电类别分类

（1）居民生活电价。

（2）非居民照明电价。

（3）商业照明电价。

（4）非工业电价。

（5）普通工业电价。

（6）大工业电价。

（7）农电生产电价。

（8）农业排灌电价。

（9）趸售电价。

（10）省级电网互供电价。

第四节　现行电价的执行

一、现行销售电价的适用范围

按用电类别划分，分为：① 居民生活电价；② 非居民照明电价；③ 商业照明电价；④ 非工业电价；⑤ 普通工业电价；⑥ 大工业电价；⑦ 农电生产电价；⑧ 农业排灌电价；⑨ 趸售电价；⑩ 省级电网互供电价。

1. 居民生活电价

居民生活电价（含电热电价）的应用范围为：① 城乡居民家庭住宅用电；② 城乡居民住宅小区公用附属设施用电；③ 学校教学和学生生活用电；④ 社会福利场所生活用电；⑤ 宗教场所生活用电；⑥ 城乡社区居民委员会服务设施用电；⑦ 博物馆、图书馆、会展中心、纪念馆和全国爱国主义教育示范基地等免费开放的公益性文化单位用电；⑧ 农村饮水安全工程供水用电；⑨ 监狱监房生活用电。

2. 非居民照明电价

除居民生活用电、商业用电、工业客户生产车间照明以外的照明、空调及电热用电和容量不足 3kVA 的非工业动力用电，包括：① 党政机关、部队、国家事业单位编制的非营利性医疗机构的用电；② 铁道、航运等信号灯用电；③ 城乡公共（市政）亮化、路灯、交通信号灯、交通指挥岗亭、治安岗亭用电；④ 生产、经营企业的行政管理机关照明、办公设备、空调等用电；⑤ 公益性广告、公共厕所、不收费的开放式公园照明用电；⑥ 监狱、劳教场所、戒毒场所等非生产经营性用电。

3. 商业照明电价

凡用于从事商品交换或提供商业性、金融性、服务性的有偿服务的用电，如商场、集贸市场、超市、金融经营场所、宾馆、饭店、浴室、美容美发厅、影楼等用电。

4. 非工业电价

凡以电为原动力，或以电冶炼、烘焙、熔焊、电解、电化的实验和非工业生产，其总容量在 3kVA 及以上的用电，包括：① 党政机关、部队、学校、医院及科学研究、实验等单位的电动机、电热、电解、电化、冷藏等用电；② 管道输油、铁路、航运等用电；③ 临时用电、基建工地用电；④ 地下防空设施的通风、照明、抽水用电。

5. 普通工业电价

凡以电为原动力，或以电冶炼、烘焙、熔焊、电解、电化的一切工业生产，其受电变压器容量不足 315kVA 的用电，包括：① 普通工业客户的照明用电，应分表计量；② 农村、乡镇的农副产品加工和农机、农具修理等各项工业的用电，其受电变压器容量符合上述规定的执行普通工业电价。

6. 大工业电价

凡以电为原动力，或以电冶炼、烘焙、熔焊、电解、电化的一切工业生产，其设备容量在 315kVA 及以上的用电。

7. 农电生产电价

农用、电犁、打井、打场、脱粒、饲料加工（非经营性）及防洪、防汛、防旱用电，农村家庭农产品初级加工（指无成规模厂房、无固定生产人员和生产组织机构）用电，农业生产中非大工业用电性质的农业经济作物、农村养殖业用电。

8. 农业排灌电价

农村、农场或农业生产基地固定电动排灌站使用最先进的电动水泵为农田排水和灌溉的用电。

9. 趸售电价

趸售电价是县级以上独立的电力经营者从省级电网以批发方式购入并由其向最终客户供应的大量用电的电价。电网之间通过关口表进行电量电费结算。省级电网趸售给地区级电网，地区级电网趸售给县级电网。

10. 省级电网互供电价

省级电网互供电量应执行国家批复价或双方协议价，典型的如"西电东送"。

二、两部制电价组成及其计算方法

1. 两部制电价电费构成

大工业客户执行两部制电价，两部制电价电费的构成为

$$两部制电价电费＝基本电费＋电度电费＋功率因数调整电费$$
$$基本电费＝基本电价×设备容量$$
$$电度电费＝电度电价×月用电量$$
$$功率因数调整电费＝功率因数奖惩电费$$

2. 基本电费的计算

（1）按变压器容量计算。根据客户受电的变压器容量之和，起点是容量达 315kVA 及以上的客户。

（2）按最大需量计算。最大需量以客户和供电企业签订的合同为准，以最大需量表计量为计算依据。也可以选择按实际最大需量计算。

3. 减收基本电费的情况

（1）按《供电营业规则》第八十四条规定，基本电费以月计算，但新装、增容、变更与终止用电当月的基本电费，可按实用天（日用电不足 24h 的，算一天）计算，每日按全月基本电费的 1/30 计算。

（2）暂停、暂拆的以业务扩充变更通知，减少相应天数的基本电费。

（3）事故停电、检修停电、计划限电不扣减基本电费。

4. 基本电费执行中存在的问题及应对措施

（1）客户修改变压器铭牌。按需量计费，或超容按违约处罚。

（2）客户提高变压器负荷率。加大用电检查力度，超载、负控监控、核实容量、检查用电情况。

三、电价调整有关政策

1. 降低工商业用电价格

（1）自 2019 年 7 月 1 日起，单一制工商业及其他销售电价每千瓦时降低 2.99 分，输配电价标准同步降低。国家重大水利工程建设基金征收标准每千瓦时降低至 0.196 875 分（牵头

处室：公司财务部电价处）。

（2）根据国家电网公司《关于最新国家重大水利工程建设基金征收标准多位小数点处理的指导意见》文件要求，营销业务应用系统按照 0.001 968 元/kWh 配置重大水利工程建设基金代征电价，除参与市场化交易和自备电厂用户外，少配置的 0.000 000 75 元/kWh 配置到目录电度电价，到户电价保证不变；市场化直接交易用户输配电费和自备电厂代征电费每千瓦时少收 0.000 000 75 元。向财政部部门缴纳重大水利工程建设基金时，仍按财政部规定的征收标准缴纳。超过截断法后的金额由省公司从售电收入中转出，不再向用户收取。

2. 完善两部制电价执行方式

两部制电力用户可自愿选择按变压器容量、合同最大需量、实际最大需量交纳电费，其中：按实际最大需量计费的，取消运行总容量（变压器容量及不通过变压器接入高压电动机容量总和）40%下限的要求，以前文件与本次通知要求不一致的，以本次通知要求为准；按设备容量、合同最大需量计费的，仍保持运行容量 40%下限的要求。

四、加快推进电价调整工作

1. 做好营销业务应用系统改造

2019 年 6 月 29 日前，完成营销业务应用系统基本电费实际最大需量电费算费规则等相关功能的适应性改造和检修发布。

2. 及时维护更新电价版本

（1）2019 年 6 月 27 日前，完成 6 月度应收电费核算、应收关账等工作。

（2）2019 年 7 月 1 日，完成营销业务应用、营销远程费控等信息系统电价版本更新、发布。

3. 做好政策性调价抄表

为实现按照电价调整时间前后对调价前后电量执行新、旧电价标准，在严格执行原抄表例日的基础上，原则上要对除抄表例日为 1 日的全部高压客户在 2019 年 7 月 1 日增加一次政策性调价抄表。

（1）2019 年 7 月 1 日，对除抄表例日为 1 日的全部高压客户制定政策性调价抄表计划，计划抄表日期为 2019 年 7 月 1 日。对于抄表例日为 1 日的客户，无须进行政策性调价抄表。

（2）2019 年 7 月 1～3 日（且应不晚于正式抄表时间），完成政策性调价抄表，其中：已实现采集覆盖的，应采用用电信息采集系统采集的 2019 年 6 月 30 日 24 点冻结数据；采集不成功的，应于抄表例日当日完成现场补抄；现场抄表的，应于 7 月抄表例日前完成 6 月 30 日 24 点冻结数据抄录；未实施政策性调价抄表的，营销业务应用系统将自动按照调价前后的天数比例计算调价前后的电量。

（3）2019 年 7 月 1 日起，按照调整后的电价，开展电费核算发行工作。其中：7 月度电费按照调整前电价与调整后电价分别计算发行。

4. 做好按实际最大需量计费用户的基本电费退补工作

（1）本次退费原则上只针对已选择执行实际最大需量的用户。对执行合同最大需量的，若用户提供相关材料，证明曾申请执行实际最大需量，由于受当时政策影响未办理变更，视同用户已执行实际最大需量，并自提出申请之日起进行退费。

（2）2019 年 6 月 27 日前，全面梳理按实际最大需量计收基本电费的用户清单，逐户核查 2018 年月至 2019 年 6 月期间的各月实际最大需量、基本电费计收情况；对实际抄见最大需量低于运行总容量 40% 的情况，逐户、逐月核算实际抄见最大需量与下限的差额电费，与用户确认后，退还差额电费至用户电费账户，用于冲抵用户后续电费；对涉及用户数量多、退还到户确实有困难的单位，务必于 6 月 27 日前将退还信息告知到户，并做好解释工作。

（3）为确保用户现场计量表计最大需量配置正确，根据用户抄表例日情况，7 月抄表发行前，逐户核对现场表计配置情况，确保表计实际最大需量计量准确；用户新申请办理按照实际最大需量计费的，应及时完成表计参数配置。

（4）2019 年 7 月底前，省客服中心、计量中心对此开展专项系统级核查，并赴用户现场开展抽查；8 月 10 日，提交专项稽查工作报告。

5. 做好电价调整宣传解释

（1）及时完成 95598 知识库更新及报备。2019 年 6 月底前，省客服中心联系告知国网客服中心，及时调整 95598 知识库相关内容；配合国网客服中心座席人员做好电价调整及两部制电价执行相关政策、营销业务信息支撑系统业务处理等的解释工作。

（2）及时完成线上线下渠道资料更新。2019 年 7 月 1 日前，地市公司组织更新营业厅电子显示屏及纸质资料中销售电价、基本电费等信息，并撤销纸质旧版电价表宣传资料，在公司所有营业场所及"掌上电力""电 e 宝"、95598 网站等线上渠道，对发改价格〔2018〕500号文进行再公示，并做好政策宣贯、完成营业服务、现场服务人员业务培训；做好客户咨询答复、业务办理。省客服中心组织完成掌上电力在线值班座席人员培训和线上渠道资料更新。

（3）做好现场宣传和客户解释工作。在开展现场业务过程中要及时向客户宣传说明调价政策，做好客户咨询答复工作，使客户了解电价变化，赢得客户理解，规避企业经营风险。对于重要、敏感客户，必要时要安排人员上门告知，确保客户及时掌握电价调整信息。

（4）做好用户告知工作。存量用户告知方面，地市公司要根据本单位电价政策变更告知惯例，通过电费账单提醒、电话通知、书面告知等方式，做好存量两部制电力用户的政策告知工作。新装用户告知方面，各级业务办理人员要对所有新装、增容用户及时准确告知"基本电费计收方式增加了实际最大需量方式，且不受 40% 下限限制，用户可以根据需要自愿选择"；同时，为防止用户报装变压器容量过大，浪费社会资源，应与用户认真研究用电容量，并通过合同约定。

6. 加强舆情风险监控

各单位要认真分析政策执行中潜在的服务风险和可能出现的矛盾纠纷，建立舆情发现、反馈、控制、解决的工作机制，做到反应迅速、处置妥当，力争将引发舆情的风险隐患消除在萌芽状态。

四、有关工作要求

1. 提高认识，加快调价退费工作

本次调价是落实国务院《政府工作报告》关于一般工商业平均电价再降低 10% 的要求，各单位要清醒认识任务的政治敏锐性，周密部署，精心安排，确保迅速、准确地做好工商业用户电费清退和客户基本电费计费方式变更工作。

2. 加强管控，确保政策执行规范

各单位要加强调价期间电量电费复核，加快业务流转办结，避免客户纠纷和公司损失；跟踪关注调价措施执行情况，对客户相关咨询、投诉细致分析、快速处置、闭环管控；密切关注媒体、网络相关报道，快速应对突发事件。执行中遇到的问题请及时联系公司营销部、财务部。

第五节 电 费 回 收

供电企业从销售电能到收回电费的全过程，表现在资金流动上，就是流动资金周转到最后阶段收回货币资金的过程。回收的电费既是供电企业所生产的电力商品的价值及供电企业经营成果的货币表现，也是供电企业的一项重要经济指标。

按期回收电费可为完成供电企业的重要经济指标做好基础工作，也为供电企业上缴税金和利润提供资金，从而保证国家的财政收入，还可维持供电企业再生产过程中补偿生产资料耗费等开支所需的资金。同时，供电企业在按照规定获得利润的情况下，可为扩大再生产提供建设资金。供电企业如不能及时、足额地回收电费，将导致供电企业流动资金周转缓慢或停滞，使供电企业生产受阻而影响安全发、供电的正常进行。不仅如此，供电企业还要为客户垫付一大笔流动资金的贷款利息，最终使供电企业的生产经营成果受到很大损失。因此，及时足额地回收电费，加速资金周转，是营业电费管理部门的重要考核指标。其计算公式为

$$电费回收率 = 实收电费（元）/ 应收电费（元）\times 100\%$$

收费工作是营业工作中抄表、核算和收费三个工种中的最后一个环节，营业工作完成的效果如何，除抄表的实抄率、核算的准确率外，还有收费的完成率。因此，收费人员应搞好与用户之间的关系，争取用户的支持，及时全部地收回应收的电费，否则收费时间的拖长占用了供电部门的资金，会影响供电企业的资金周转和经济效益。

一、收费工作的基本要求

（1）熟悉客户的交费方式与交费期限，对逾期交纳电费的客户严格执行电费违约金制度。

（2）熟悉财经制度和有关会计知识，遵章守纪，秉公执法。

（3）随时了解客户生产经营状况，掌握资金信息，适时向有关领导汇报电费回收进展情况，提出具体实施办法。

（4）熟悉电网公司窗口员工优质服务手册，严格按营业大厅管理办法开展工作。

二、编制目的

电费回收工作是抄核收工作的最后一个环节，也是供电企业资金周转的一个重要环节。电费收入不仅是供电企业电力生产、输送及其管理所需的资金来源，也是国家的主要财政收入之一。

三、主要工作内容

收费工作是由收费员、电费会计等几个岗位互相配合共同完成的，其主要工作内容有：

（1）各种电费收据、发票的保管、填写、领用需按《票据管理办法》的要求进行，使用与作废均要有记录，电力销售发票存根应按要求交回财务部门存档。

（2）收费日报的生成。根据生成的收费日报，收费员按资金种别进行现金、支票等的对账，并按电费资金管理办法，将现金与支票及时存入指定电费账户。对当日发票存根、收费日报、银行回单进行核对，数据一致后对发票存根、收费日报、银行回单等按日进行装订。

（3）对网上交费的用户，按到账后的银行收账存根通知及时销账，对需要发票的用户及时通知用户完成发票开票工作。

（4）复核电费收据存根（收费员复核现金）对照款项交接单与收费日报，填写总收费日志，银行存款。

（5）处理有关收费工作的日常业务。

1. 落实电费回收责任制

严格落实电费回收责任制，把电费回收作为刚性任务，供电所制定电费回收实施方案，责任落实到每一名台区经理。加大电费回收跟踪分析和考核，严格执行责任追溯制，全面落实电费回收"问责制"，严抓、严管、严考核。

2. 建立风险防范机制

落实"一户一策""一类一策"防范措施。所内管理人员根据辖区用电客户类别、用电特点等信息监控用户用电情况，及时掌握客户最新动态，防控电费回收风险。

3. 监控远程费控系统，提醒客户交费

内勤人员做好辖区内智能交费用户实时监控工作，将停复电异常用户、预警和待停电状态用户的详细信息及时通知台区经理，台区经理在第一时间与客户取得联系并到现场检查原因，将问题解决后反馈供电所内勤人员。

4. 建立客户走访机制

对存在风险客户，每月深入调研用电情况、资金周转及产品销售情况，了解客户用电需求。结合走访调研情况，对客户欠费风险进行评估，一旦发现欠费隐患，立即启动预案，做到防患于未然。

5. 做好电费催收工作

电费发行完毕后，立即开始电费催收工作，通过短信、电话、通知单（含电子）、上门服务等方式，提醒客户及时交费。

6. 完成居民客户催收细节

对于临近回收周期的后付费客户、智能交费用户（预警、待停电状态），台区经理通过主动提醒、沟通的方式进行催缴，提升客户的用电体验，避免因欠费停电增加工作环节，避免投诉发生。若采取停电措施，要严格执行停电工作流程，履行停电手续，并做好资料存档工作。

7. 电费结零

在电费回收期前，实现营销系统结零，所内人员按照电费财务业务规范做好审核、达账工作，确保在途电费全部到账。

8. 规范服务行为，杜绝投诉事件发生

在电费回收工作的每个环节，所内全体人员要严格执行业务和优质服务规范流程，始终站在客户角度考虑问题，杜绝"催缴费、欠费停复电"等各类投诉事件的发生。

四、收费工作流程

电费审核人员审核合格的电费数据费发行后，收费工作便开始进行。

收费人员进入营销系统收费窗口，根据客户所交电费的资金种别选择与之对应的资金种别后进行收费并打印电费发票，每日收费结束后，收费员必须生成收费日报，且要根据收费日报认真复核发票数、支票数、支票金额及现金金额，根据各单位实际情况，按各自的存款方式将当日所收现金、支票与电费送存人员进行资金交接、签字手续。当日所收电费一一入账后，由电费送存人员将银行回单交给收费员与电费发票存根一一对应后，按日装订，按月返交财务存档。

五、电费的收取方式

目前，电力销售部门收取电费的方式主要有委托银行代收、代扣电费，走收电费，坐收电费，分次交纳电费，预交电费，客户自助交费，银行托收，邮政代收，pos 机便民收费，移动车收费，网上银行自助交费，用移动充值卡交费等方式。简要介绍以下几种收费方式。

1. 委托银行代收、代扣电费

供电企业与银行（或信用社）签订委托代收、代扣电费协议（供电企业按月应付给银行代收电费手续费）。供电企业依据协议规定，及时提供供电企业的应收电费数据，各银行根据协议要求，对在其单位办理代扣电费业务的用户，根据与供电企业的代收、代扣协议，以每日代扣或一周代扣 3～4 次的方式对供电企业的欠费用户进行电费代扣处理和窗口代收工作。银行按日将代收、代扣数据于当天 12 点发送到供电企业，由供电企业进行对账，对账务不平、对账不成功的，供电企业要及时与银行信息中心人员沟通解决，以达到对账成功为止。

2. 走收电费

由营销人员上门收取。营销人员每日从收费员处领取一定应收电费发票，在收费时把发票联直接给客户。如当时不能收到电费，应留交通知单，通知客户到指定地点交费。

营销人员妥善保管电费收据，每日将收到的电费交收费员，将未收到的电费单据交给收费员，并互相核对签字。如有不符立即查找，直至查清为止。

3. 坐收电费

营业部门设立的营业站或收费站（点）固定值班收费，称为坐收或台收，即坐在柜台里收费。坐收人员每天工作终了，除了按要求生成收费日报，根据收费日报清点全部收入现金和支票外，还应根据收费日报对发票存根进行装订处理。

4. 分次交纳电费

分次交纳电费是指电力客户对当月电费按照协议在结算前分多次（最少 3 次）向供电营业部门交纳电费，并在月末抄表结清当月电费的一种方法。该办法适用于月电量在 10 万 kWh 以上的电力客户。

5. 预交电费

为了客户交费方便，解决由客户外出等原因造成的欠费问题，系统开发了预交电费功能，一方面解决了小电量用户交费难和不及时交费生成违约金的问题，另一方面解决了大客户的欠费风险。当大客户的预交电费不够本段时间用电时，由大客户经理催交，用预交电费防范大客户欠费风险。预交电费在很大程度上保证了供电企业的电费回收率，一般对信誉度较差的、经常欠费的客户、临时用户、租赁户等可实行预交电费，用预交电费来保证电费回收，规避欠费风险。

6. 客户自助交费

自助交纳电费是客户通过电话、计算机等网络通信终端设备按语音提示完成的交费。此种交费不受时间、地点的限制，方便了客户的交费，有效解决了电力客户交费难的问题。

六、电费的财务管理

电费财务管理的工作要求如下。

（1）根据核算员、统计员提供的报表、票据，制作转账凭证，建立相应的会计账户，包括总账、明细分类账、日记账等，分别对总账、二级明细账及客户明细账进行有关账务的经济业务处理。

（2）根据收费员交费凭证，制作收款凭证，对银行存款及有关账户进行经济业务处理。

（3）根据银行存款情况，制作付款凭证，进行电费、代征费用、税金等项目的上缴。

（4）月末按时结账，并与银行对账，编制银行存款余额调节表。

电费财务管理的内容如下。

（1）保证应收电费总账准确，如数并及时上缴电费；印刷和发放各类收费票据并予以登记。

（2）保证与银行往来账目准确无误，往来单据及时。

（3）负责中转各个电费管理单位及银行的有关单据。

（4）汇编、填报各种统计报表。

（5）负责提取为地方政府代收的附加费，并及时拨付入库。

（6）对各项费用转入及时划拨。

（7）对电价、电费的数据进行统计、分析，对比其变化提出分析意见，特别是与预测的当月、季或年电价、电费目标计划相差较大时，要及时报告领导。

（8）抄收结合应两人进行，严禁一个人又抄又收，严禁白条子收费，严禁假公济私，严禁现款留个人手中不上交。

（9）监督检查并考核营业工作中各个电费管理环节的工作质量问题及有关指标，并切实注意以下几个问题：① 抄表工作是否做到"三定"，即定抄表人员、定抄表时间（例日）与定抄表区段；② 电费抄收中是否做到"六及时"，即及时抄表、及时算出电费、及时审核、及时结算电费、及时回收电费与及时统计电费；③ 沟通用电检查、校表、装表、业务人员与抄、核、收人员的联系渠道，环环紧扣；加强对计费计量装置的运行、倍率、表计位数及用户装接容量、线损变损应加电量、电价等的核对。

为完成上述工作内容、要求，在财务管理上必须做到：① 电费综合管理人员必须切实做好电费的综合核算，做到账账相符、账据及账实相符，帮助电费计收及业务人员正确执行电价等制度和正确核算电费。② 账、卡、票、据、凭证必须字迹正确、清晰、整齐，不得涂改。账卡记载错误必须修改时，须将错误部分划两横红线并加盖经办人章；收费凭证必须编号，电费金额必须大写并不得涂改、挖补，发生笔误后应另开具，原票据作废缴销，不得撕毁；数码书写必须按标准阿拉伯数字字体，并注意容易错乱的数字。③ 电费管理使用凭证包括实收电费缴款单、银行送款单、未收电费退库凭证、实收电费日（月）报表、电费凭单、托收无承付及托收承付结算凭证等。抄表卡片、电费台账、票据存根、结算凭证等，应指定专人妥善保管，超过保管期的资料若销毁，要经领导批准后方可进行。④ 用户缴纳的电费，必须全数进入当地银行开立的电费专户。⑤ 及时对电费系统与营销系统进行勾账，按时限进行出纳确认，对未达账电费及时对账，月末以便及时、准确地为营销人员提供实收月报。

七、收费员的职责范围收费中应注意的问题

收费工作主要依靠收费员来完成，所以只有收费人员认真做好本职工作，才能保证收费工作的顺利完成。

1. 收费员的职责范围

（1）取电费发票，根据营业时间按时进行收费工作。

（2）预交电费冲抵客户电费发票的处理。

（3）按要求生成收费日报，一天至少一张，以收费日报上的资金为准，扎账后按要求及时将收取的电费现金、支票存入指定的电费账户。对发票存根、收据存根联等按要求与银行回单一一对应装订后按要求进行存档移交。

（4）经常向用户宣传安全、节约用电，按期交纳电费和按章用电工作，检查违章用电、窃电，完成收费任务。

2. 收费中应注意的问题

（1）收费要注意电费款额，先收钱后给票据，收钱和找零钱都要复诵一遍。

（2）收支票时，要注意支票的填写是否符合银行的规定，大、小写金额是否相符，字迹是否清楚，在营销系统中选择的银行是否与所收支票的开户行对应。

（3）注意收据收检，不得丢失。

（4）应经常清点手中的电费收据，如发现与收费日志不符，应立即查找原因，必要时请有关人员协助查明。

（5）严禁不按正式发票收款，严禁白条子暂收电费；不准私自委托他人收费，如收费人员途中有急事耽搁，应告知缴费用户"请稍等"并收拣收据，锁好抽屉方可离开。

（6）所收货币应按软硬、票面金额分别存放，防止混杂，零票及硬币应在收费包内分别存放，纸币和支票应略分票面值并用票夹夹放，不能与电费收据混杂。

（7）收回的电费必须当日及时送入银行，或回本单位上缴。若遇有小额尾款，可以暂存在本单位保险柜内于第二天一并整理上缴，绝对禁止将电费尾款带回家中或放在抽屉内过夜。

（8）对托收欠费用户应及时处理。

八、电费会计

实收人员在每个月里复核电费收据与收费员交来的收据存根，同时复核个人的收费日志，填写总收费日志，每月一个周期。收费员与实收员配合，复核每日收费员交来的现金，并汇总存入银行，每月内随时将现金存款单与实收员核对交电费会计。电费会计是在收费员和实收员工作的基础上，进一步对各项电费应收与实收及转出转入的管理和杂项收入的核实及上缴。

1. 主要工作项目

（1）应收电费账、杂项费明细账、银行存款账的记载与保管。

（2）空白电费收据的保管，杂项费收据的编号、发放及其存根的收回、审核与保管。

（3）局内外应收款项的转入整理，办理局电费账、各项收入的上缴。

（4）整理各项收入款项，并及时存入银行。

（5）月末与实收员、电费审核人员、银行、财务核对账目。

2. 电费会计的工作

（1）电费部分以审核发行电费的总合计数（包括应收电费与附加费），与实收员每月的应收与实收对照，并与收费员存入银行的现金和托收收入对照。电费收入中还包括违章与窃电客户所补缴电费中应转入电费收入的部分。

应收电费账的填记，从年初开始，如上年有应收而未收的电费余额，记入上年结余栏内，每月将应收电费（包括补缴电费）和附加费，分期或一次记入。实收部分应分为托收收入、现金收入、代收与转账收入。每月有月实收，逐月有收入累计，月应收减月实收得当月余额，累计应收与累计实收比较仍为结余。对所有内部转账的款额必须清楚，以便于核对银行存款账时分清。

（2）杂项收入整理，应以收费人员填写的缴款总清单为准，与附带的收入报告核对，再与收费员的存款单核实银行存款数。

在填记杂项费明细账时，应按杂项费收入的项目，如罚款、赔表费、校表费等内容分别建账，逐月记入实收数和上缴数，也应填记每月收入与累计收入。

（3）银行存款账的记载，应按银行存款单和托收电费收账通知记载。各局应按财务部门的要求，及时或定期地上缴，每月末以银行存款账与银行对账单核对。

（4）空白电费发票的管理，应建立空白或定额电费发票管理账，若为定额收据的应按定额票种划分建账。建账后，应要求各单位每年提出需要收据的计划，每次领用者也应登账，要根据各单位领用情况及库存数量编制补印各种电费收据的数量。

（5）杂项费收据的管理。对杂项费收据应按年编号，妥善保管，发放时以旧换新，当时记账，由领用人盖章。对收回的杂项费存根应与收入报告对照，如集中对照有困难，可在交款时核对，核对无误时及时盖章，以示核对完毕。在回收存根时，应核对是否有漏核对页数，对回收代收电费与分割收据的杂项费存根时，应核对所贴电费收据与存根是否一致，逐页核对无误时签封保存。

（6）电费会计人员不论是专职或兼职，都应在每月末会同营业负责人，组织抄表人员、电费审核人员、实收人员和收费员进行一次发行电量、应收电费、实收电费和银行存款等数字的核实，如发现不符，应及时查找，不核对清楚不能结账。

3. 电费会计的注意事项

（1）每月接到银行转来的存款对照单应及时与银行存款额核对。每月末结账前，银行存款金额必须与银行进行一次核对，如发现不符，必须及时查明原因进行处理，每月末必须编制银行存款余额调节表。

（2）当日应收的电费，必须当日收齐上缴，不许跨月存款。

（3）加强空白单据和杂项费收据的管理工作，要分类建账，严格领用手续，每月要使用新本。

第六节　电价的特别事项

工作中容易混淆的电量电价如下：① 商业客户中动力设备执行的电价；② 有两种以上不同性质客户执行的电价；③ 适用农业排灌电价的范围；④ 大中型门面汽车修理、铝合金、车床的电价；⑤ 农村小作坊、养殖场、果园、蔬菜的电价；⑥ 通信业务基站用电执行的电价；⑦ 居民小区环境路灯、绿化照明、保安等的电价；⑧ 高速公路照明用电的电价；⑨ 广播电视运营用电执行的电价。

复 习 思 考 题

1. 制定电价的一般原则是什么？
2. 我国电价管理的原则是什么？
3. 什么是两部制电价？
4. 峰谷分时电价的作用是什么？
5. 季节性电价的特点是什么？
6. 制定电价的目的是什么？

第七章 用 电 检 查

●目的和要求

1. 了解用电检查工作的意义
2. 了解与业扩相关的用电检查工作
3. 了解周期检查和专项检查的相关工作
4. 了解违约用电及窃电查处相关内容

第一节 概 述

随着经济发展和社会进步，社会各界和人民群众对电网企业的要求和期望越来越高；保障电网安全，预防客户电气设备安全风险，是当前电网企业优质服务工作中必不可少的一项重要工作。大力开展用电检查和客户用电安全服务工作，是电网企业保障供用电安全，促进客户稳定生产的重要途径和必要手段。

一、用电检查工作的意义

通过开展用电检查，可以规范正常的供用电秩序，营造良好的供用电环境，提升供电企业的服务水平，维护供电企业利益。供电企业进行的用电检查工作，不仅是供电企业与用电客户之间沟通的桥梁和纽带，更应肩负起指导客户做好计划用电、节约用电和安全用电的职责，同时要对电力违法行为依法进行查处。

二、用电检查的工作范围及内容

用电检查的主要范围是用户受电装置，但被检查的用户有下列情况之一者，检查的范围可延伸至相应目标所在处。具体被检查用户包括：① 有多类电价的；② 有自备电源设备（包括自备发电厂）的；③ 有二次变压配电的；④ 有违章现象需延伸检查的；⑤ 有影响电能质量的用电设备的；⑥ 发生影响电力系统事故需作调查的；⑦ 用户要求帮助检查的；⑧ 法律规定的其他用电检查。

用电检查的主要内容有：① 用户执行国家有关电力供应与使用的法规、方针、政策、标准、规章制度情况；② 用户受电装置工程施工质量检验；③ 用户受电装置中电气设备运行安全状况；④ 用户保安电源和非电性质的保安措施；⑤ 用户反事故措施；⑥ 用户电工管理；⑦ 用户现场安全用器具、操作制度；⑧ 用户计量装置、保护装置、自动装置和调度通信设备运行情况；⑨ 供用电合同履行情况；⑩ 受电端电能质量情况；⑪ 有无违章或窃电行为；⑫ 用户用电类别、电价执行情况；⑬ 用户功率因数和无功补偿情况；⑭ 并网电源、自备电源并网安全状况。

用电检查的总体结构图如图 7-1 所示。

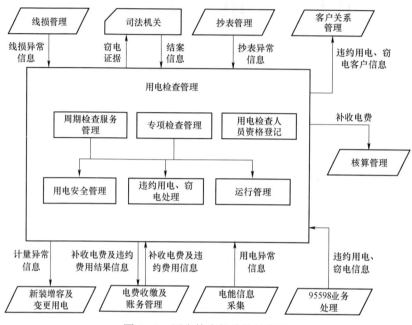

图 7-1　用电检查的总体结构图

三、有序用电

有序用电，是指在电力供应不足、出现突发事件等情况下，通过行政措施、经济手段、技术方法，依法控制部分用电需求，维护供用电秩序平稳的管理工作。有序用电工作遵循安全稳定、有保有限、注重预防的原则。

国家发展改革委负责全国有序用电管理工作，国务院其他有关部门在各自职责范围内负责相关工作。县级以上人民政府电力运行主管部门负责本行政区域内的有序用电管理工作，县级以上地方人民政府其他有关部门在各自职责范围内负责相关工作。

电网企业是有序用电工作的重要实施主体，电力用户应支持配合实施有序用电。

各省级电力运行主管部门应组织指导省级电网企业等相关单位，根据年度电力供需平衡预测和国家有关政策，确定年度有序用电调控指标，并分解下达各地市电力运行主管部门。各地市电力运行主管部门应组织指导电网企业，根据调控指标编制本地区年度有序用电方案，地市级有序用电方案应定用户、定负荷、定线路。各省级电力运行主管部门应汇总各地市有序用电方案，编制本地区年度有序用电方案，并报本级人民政府、国家发展和改革委员会备案。

编制年度有序用电方案原则上应按照先错峰、后避峰、再限电、最后拉闸的顺序安排电力电量平衡。各级电力运行主管部门不得在有序用电方案中滥用限电、拉闸措施，影响正常的社会生产生活秩序。

编制有序用电方案原则上优先保障以下用电。

（1）应急指挥和处置部门，主要党政军机关，广播、电视、电信、交通、监狱等关系国家安全和社会秩序的用户。

（2）危险化学品生产、矿井等停电将导致重人身伤害或设备严重损坏企业的保安负荷。

（3）重大社会活动场所、医院、金融机构、学校等关系群众生命财产安全的用户。

（4）供水、供热、供能等基础设施用户。

（5）居民生活，排灌、化肥生产等农业生产用电。

（6）国家重点工程、军工企业。

同时，编制有序用电方案应贯彻国家产业政策和节能环保政策，原则上重点限制以下用电。

（1）违规建成或在建项目。

（2）产业结构调整目录中淘汰类、限制类企业。

（3）单位产品能耗高于国家或地方强制性能耗限额标准的企业。

（4）景观照明、亮化工程。

（5）其他高能耗、高排放企业。

各级电力运行主管部门和电网企业应及时向社会和相关电力用户公布有序供电方案，加强宣传并组织演练，有序用电方案涉及的电力用户应加强电能管理，编制具有可操作性的内部负荷控制方案。电网企业应充分利用电力负荷管理系统等技术手段给予帮助指导。重要用户应该按照国家有关规定配置应急保安电源。本地区电力供需平衡发生重大变化时，省级电力运行主管部门应及时调整年度有序用电方案。

第二节　用电检查岗位

一、用电检查岗位职责

（1）负责宣传贯彻国家、电力行业相关政策、法律、法规，落实供电企业安全生产和电力客户用电安全管理规定，执行供电企业用电检查管理规章制度。

（2）负责完成所辖电力客户的用电检查工作，负责对所辖电力客户的窃电行为进行查处，有权查处和制止电力客户的违章用电、违约用电和窃电行为。

（3）负责完成年度用电检查工作计划、月度用电检查工作计划和专项用电检查工作计划，编写用电检查工作计划完成情况总结上报主管单位，有权对用电检查工作落实不到位的单位及人员提出考核建议。

（4）负责所辖电力客户用电安全管理工作，监督、检查电力客户安全用电工作，重点监督重要电力客户对安全隐患的处理和整改，每年要汇总统计重要电力客户安全隐患报电力主管部门，有权对电力客户用电安全工作落实不到位的单位及人员提出考核建议。

（5）负责所辖高危电力客户安全用电服务管理和协调工作，有权对高危电力客户安全用电服务管理工作落实不到位的单位及人员提出考核建议。

（6）负责所辖重要电力客户安全用电服务管理和协调工作，有权对重要电力客户安全用电服务管理工作落实不到位的单位及人员提出考核建议。

（7）负责做好重要保电任务的电力客户端供电保障管理工作。

（8）负责参与所辖高压电力客户重大用电事故调查工作，并采取防范措施防止类似事故再次发生。负责检查电力客户反事故措施的落实。

（9）负责参与所辖低压电力客户重大用电事故调查工作，并采取防范措施防止类似事故再次发生。负责检查电力客户反事故措施的落实。

（10）负责审核查出的违约用电工作单，负责审核违约用电窃电追补电费和违约使用电费计算。负责对违约用电的调查、处理和情况总结上报工作。

（11）负责审核查窃电处理工作单，负责对重大窃电的调查、处理和情况跟踪上报。

（12）负责对电力客户受（送）电装置工程施工质量进行检查，负责检查结果上报工作。负责对客户受（送）电装置中电气设备运行安全状况进行检查。

（13）负责参与核定所辖重要电力客户有序用电方案的讨论，有权提出改进意见。有权督导所辖重要电力客户严格执行电力主管部门下发的有序用电方案。

（14）负责检查电力客户节约用电执行情况。

（15）负责做好对电力客户设备预防性试验、电力客户谐波和无功管理工作。

（16）负责对用电检查工作开展情况和设备档案管理情况进行监督检查。

二、用电检查人员资格划分

用电检查资格分为一级用电检查资格、二级用电检查资格和三级用电检查资格三类（见表 7-1）。根据用电检查工作需要，用电检查职务序列为一级用电检查员、二级用电检查员、三级用电检查员。三级用电检查员仅能担任 0.4kV 及以下电压受电用户的用电检查工作；二级用电检查员能担任 10kV 及以下电压供电用户的用电检查工作；一级用电检查员能担任 220kV 及以下电压供电用户的用电检查工作。用电检查资格由跨省电网经营企业或省级电网经营企业统一组织考试，合格后发给相应的《用电检查资格证书》。《用电检查资格证书》由政府管理部门统一监制。

表 7-1　　　　　　　　　　　用电检查人员资格划分

用电检查资格	申请条件	聘任条件
一级用电检查资格	必须取得电气专业高级工程师或工程师、高级技师资格；或者具有电气专业大专及以上文化程度，并在用电检查岗位上连续工作 5 年以上；或者取得二级用电检查资格后，在用电检查岗位工作 5 年以上	1）作风正派，办事公道，廉洁奉公。 2）已取得相应的用电检查资格。聘为一级用电检查员者，应具有一级用电检查资格；聘为二级用电检查员者，应具有二级及以上用电检查资格；聘为三级用电检查员者，应具有三级及以上用电检查资格。 3）经过法律知识培训，熟悉与供用电业务有关的法律、法规、方针、政策、技术标准及供用电管理规章制度
二级用电检查资格	必须取得电气专业工程师、助理工程师、技师资格；或者具有电气专业中专及以上文化程度，并在用电岗位连续工作 3 年以上；或者取得三级用电检查资格后，在用电检查岗位工作 3 年以上	
三级用电检查资格	必须取得电气专业助理工程师、技术员资格；或者具有电气专业中专及以上文化程度，并在用电检查岗位工作 1 年以上；或者已在用电检查岗位连续工作 5 年以上	

三、用电检查人员的行为准则

用电检查人员应认真履行用电检查职责，赴电力客户执行用电检查任务时，应携带《用电检查证》，并按《用电检查工作单》的规定项目和内容进行。

用电检查人员在执行用电检查任务时，应遵守电力客户的保卫保密规定，不得在检查现场替代电力客户进行作业。

用电检查人员必须遵纪守法，依法检查，廉洁奉公，不徇私舞弊，不以电谋私。违反规定者，依据有关规定给予经济和行政处分；构成犯罪的，依法追究刑事责任。

四、用电检查工作单

1. 保证公用电网电能质量协议书

保证公用电网电能质量协议书

根据《中华人民共和国电力法》和国家标准的规定，为了确保公用电网的电能质量，国网承德供电公司与具有非线性设备的用户_____ 签订如下协议：

供电部门承担的责任和义务：

1. 向用户提供符合国家电能质量标准的电力能源。

2. 依据国家标准向用户下达谐波电流限制指标。

3. 组织进行用户设备影响电能质量的预测评估和核定工作，并给出预测评估报告和核定报告。

4. 负责对用户谐波评估治理工作进行监督和验收。

电力用户承担的责任和义务：

1. 用户接电后，经供电部门测试确认用户用电影响了公用电网的电能质量，其相关指标超过了国家标准规定的允许值时，用户必须采取措施进行治理，否则供电部门将依法停止对其供电。

2. 用户应根据供电部门依据国家标准下达的谐波电流限值，进行用电设计及设备订货。

3. 用户进行的治理工作须报供电部门审核，确定治理方案后方可实施。

4. 根据国家有关规定，用户应承担以下费用：

（1）用户自身所需的治理费用。

（2）用户影响公用电网电能质量，从而给其他电力用户造成的损失。

其他条款_____

本协议一式两份，供电方与用电方各执一份。

用电方：（盖章）   供电方：（盖章）

年　月　日   年　月　日

2. 低压用电检查工作单

国 网 承 德 供 电 公 司

（）kW（kVA）及以上客户用电检查工作单（不含高供高计）

户号：

No:

检查人员		检查时间		审核批准人	
户名		地址		电工总数	
电气负责人		职务		电话	

安全检查项目执行情况：正常√，不正常写具体内容

变压器		架空及电缆	
配电箱柜		计量装置	
防反送电		安全、消防用具	
规章制度		安防及反事故措施	
电工资格		工作记录	
其他情况			

主供、备用电源名称及使用情况：

报装容量、变压器容量及使用负荷情况：

自备电源、保安电源使用情况（设备名称、规格和健康水平）：

转供电情况：

营业参数检查	计量方式		TA 变比		电价类别			力率标准		
		表号	倍率	总指	峰指	谷指	定期审核	定比提：□光□力		%
	有功							定量提：□光□力		
	无功							居民生活占光比例		%
	照明							加变损 /月	加线损 /月	
	核实情况									

要求客户消除缺陷内容、时间以及需要说明的其他问题：

客户满意度评价： 非常满意 满意 不满意

用户签字：

检查结果审核签字：

3. 高压用电检查工作单

国 网 承 德 供 电 公 司

高压（高供高计）客户用电检查工作单

户号：   No:

检查人员		检查时间		审核批准人	
户名		地址		电工总数	
电气负责人		职务		电话	

安全检查项目执行情况：正常 √，不正常写具体内容

变压器		架空及电缆	
断路器		刀闸、母线及避雷器	
计量设备		设备周期校验	
操作电源		通信、负控、调度装置	
防反送电		安全、消防用具	
规章制度		安防及反事故措施	
工作票		工作记录	
电工资格		其他情况	

主供、备用电源名称及使用情况：

报装容量、变压器容量及使用负荷情况：

自备电源、保安电源使用情况（设备名称、规格和健康水平）：

转供电情况：

营业参数检查	计量方式		TV 变比		TA 变比			电价类别		
	力率标准		基本电费	容量/需量	变压器暂停启用情况					
		表号	倍率	总指	峰指	谷指	定期审核	定比提：□光□力		%
	有功			光力定				定量提：□光□力		
	无功			量				居民生活占光比例		%
	照明							加变损 /月	加线损 /月	
	核实情况									

要求客户消除缺陷内容、时间以及需要说明的其他问题：

客户满意度评价：   非常满意   满意   不满意

用户签字：   检查结果审核签字：

4. 缴费通知单

国网承德供电公司缴费通知单

年　月　日

户名：	地址：	请于　　　年　　　月　　　日前，按本通知到营业厅交费，逾期责任自负。
缴　费 项　目		
缴　费 金　额		

计算依据：

国网承德供电公司用电检查查处人：　　　　　　　　　　　　　　　　（本单据一式二份）

5. 客户电气设备事故调查报告

客户电气设备事故调查报告

填报时间：　　　年　月　日

填报单位				地址			
电气负责人		职务		电话		供电方式	
事故发生时间	年　月　日　时　分			事故终止时间	年　月　日　时　分		
一、事故发生前天气、现场环境、电气设备运行状况等：							
二、事故详细经过：							
三、事故原因及责任分析：							
四、事故损失：							
五、事故处理及防范措施：							

客户调查负责人：　　　　　　　　　　　　　　　　客户填报单位法人及公章：

6. 客户基本概况表

客 户 基 本 概 况 表

户号		户名			联系人		电气负责人				
邮编		地址			主管单位					周修日	无
营业编号			行业类别			负荷性质			最大负荷		
合同编号			用电分类			报装容量			备用容量		

进线情况	供电电站	线路名称	架空进线			电缆进线				
			杆号	导线截面	长度	杆号	型号截面	长度	电缆头	产权

进线保护	线路名称	电流继电器型号	保险容量	低压总柜保护	两路连锁方式	自发电连锁方式

主要电气设备	变压器	型号	容量	接线组别	电压比	阴抗电压	厂名	厂号	出厂日期	用途
	开关柜	型号	开关型号	电压		厂名	出厂日期	面数	有无五防	
	主进TA	型号	变比	用途	主进TV	型号	变比	用途	安装位置	
	电容器	型号	电压	容量/kvar	投切方式	高压电机	型号	台数	容量/kvar	
		避雷器型号		厂名		户内组数		户内组数		
	自备电源	电源种类	型号	功率	厂名	连锁方式	启动方式	是否并网		

电价类别：□大工业；□普通工业；□非工业；□商业；□非居民照明；□居民生活；□农业；□趸售

营业参数	计量方式		套表情况				
		表号	备率	基本电费标准	力率调整标准	是否执行峰谷电价	
	有功			□最大需量 □容量	□0.85 □0.90	□是	□否
	无功			定比提：□光 □力	定比提：□光 □力	加变损	kWh/月
	照明			%	kWh/月	加线损	kWh/月

备注：

7. 事故影响紧急调查报告

事故影响紧急调查报告

填报单位： 填报时间：

报告内容			
接到报告时间		调查方式	电话询问，现场调查

事故发生简要经过：

对客户的影响（停电变电站及线路、影响范围、受影响的客户、影响负荷、负荷性质、停电时间及客户损失等情况）：

紧急调查人员：

8. 违章用电、窃电处理工作单

国 网 承 德 供 电 公 司

违章用电、窃电处理工作单

户号		户名			地址	
违章用电、窃电起止时间			年 月 日 至 年 月 日			
违章用电、窃电设备容量						
检查违章用电、窃电人员						
举报人		协助检查人员				

违章用电、窃电行为内容（查电人员填写）：

处理意见和计算公式：

补收电量 =

补收电费 =

收取违约使用电费 =

处理人签字：

年 月 日

处理决定：

负责人签字：

年 月 日

收费记录	项目	电量	金额	票据号	日期	收费员

（一式二份，转营业收费后，一份营业存，一份用电检查存）

9. 违章用电、窃电通知书

违章用电、窃电通知书

_____客户：　　　　　　　　　　　　　　编号：

　　经现场检查，确认你单位（或个人）违反《中华人民共和国电力法》及其配套管理办法的有关条款，属于下列（）标注的第_____条_____行为：

　　违章用电行为：

　　□1. 擅自改变用电类别：原类别_____，现类别_____，改变时间_____。

　　□2. 擅自超过合同约定容量用电：合同受电设备总容量_____kVA，现实际使用容量_____kVA，违约起始时间：_____。

　　□3. 擅自超过计划分配的用电指标：计划电力指标_____kW 或计划电量指标_____kWh，实际超用次数及电力（电量）_____。

　　□4. 擅自使用已办理暂停手续或启用已被查封的电力设备：（暂停、查封）设备容量_____kVA，（暂停、查封）期限_____至_____，擅自使用时间：_____。

　　□5. 擅自迁移、更动或者擅自操作供电企业的计量装置、负控装置、供电设施以及约定由供电企业调度的客户受电设备：_____。

　　□6. 未经供电企业许可，擅自引入、供出电源或者将自备电源擅自并网：擅自（引入）（供出）（并网）电源容量_____kVA，时间_____。

　　窃电行为：

　　□7. 在供电企业的供电设施上，擅自接线用电：窃电设备容量_____kVA，起始时间_____。

　　□8. 绕越供电企业的用电计量装置用电：窃电设备或计费电能表标定电流计算容量_____kVA，窃电起始时间_____。

　　□9. 伪造或者开启用电计量装置封印用电：窃电设备或计费电能表标定电流计算容量_____kVA，窃电起始时间_____。

　　□10. 故意损坏供电企业用电计量装置：窃电设备或电表电流计算容量_____kVA，窃电起始时间_____。

　　□11. 故意使供电企业的用电计量装置计量不准或者失效：窃电设备或电表标定电流计算容量_____kVA，窃电起始时间_____。

　　□12. 其他方法窃电：窃电设备或电表电流计算容量_____kVA，窃电起始时间_____。

　　请你单位（或个人）自接到本通知书（一式二份）之日起 3 日内，到国网承德供电公司客服中心用电检查班办理有关手续（地址：小佟沟口 2 楼 206 房间联系电话：0314－878840），逾期不到而引起一切后果由贵方负责。

　　客户签收：_____　　检查证号码：_____　　　　国网承德供电公司

　　　　　　　　　　　　　　　　　　　　　　　　　　　　　　日期：

10. 用电检查结果通知书

用电检查结果通知书

编号：

客户名称		用电地址	

经我单位用电检查人员现场检查，确认贵单位在电力使用上存在以下问题，请按要求在规定期限内整改完毕，并将处理结果报我公司用电检查部门，否则由此造成的一切后果由贵单位承担

存在问题	整改期限

客户签收：_____

用电检查员：_____

用电检查证号：_____

供电单位公章

检查日期：　　年　　月　　日

11. 高危及重要用户申报清单

高危及重要用户申报清单

序号	用户编号	用户名称	用电地址	行业类别	用电类别	保安负荷	重要性等级

注 一式二份，一份转电力管理部门，一份填报单位存。

第三节　用电检查工作

由用电检查班班长编制用电检查班月度工作计划，报审批后组织实施，月度工作计划完成后编写工作完成总结。用电检查班班长根据批复的月度工作计划部署每日工作任务，工作人员下班前汇报完成情况，用电检查班班长做好工作日志。计划检查内容应包括：对电力客户安全用电情况及电力客户对安全隐患的处理和整改进行检查；对电力客户防污、防汛、防雷、防寒、防小动物、防误操作等情况进行检查；对电力客户设备缺陷情况进行检查；对电力客户履行《供用电合同》及相关协议情况进行检查；对电力客户计量装置运行情况进行检查；对电力客户继电保护装置运行情况进行检查；对电力客户电能质量进行检查；对电力客户受（送）电装置工程施工质量进行检查；对电力客户违章用电、窃电情况进行检查；对电力客户进网电工培训考核情况进行检查；向电力客户提供技术服务情况进行等。保电工作、季节性用电检查工作、普查工作等专项检查工作也应列入用电检查计划进行管理。用电检查分为周期检查和专项检查。

一、周期检查工作

（一）周期检查计划

用电检查班根据电力客户的用电负荷性质、电压等级、用电容量、服务要求等情况，确定电力客户的检查周期，根据电力客户的检查周期和上次检查日期编制周期检查服务年度计划、月度计划，经审核通过后组织执行。

电力客户周期检查时间如下：35kV 及以上电压等级的电力客户，每 6 个月至少检查一次。高供高计高压的电力客户，每 12 个月至少检查一次。100kW（kVA）及以上电力客户（不含高供高计电力客户），每 24 个月至少检查一次。重要及高危电力客户，每 3 个月至少检查一次。

（二）现场周期检查

用电检查管理专责根据审批通过后周期检查月计划安排现场检查任务。

用电检查班分派现场检查人员，打印填写高压电力客户用电检查工作单或低压电力客户用电检查工作单。现场检查人员携带高压电力客户用电检查工作单、低压电力客户用电检查工作单实施周期检查。

1. 周期检查内容的基本情况

（1）重点核对电力客户名称、地址、主管单位、联系人、用电负责人、电话、邮政编码、受电电源、电气设备的主接线、设备编号、主要设备参数（如变压器容量、电力电容器容量、互感器变比等）。

（2）非网自备电源的连接、容量等情况，生产班次、主要生产工艺流程、负荷构成和负荷变化情况。

2. 设备情况

（1）检查电力客户继电保护和自动装置周期校验情况和高压电气设备的周期试验情况。

（2）检查电力客户无功补偿设备投运情况，督促电力客户达到规定的功率因数标准。

（3）检查电力客户电气设备的各种连锁装置的可靠性和防止反送电的安全措施。

（4）检查电力客户操作电源系统的完好性。

（5）督促电力客户对国家明令淘汰的设备和小于电网短路容量要求的设备进行更新改造。

（6）核实上次检查时发现电力客户设备缺陷的处理情况和其他需要采取改进措施的落实情况。

（7）检查电能计量装置及采集终端运行情况，检查计量配置是否完好、合理。

3. 安全运行管理情况

（1）检查电力客户用电设备安全运行情况，防雷设备和接地系统是否符合要求。

（2）检查受电端电能质量，电力客户是否针对冲击性、非线性、非对称性负荷采取了相应的检测、治理措施。

（3）检查电力客户变电站防小动物、防雨雪、防火、防触电等安全防护措施是否到位，安全工器具、消防器材、备品备件是否齐全合格、存放是否整齐、使用是否正确。

（4）检查电力客户对反事故措施的落实情况。

（5）检查上次检查时发现客户设备缺陷的处理情况和其他需要采取改进措施的落实情况。

（6）检查进网作业电工的资格、进网作业安全状况及作业安全措施。

（7）检查客户工程中电力设施承装（修、试）资质情况。

（8）法律规定的其他检查。

4. 规范用电情况

（1）检查变电所（站）内各种规章制度的执行情况。

（2）检查变电所（站）管理运行制度的执行情况。

（3）检查进网作业电工的资格。

（4）检查进网作业安全状况及作业安全措施。

（5）法律法规执行情况检查。

（6）检查供用电合同及有关协议履行和变更情况。

（7）检查电力客户是否违约用电。

（8）检查电力客户有无窃电行为。

（9）收集电力客户的建议和意见。

5. 用电检查岗位现场服务规范

（1）到客户现场服务前，有必要且有条件的，应与客户预约时间，讲明工作内容和工作地点，请客户予以配合。

（2）进入客户单位或居民小区时，应主动下车，向有关人员出示有效工作证件、表明身份并说明来意。车辆进入客户单位或居民小区内不得扰民，须减速慢行，注意停放位置。

（3）当要进入居民室内时，应先按门铃或轻敲门，征得客户同意后方可进入。未经客户允许，不得在客户室内随意走动，不随意触摸和使用客户的私人用品，需借用相关物品时，应征得客户同意，用完后先清洁后轻轻放回，并向客户致谢。

（4）当客户询问检查意见时，应按照电力法规要求给予客户耐心、合理解释。

（5）当检查出客户有违约或窃电行为，客户对处理意见不满意时，应保持冷静、理智，控制情绪，严禁与客户发生争吵。

（6）当发现客户存在安全隐患时，应及时向客户说明并向客户送达《用电检查结果通知书》。

（7）对客户任何礼品应婉言谢绝。

（8）需请客户做好交接记录签收工作时，应准备好签收单和笔，将记录正文朝向客户，双手递送到客户面前，指示给客户签字位置，同时提醒客户认真审核。

（9）在工作中，客户因对政策的理解不同于我们发生意见分歧时，应充分尊重客户意见，耐心、细致地为客户做好解释工作，必要时可提供相关技术书籍，沟通中做到态度温和、语言诚恳，严禁与客户发生争吵，积极主动地争得客户的理解。

遇有客户提出不合理要求时，应向客户委婉说明、不得与客户发生争吵。

（10）当客户对处理结果有疑义时，应向客户提供相应文件标准和收费依据，做到有理有据。

（11）回答客户提问时，应礼貌、谦和、耐心，不清楚的不随意回答，力求问题回答的准确性。可以现场答复的，应礼貌作答。不能立即答复的，应作好现场记录，向客户提供咨询电话，留下双方联系电话，并告知客户答复时间。

6. 周期检查结果处理

经现场检查确认电力客户的设备状况、电工作业行为、运行管理等方面，如有不符合安全规定，或者有明显违反国家规定，用电检查人员应开具一式两份《用电检查结果通知书》或《违约用电、窃电通知书》，一份送达电力客户并由电力客户代表签收，另一份存档备查。现场检查确认有危害供用电安全或扰乱供用电秩序行为的，用电检查人员应按照《用电检查管理办法》的规定，在现场予以制止。对于危险用电情况，用电检查人员可按照用电安全管理要求进行处理；如果现场检查确认有窃电行为的，用电检查人员应当场中止对其供电；如果用电检查人员现场检查发现存在电价执行错误，应详细记录现场情况，开具用电检查结果通知书，按照该类管理要求进行处理，如果用电检查人员现场检查发现存在计量异常，按照计量装置故障管理要求处理；如果电力客户拒绝接受用电检查人员的按规定处理，用电检查人员可按规定程序停止供电，并请求电力管理部门进行依法处理，或向司法机关起诉，依法追究其法律责任。用电检查人员应及时收集、整理周期检查书面资料，将《用电检查结果通知书》《违约用电通知书》《窃电通知书》《电力客户用电事故调查报告》《电力客户用电事故整改意见单》等资料及时归档。

二、专项检查工作

（一）专项检查计划

用电检查班根据保电检查、季节性检查、事故检查、经营性检查、营业普查等检查任务及针对电力客户用电异常情况，确定专项检查对象、范围和检查内容，编制专项检查计划，经审核通过后组织执行。

（二）专项检查实施

用电检查班根据审批通过后专项检查计划安排现场检查任务。用电检查班分配现场检查人员，打印《高压电力客户用电检查工作单》或《低压电力客户用电检查工作单》。现场检查人员携带《高压电力客户用电检查工作单》《低压电力客户用电检查工作单》，根据专项检查计划及确定的专项检查对象和检查范围，实施专项检查。

（三）专项检查前的准备工作

准备好检查电力客户的相关用电资料，如《用电检查工作单》、常用工器具、《供电营业规则》、《电力安全工作规程》、抄表器、封表钳、铅封、电力客户档案等，电话通知检查电力客户单位的电气负责人。

（四）专项检查内容

1. 保电检查

各级政府组织的大型政治活动、大型集会、庆祝娱乐活动及其他大型专项工作安排的活动，需确保供电的，应对相应范围内的电力客户进行专项用电检查。

2. 季节性检查

按每年季节性的变化，对电力客户设备进行安全检查，包括以下检查内容。

（1）防污检查：检查重污秽区电力客户反污措施的落实，推广防污新技术，督促电力客户改善电气设备绝缘质量，防止污闪事故发生。

（2）防雷检查：在雷雨季节到来之前，检查电力客户设备的接地系统、避雷针、避雷器等设施的安全完好性。

（3）防汛检查：汛期到来之前，检查所辖区域电力客户防洪电气设备的检修、预试工作是否落实，电源是否可靠，防汛的组织及技术措施是否完善。

（4）防冻检查：冬季到来之前，检查电力客户电气设备、消防设备防冻等情况。

（5）事故性检查：电力客户发生电气事故后，除进行事故调查和分析并汇报有关部门外，还要对电力客户设备进行一次全面、系统的检查。

（6）工程检查：系统变更、发行过程中，对电力客户受（送）电装置工程施工是否符合国家和电力行业施工规范要求，是否符合并网所需的安全、计量、调度等管理要求进行检查。

（7）经营性检查：当电费均价、线损、功率因数、分类用电比率及电费等出现大的波动或异常时，配合其他有关部门进行现场检查。

（8）营业普查：组织有关部门集中一段时间在较大范围内核对用电营业基础资料，对电力客户履行供用电合同的情况及有无违章用电、窃电行为进行检查。

（五）专项检查步骤

（1）用电检查人员编制用电专项检查计划，经主管领导审核批准后组织实施，安排用电检查人员根据用电专项检查计划内容进行现场检查。

（2）根据用电专项检查工作内容，用电检查人员对电力客户单位逐一进行现场检查，对检查过程中发现的问题进行认真详细的记录。

（3）用电检查人员检查完毕后，将检查过程中发现的隐患汇总起来，告知电力客户。用电检查人员将检查电力客户所发现的问题进行汇总和整理归类，并将用电检查工作单存档。

（4）用电检查人员开具用电检查工作单，责令电力客户单位限期完成整改，电力客户电气负责人确认后签字并加盖公章。

（5）用电检查人员在整改期限当日到电力客户单位复查，检查电力客户整改情况，对于未如期整改完毕的，下达整改通知书，并由用户单位确认签字加盖公章。

三、客户主要的一次设备及二次设备巡视检查的内容

（一）变压器的巡视检查

（1）监视仪表及抄表值班人员应根据控制盘上的仪表来检视变压器的运行情况，电压不能过高或过低，负荷电流不应超过额定值。

（2）变压器的一般巡视检查。

1）检查油枕及充油套管内油位、油色是否正常。

2）检查变压器上层油温。一般油浸自冷变压器上层油温应在 85℃以下，强油风冷和强油水冷变压器应在 75℃以下。同时，还要监视变压器的温升不超过规定值。

3）检查变压器的响声。变压器正常运行时，一般有均匀的嗡嗡电磁声，如内部有噼啪的放电声，则可能绕组绝缘有击穿现象。如出现不均匀的电磁声，可能是铁芯的穿心螺栓或螺母有松动。出现异常情况无法处理时，要向有关部门及时汇报。

4）检查变压器套管，应清洁，无破损裂纹及放电现象。

5）检查冷却装置的运行是否正常。

6）检查变压器的呼吸器是否通畅，硅胶不应吸潮至饱和状态。

7）检查防爆管上的防爆膜是否完整无破损。

8）变压器主附设备应不漏油、渗油。

9）检查外壳接地是否良好。

10）检查气体继电器是否充满油、无气体存在。

（3）变压器的特殊巡视检查。当系统发生短路故障或变压器故障跳闸后，应立即检查变压器有无位移、变形、断脱、爆裂、焦味、闪络、喷油等现象。

1）雷雨后，应检查套管有无放电闪络，以及避雷器放电记录器的动作情况。

2）大风时，应检查引线有否松动，摆动是否过大，有否搭挂杂物。

3）雾天、毛毛雨，应检查套管、瓷瓶有无电晕和放电闪络。

4）气温骤冷或骤热，应检查油温和油位是否正常。

5）过负荷运行时，检查各部位是否正常，冷却系统运行是否正常。

6）新投或大修后投运几小时应检查散热器散热情况和气体继电器的动作情况。

7）下雪天应检查引线接头部分是否有落雪立即融化或蒸发冒气现象，导电部分无冰柱。

（二）互感器的巡视检查

1. 电压互感器的巡视检查

（1）检查电压互感器的绝缘子是否清洁、无裂纹、无破损及放电痕迹。

（2）检查运行中的电压互感器发出的嗡嗡声是否正常，有无放电声和异常。

（3）检查油色和油位是否正常，有无渗油和漏油，呼吸器的硅胶是否受潮变色。

（4）检查一、二次侧接线是否牢固，各接头有无松动。

（5）检查二次侧接地是否牢固且接触良好。

（6）检查电压互感器–熔断器是否完好。

（7）检查一次隔离开关及辅助接点接触是否良好。

2. 电流互感器的巡视检查

（1）检查电流互感器各接头是否有发热及松动现象。

（2）检查电流互感器的二次侧接线是否牢固可靠。

（3）检查油色和油位是否正常，有无渗油和漏油，呼吸器的硅胶是否受潮变色。

（4）检查绝缘子是否清洁、无破损裂纹及放电痕迹。

（5）检查运行中的电流互感器发出的嗡嗡是否正常，满负荷运行时有无异常气味。

（三）断路器的巡视检查

1. 断路器的正常巡视检查

（1）检查次套管是否清洁、无破损裂纹和放电痕迹。

（2）检查各连接头接触是否良好，有无发热松动。

（3）检查绝缘拉杆及拉杆绝缘子是否完好无缺陷，连接软铜片是否完整无断片。

（4）检查分合闸机械指示器与断路器实际状况是否对应。

（5）检查室外操作机构箱的门盖是否关闭严密。

（6）检查操作机构的连杆、拉杆绝缘子、弹簧是否清洁无腐蚀，无杂物卡阻。

（7）检查端子箱内二次线端子是否受潮，有否锈蚀现象。

（8）检查真空断路器的真空包是否完整，有无损裂、变色现象。

（9）检查 SF_6 断路器 SF_6 的压力指示，并通过等密曲线进行换算，看压力指示是否正常。

（10）对采用液压操作的断路器，应检查其油压是否正常，高、低压油回路有否漏、渗油现象。

2. 断路器的特殊巡视检查

（1）在事故跳闸后，应对断路器进行下列检查：本体各部分有无位移、变形、松动和损坏现象，瓷件有无断裂。各引线接点有无发热和融化。分合闸线圈有无焦味。

（2）高峰负荷时应检查断路器各连接部位有发热、变色、打火。

（3）大风过后应检查有无松动断股。

（4）雾天或雷雨后应检查瓷套管有否闪络痕迹。

（5）雪天应检查各接头处积雪是否融化。

（6）骤热骤冷应检查油位是否正常。

（四）隔离开关的巡视检查

（1）隔离开关本体检查。本体应该完好，三相触头在合闸室同期到位，无错位或不同期到位的现象。

（2）隔离开关触头检查：触头应平整光滑、无脏污锈蚀变形；动、静触头间接触良好，无接触不良引起过热发红或局部放电现象。触头弹簧或弹簧片完好，无变形损坏。

（3）绝缘子检查。隔离开关各支持绝缘子应清洁完好，无放电闪络，无机械损坏。

（4）操作机构检查。操作机构各部件无变形锈蚀，无机械损伤，部件之间连接牢固、无松动脱落现象。

（5）接地部分检查。对于接地的隔离开关，其触头接触应良好，接地牢固可靠，接地体可见部分应完好。

（6）底座检查。底座连接轴上的开口销量完好，底座法兰无裂纹，法兰螺栓紧固无松动。

（五）母线及电缆的巡视检查

1. 母线的巡视检查

（1）多股软母线有无断股，硬母排有否变形，母排上的示温片有否变化。

（2）设备线卡、金具是否紧固，连接处有无发热、伸缩现象。

（3）绝缘子是否清洁完好，有无放电痕迹。

（4）架构接地是否完好。

2. 电缆的巡视检查

（1）检查电缆头是否有渗漏油、发热熔化、放电等现象。

（2）检查电缆外皮有无损伤，外皮接地是否良好。

（3）检查电缆沟是否有积水和渗水。

（4）检查沟内是否有不准堆放的杂物和易燃品。

（5）检查电缆支架是否牢固，有无松动或锈烂现象。

（六）电容器装置的巡视检查

（1）套管和支持绝缘子应清洁、无破损、无放电痕迹。

（2）电容器外壳应不变形、无渗漏油。

（3）电容器内部应无异常放电声。

（4）各连接部位应接触良好，无发热现象。

（5）电容器单台保护熔断器应完好，无熔断。

（6）检查电容器是否在额定电压和额定电流下运行。如运行电压超过额定电压的 10%，运行电流超过额定电流的 30%时，应将电容器退出运行。

（七）消弧线圈的巡视检查

1. 运行表计监视

（1）正常运行中应监视消弧线圈的相关电压、电流、温度表计，并定时抄录。

（2）电网发生单相接地时，应监视各相关表计和信号音响，判断故障相并向调度员汇报。

（3）单相接地故障尚未排除而消弧线圈通过补偿电流运行时，其上层油温不超过 95℃，允许时间不超过铭牌规定的时限。

2. 巡视检查项目

上层油温、有无是否正常，油色是否发黑。

（1）消弧线圈正常运行时应无电流通过，无响声，系统故障时有嗡嗡声，但无杂音。

（2）导线连接应牢固，外壳接地和中性点接地应紧密无松动。

（3）油箱应清洁、无渗漏油。

（4）绝缘子套管应清洁、无损坏。

（5）其他同检查变压器项目。

第四节　违约用电及窃电查处

一、违约用电查处

（一）违约用电

凡是危害供用电安全、扰乱正常供用电秩序的行为，均属于违约用电行为。供电企业对查获的违约用电行为应及时予以制止。

（二）对违约用电的查处工作流程

（1）供电企业用电检查人员实施现场检查时，用电检查人员的人数不得少于两人。

（2）执行用电检查任务前，用电检查人员应按规定填写《用电检查派工单》，经审核批准后，方能赴电力客户执行查电任务。查电工作终结后，用电检查人员应将《用电检查派工单》交回存档。《用电检查派工单》内容应包括电力客户单位名称、用电检查人员姓名、工作任务、计划工作时间、检查结果，以及电力客户代表签字等栏目。

（3）用电检查人员在执行查电任务时，应向被检查的电力客户出示《用电检查证》，电力客户不得拒绝检查，并应派员随同配合检查。

（4）经现场检查确认电力客户的设备状况、电工作业行为、运行管理等方面有不符合安全规定的，或者在电力使用上有明显违反国家有关规定的，用电检查人员应开具《用电检结果通知书》或《违章用电、窃电通知书》一式两份，一份送达电力客户并由电力客户代表签收，一份存档备查。

（5）现场检查确认有危害供用电安全或扰乱供用电秩序行为的，用电检查人员应按下列规定，在现场予以制止。拒绝接受供电企业按规定处理的，可按国家规定的程序停止供电，并请求电力管理部门依法处理，或向司法机关起诉，依法追究其法律责任。

（6）现场检查确认有窃电行为的，用电检查人员应当场予以中止供电，制止其侵害，并按规定追补电费和加收电费。拒绝接受处理的，应报请电力管理部门依法给予行政处罚；情节严重，违反治安管理处罚规定的，由公安机关依法予以治安处罚；构成犯罪的，由司法机关依法追究刑事责任。

（三）违约用电证据获取的方法

当用电检查人员发现违约用电行为时，稽查人员应保护现场，并提取和收集有关证据，对窃电事件处理时应报警，需求公安机关协助取证。主要方法有：

（1）拍照；

（2）摄像；

（3）录音；

（4）损坏的用电计量装置的查封提取；

（5）伪造或者开启加封的用电计量装置封印查封收集；

（6）使用不合格计量装置的查封收缴；

（7）在用电计量装置上遗留的窃电痕迹的提取及保护；

（8）经当事人签名的现场勘验笔录、调查笔录等。

《违约用电、窃电通知书》要详细写明电力客户所违反规定的具体条款和对电力客户的现场处理情况，并写明到××× 部门的具体处理时间，经双方签字后一式两份，电力客户和检查单位各持一份。

（四）违约用电承担责任

供电企业对查获的违约用电行为应及时予以制止。有下列违约用电行为者，应承担其相应的违约责任。

（1）在电价低的供电线路上，擅自接用电价高的用电设备或私自改变用电类别的，应按实际使用日期补交其差额电费，并承担 2 倍差额电费的违约使用电费。使用起始日期难以确定的，实际使用时间按 3 个月计算。

（2）私自超过合同约定的容量用电的，除应拆除私自增容设备外，属于两部制电价的电力客户，应补交私增设备容量使用月数的基本电费，并承担 3 倍私增容量基本电费的违约使用电费；其他电力客户应承担私自增容量 50 元/kW（kVA）的违约使用电费。电力客户要求继续使用者，应按新装增容办理手续。

（3）擅自超过计划分配用电指标的，应承担高峰超用电力 1 元/（kW·次）和超用电量与现行电价电费 5 倍的违约使用电费。

（4）擅自使用已在供电企业办理暂停手续的电力设备或启用供电企业封存的电力设备的，应停用违约使用的设备。属于两部制电价的电力客户，应补交擅自使用或启用封存设备容量和使用月数的基本电费，并承担 2 倍补交基本电费的违约使用电费；其他电力客户应承担擅自使用或启用封存设备容量 30 元/（kW·次）的违约使用电费。启用属于私自增容被封存的设备的，违约使用者还应承担本条第（2）项规定的违约责任。

（5）私自迁移、更动和擅自操作供电企业的用电计量装置、电力负荷管理装置、供电设施以及约定由供电企业调度的电力客户受电设备者，属于居民电力客户的，应承担每次 500 元的违约使用电费；属于其他电力客户的，应承担每次 5000 元的违约使用电费。

（6）未经供电企业同意，擅自引入（供出）电源或将备用电源和其他电源私自并网的，除当即拆除接线外，应承担其引入（供出）或并网电源容量每 kW（kVA）500 元的违约使用电费。

（五）违约用电处理

1. 确定检查电力客户名单

根据稽查、检查、抄表、电能量采集、计量现场处理、线损管理、举报处理等工作中发现的涉及违约用电的嫌疑信息，用电检查人员确定需要检查的电力客户，部署工作任务进行现场调查取证。

2. 调查取证

用电检查人员依据已掌握的违约用电异常信息，组织人员赴现场检查调查取证。如果有必要，应提前通知地方公安等部门协助调查，并做好记录。违约用电现场调查取证内容如下：封存和提取违约使用的电气设备、现场核实违约用电负荷及其用电性质；采取现场拍照、摄像、录音等手段；收集违约用电的相关信息。

3. 违约用电通知书

如果确定为违约用电行为，用电检查人员应根据调查取证的结果，按照《电力法》和《供电营业规则》的有关规定，开具《违约用电通知书》一式两份，经用电客户当事人或法人授权代理人签字后，一份交用电客户，一份由用电检查人员存档备查。如果电力客户拒不签字，一个工作日内将取证记录报送电力管理部门。违约电者拒绝接受处理或窃电数额巨大的，转交司法机关窃电立案，依法追究其行政、刑事责任。

4. 确定处理方式

用电检查人员根据调查取证的情况，形成初步的违约用电处理意见。用电检查人员根据调查取证的结果，按照违约用电处理的有关规定，针对客户的违约用电行为确定处理方式，填写《违章用电、窃电通知书》。

5. 电费追缴

用电检查人员核定电力客户的追补电费及违约使用电费，经上级审核、审批核定的窃电金额追补电费及违约使用电费后，发行追补电费、违约使用电费，产生应收电费，并通知客户违约处理情况。营业人员收取发行的追补电费、违约使用电费，并出具凭证。

二、窃电查处

（一）窃电行为

有下列行为者均属于窃电行为：① 在供电企业的供电设施上擅自接线用电；② 绕越供电企业用电计量装置用电；③ 伪造或者开启供电企业加封的用电计量装置封印用电；④ 故意损坏供电企业用电计量装置；⑤ 故意使供电企业用电计量装置不准或者失效；⑥ 采用其他方法窃电。

（二）常见的窃电方式

常见的窃电方式有以下几种类型：① 欠电压法窃电；② 欠电流法窃电；③ 移相法窃电；

④ 扩差法窃电；⑤ 无表法窃电。

（三）检查窃电方法

常见的检查窃电的方法有以下几种：① 直观检查法；② 电量检查法；③ 仪表检查法；④ 经济分析法。

（四）窃电承担责任

在供电企业的供电设施上，擅自接线用电的，所窃电量按私接设备额定容量（kVA 视同 kW）乘以实际使用时间计算确定。

以其他行为窃电的，所窃电量按计费电能表标定电流值（对装有限流器的，按限流器整定电流值）所指的容量（kVA 视同 kW）乘以实际窃用的时间计算确定。窃电时间无法查明时，窃电日数至少以 180 天计算；对于每日窃电时间，电力客户按 12h 计算，照明电力客户按 6h 计算。

（五）窃电处理

1. 确定检查电力客户名单

根据稽查、检查、抄表、电能量采集、计量现场处理、线损管理、举报处理等工作中发现的涉及窃电的嫌疑信息，用电检查人员确定需要检查的电力客户，部署工作任务进行现场调查取证。

2. 调查取证

用电检查人员依据已掌握的窃电异常信息，组织人员赴现场检查调查取证。

如果有必要，应提前通知地方公安等部门协助调查，并做好记录。窃电现场调查取证内容包括：① 现场封存或提取损坏的电能计量装置，保全窃电痕迹，收集伪造或开启的加封计量装置的封印；② 收缴窃电工具；③ 采取现场拍照、摄像、录音等手段；④ 收集用电客户产品、产量、产值统计和产品单耗数据；⑤ 收集专业试验、专项技术检定结论材料；⑥ 收集窃电设备容量、窃电时间等相关信息。

3. 窃电通知书

如果确定为窃电行为，用电检查人员根据调查取证的结果，按照《中华人民共和国电力法》和《供电营业规则》的有关规定，开具《窃电通知书》一式两份，经用电客户当事人或法人授权代理人签字后，一份交用电客户，一份由用电检查人员存档备查。对拒绝承担果电力客户拒不签字，窃电责任的，应报请电力管理部门依法处理。窃电者拒绝接受处理或窃电数额巨大的，应转交司法机关窃电立案，依法追究其行政、刑事责任。

4. 确定处理方式

用电检查人员根据调查取证的情况，形成初步的窃电处理意见。用电检查人员根据调查取证的结果，按照窃电处理的有关规定，针对客户的窃电行为确定处理方式，填写《违章用电、窃电通知书》。

5. 电费追缴

用电检查人员核定电力客户的追补电费及违约使用电费，经上级审核、审批核定的窃电金额追补电费及违约使用电费后，发行追补电费、违约使用电费，产生应收电费，并通知客户违约处理情况。营业人员收取发行的追补电费、违约使用电费，并出具凭证。

（六）窃电立案、结案处理

用电检查人员应将情节严重的窃电行为上报单位领导审核，经批准后通过供电公司向司法机关报案，供电公司向司法机关提供窃电者窃取的电量和应缴纳的电费数额。供电公司协助司法机关提供电力客户窃电证据，现场调查取证相关信息，向司法机关完成立案所需信息。司法机关结案后，供电公司及时获取司法机关结案的相关信息，信息包括审判结果、结案时间、窃电客户应交的补收电费及违约使用电费金额。

（七）停电及恢复供电

1. 停电

用电检查人员确认违约用电、窃电事实，需要对客户中止供电的，用电检查人员提出违约用电、窃电停电申请。供电公司主管部门主任审核批准停电申请，重要电力客户的停电申请必须上报公司领导批准。供电公司在窃电、违约用电处理环节实施停电流程。用电检查人员根据规定的程序和要求，向电力客户通知停电并送达《停电通知书》。供电公司组织相关人员实施停电工作，完成资料归档。

2. 恢复供电

供电公司营业人员收取电力客户补收电费、电力客户违约使用电费后，分别建立电力客户的实收信息。对停电原因消除结清相关费用的电力客户，用电检查人员提出复电申请，经供电公司主管部门主任审核批准复电申请后，用电检查人员根据复电流程，实施恢复送电工作，用电检查人员收集、整理违约用电、窃电书面资料，包括《违约用电通知书》《窃电通知书》《缴费通知单》等资料归档保管。

复 习 思 考 题

1. 用电检查的工作内容有什么？
2. 用电检查类型有哪几种？其工作内容分别是什么？
3. 与业扩相关的用电检查环节有什么？

第八章 优 质 服 务

●目的和要求

1. 了解电力客户服务的工作要求
2. 了解与业扩相关的工作内容

第一节 概 述

一、电力客户服务的定义及相关内容

1. 电力客户服务的定义

电力客户服务是指服务提供者遵循一定的标准和规范，以特定方式和手段，提供合格的电能产品和满意的服务来实现客户现实或者潜在的用电需求的活动过程。电力客户服务包括供电产品提供和供电客户服务。

就最广泛的含义来讲，任何能够提高客户满意程度的内容，均属于客户服务的范畴。满意程度是指客户"期望"的待遇与"觉察"的待遇之间的差异。影响"期望"与"觉察"的各种因素有很多方面，包括从广告宣传到产品自身的设计，员工的行为，客户本身的地位、素质，乃至接受服务时的心情等。因此，满足的来源即构成客户服务的要素，可以讲是多种多样、不一而同的，甚至是很难捉摸的。

以下内容遵循《国家电网公司供电服务规范》《国家电网公司营业规范化服务窗口标准》，仅供参考，如有新文件下发，请按照新文件执行。

2. 电力客户服务的方针

优质、方便、规范、真诚。

3. 电力客户服务的内容

受理电力客户新装或增加用电容量、变更用电、业务咨询与查询、交纳电费、报修、投诉等业务。其他业务还包括校表、业务咨询、信息订阅、客户信息更新、故障报修、电动汽车、新型业务推广。

4. 电力客户服务的原则

电力客户服务的原则包括首问责任制、一次性告知制、限时办结制、导服制、绿色通道制、综合柜员制、领导接待日制、线外后内制、先接先办制。

首问责任制：第一个接受客户咨询或要求的供电营业厅在岗工作人员，无论办理业务是否对口，接待人员都要认真倾听，热心引导，快速衔接，并为客户提供准确的联系人、联系

电话和地址。真心实意为客户着想，尽量满足客户的合理要求。对客户的咨询、投诉等不推诿，不拒绝，不搪塞，及时、耐心、准确地给予解答。

一次性告知制：提供一次性告知书，注意一定是国网公司统一版本；一次性说明该业务需用户提供的相关资料、办理的基本流程、相关的收费项目和标准，不得造成客户重复往返。

从电力市场营销的角度来看，电力客户服务的定义有以下两个要点。

（1）电力客户服务的目的是促进电能交易和满足电力客户的需要。具体是指：① 电力客户服务的目的是促进电能的交易。离开交易就不会发生供电企业对客户的服务。② 电力客户服务交易的目的是满足电力客户的需要。如报装接电，这既是供电企业与客户之间的电力交易，又是满足客户用电要求、提高供电质量的有效措施。

（2）电力客户服务是无形的和不发生实物所有权的转移。具体是指：① 电力客户服务本身是无形的。例如，电力客户服务中心的营业厅和营业人员是有形的，但服务人员对客户提供的咨询、缴费、报装接电等服务是无形的。② 电力客户服务交易实质上都不发生服务者本身实物所有权的转移。

二、电力客户服务的特性

从电力客户服务的本质上讲，它有如下五项基本特性。

（1）服务的无形性。服务既非完全虚无缥缈或不可感知，也非仅是无关紧要的修饰品，而是实实在在存在的产品，只不过其存在的形态是无形的。例如，电力客户到营业厅申请用电、办理业务时，在购买电能商品的同时，感受到的是供电营销人员提供的各项服务，即电力客户服务的本质是抽象的、无形的。

（2）服务的不可分性。服务的不可分性是指电力营销服务和电能商品的销售是同步进行的，并且有客户参与。

电力营销人员提供优质服务的全过程也是客户申请用电、办理业务和使用电力商品的全过程。服务活动的发生，依赖于客户向电力营销人员提供其用电的基本情况和用电需求；电力营销人员则要为客户着想，为客户解决难题、办实事、办好事，满足客户的需求，保证服务提供的效率与效果。通常，客户要直接面对服务的提供者即营销人员，在许多情况下，客户甚至要亲自莅临服务的生产现场。因此，接受服务的客户，又是电力客户服务的重要协作者。

（3）服务的易变性。电力服务是一种行为。供电企业服务的提供者是营销、服务人员，其享有者是各类客户。不同营销、服务人员的行为表现会因人、因时而异，甚至是同一人不同时间所提供的服务也会不尽相同。因而，电力客户服务是不标准的、不稳定的。另外，由于电力客户服务的生产与消费同时进行，供电企业无法在其产品到达客户使用之前对其不足与缺陷予以补救。因此，电力客户服务，必须充分认识到妥善处理与客户关系的重要性，一旦服务过程中出现了问题，必须进行妥善的补救。

（4）服务的易逝性。由于电力生产销售的特点，电力客户服务无法在客户消费电能之前生产与储存，这就是服务的易逝性，即电力客户服务只存在于电能被销售出的那个时点。如果不对电力客户服务的产出能力加以及时利用，它创造利润的机会也会自然丧失。

（5）服务的广泛性。所有的服务都不同程度地具备这个基本特点。电力是特殊的商品，我国目前电力市场的基本状况是发电领域部分开放、输配电完全垄断的专营市场，电力销售具有自然的行业垄断性，供电企业对需求服务的客户没有可选择性，几乎面向全社会所有自然人和各行各业。因此，电力客户服务具有广泛性。

三、电力客户服务理念

1. 电力客户服务理念的形成

当前，随着社会进步和经济不断发展，电力市场已经由过去的"以产定销"过渡到"以销定产"。在这种客观形势下，市场要求我们必须转变服务理念，从以生产为导向转变到以市场营销为导向的服务理念上来，而电力客户服务是电力市场营销学中一个非常重要的内容。电力客户服务理念是指以顾客需要和欲望为导向，通过售前、售中和售后服务将电能销售出去，使企业获利并满足客户需要的经营思想。简言之，电力客户服务理念是"发现需要并设法满足它们"，是"制造能够销售出去的产品"。因此，"以客户为中心，提供优质、方便、规范、快捷的服务"成为供电企业的服务理念。

电力客户服务理念的产生是供电企业经营思想上的一次深刻变革，它与传统理念的根本区别归纳为以下几点。

（1）起点不同。传统理念认为，市场处于生产过程的终点，即产品生产出来以后才开始经营活动。电力客户服务理念则认为，市场处于生产过程的起点，应以市场为出发点来组织生产经营活动。

（2）中心不同。传统理念以供电企业需要为中心，着眼于卖出现有产品，即"以产定销"。电力客户服务理念则强调以顾客需求为中心，按需求组织生产，即"以销定产"。

（3）手段不同。传统理念主要以广告等手段千方百计地推销已经生产出来的产品。电力客户服务理念则主张通过整体营销充分满足客户物质和精神的需求，即不仅要推销产品，还要综合运用产品设计、定价、分销和促销等营销手段，发挥整体优势，使企业的营销、生产、财务、人事等各部门协调一致，共同满足客户需要，全面树立和强化企业形象。

（4）终点不同。传统理念以销出产品取得利润为终点。电力客户服务理念则重视通过客户的满足来获得利润，因而不仅关心产品销售，还重视售后服务和顾客意见的反馈，既取得效益，又使客户高兴、满意，进一步促进企业的发展。

2. 如何树立电力客户服务理念

电力客户服务理念的树立、实施和贯彻，需要付出艰辛的努力，做大量的工作。具体主要包括以下几个方面：

（1）全面理解电力客户服务是满足客户的需求。电力客户服务的核心是满足客户的需求，始终坚持客户第一的原则，这是它与传统观念的根本区别所在。满足需求包含着丰富的内容，只有全面理解才能较好地落实在实际行动之中。满足客户的需求主要包括：① 满足客户对电力产品的全部需求。② 满足客户不断变化的需求。③ 满足不同客户的需求。

（2）树立全员参与的电力客户服务理念。供电企业要树立、贯彻和实施新的电力客户服务理念，必须以各种方式向企业员工灌输以客户为中心的经营指导思想，既考虑客户目前需求，又考虑客户长远利益和社会整体利益，这是企业建立一个有竞争力的机制的关键性工作之一。

首先，供电企业的决策者必须牢固树立正确的经营指导思想。决策者在企业中担负着重要的职责，其指导思想正确与否将直接影响企业的战略战术和决策，关系到企业的生存与发展。为此，可通过各种形式的局长、经理培训班对企业领导进行培训。其次，由于具体贯彻执行一个企业营销目标的任务，总是落在处于基层员工肩上，这些一线员工在实现企业的目标中，发挥着实质性的作用，他们的经营指导思想的正确与否也直接关系到电力客户服务理念在企业中的贯彻和实施。因此，需要对企业员工开展全员培训，使企业每一个成员都树立正确的客户服务理念，并将这个理念落实到具体行为中去，体现在生产经营全过程和各个环节之中。

（3）树立长期利润观点。实施电力客户服务理念最终目的还体现在供电企业利润的获取与评价方面。在电力供小于求的情况下，供电企业无须服务即可实现企业利润，企业活动的中心是在保证安全的前提下大量生产电力产品，以获得尽可能多的利润。在电力供大于求的情况下，供电企业的情况则发生了较大的变化。供电企业只能在满足客户的需要之中获取预计的利润，因此不能只有短期目标、急功近利，而要从长计议，把整个企业营销活动看成一个系统的整体过程。要满足客户的需求并达到长期利润最大化的目标，企业必须既要考察短期利润目标，又要考察产品的市场占有率、投资收益率等指标；不仅要看到市场上存在的现实消费者的需求，还要分析潜在的需求。为了提高市场占有率，取得较大的市场份额，对于某些有购买潜力但短期内使企业获利甚微或可能亏损的客户，也要经营并提供电力服务，以求得长期利润最大化。

（4）根据客户服务的要求重组企业内部流程。企业内部工作流程是由一定的经营思想决定的，不同的市场营销观念在企业内部工作流程上体现出明显的不同。

在旧的经营思想指导下，企业内部工作流程带有浓厚的计划经济色彩，电力客户的用电需求由供电企业说了算，且供电企业对客户业务实行层层审批制度，环节运行慢，信息传递不畅。此外，用电部门与生产、财务等部门缺乏紧密协作，没有形成全员营销思想，经常出现互相掣肘、扯皮的现象，降低了客户服务的效率。

在以市场为导向的客户服务理念下，供电企业应建立一个以满足客户需求为核心的整体工作流程，实施整体营销服务。在企业中，客户服务部门担负着电力客户和企业之间的桥梁作用，接受客户电力需求信息，负责监督协调有关部门进行办理，并将处理结果反馈给客户，内外部信息传递快，审批层次少，工作流程简洁、效率高。同时，整个企业所有机构最终要对客户负责，形成各部门协同配合的大服务格局。

（5）建立科学的服务管理体系。随着新的以客户需求为中心的经营服务思想的确立，企业的经营管理体系也要相应变化，要从满足客户需求这个目标出发，把对客户的服务贯穿于企业市场营销活动的始终，在此基础上，建立一套系统的服务管理体系。

四、客户服务运营管理要素

在客户服务运营管理过程中，供电企业只有了解不同服务主体的需求，不断创新服务技术手段、规范服务客体的服务行为，才能为客户提供"优质、方便、规范、快捷"的电力服务。客户服务运营管理要素是指具有不同的服务功能、用以实现"以客户为中心"的服务目标的各种服务载体，它以服务主体（客户）为核心要素，包括服务主体、服务客体、服务内容和服务技术手段等要素。

（一）服务主体

服务主体是指依法与供电企业建立供用电关系的电能消费者，我国一般统称为电力客户。

1. 服务主体的分类

由于服务管理的需要，服务主体按以下原则分类。

（1）按供用电关系分类。

1）直供客户。与供电企业建立直接供用电和计量收费合同关系的客户称为直供客户。

2）趸售客户。从供电企业趸购电能，再转售给其供电营业区内电力消费者的客户称为趸售客户。趸售客户一般以县为单位。

3）转供电客户。在公用供电设施尚未到达的地区，供电企业征得该地区有供电能力的直供客户同意后，以合同形式委托向其附近的消费者转供电力。这类客户称转为供电客户。

（2）按电价类别分类。

1）照明用户。按照明电价结算电费的用户，包括居民生活照明用户和非居民生活照明用户。居民生活照明用户是指家庭生活用电的城乡居民用户。非居民生活照明用户是指工矿企业、农村、商店、机关、学校、部队等非生产场所的照明和空调用电，信号、装饰和广告用电，道路照明用电，美容美发用电，以及用电总容量不足 3kVA 的医疗器具用电等的用户。

2）非工业用户。按非工业电价结算电费的用户，主要是指用电容量在 3kVA 及以上，属于科研试验性或非工业性质用电的用户。例如，机关、部队、医院及科学试验用的电动机、电解、电热和电化学等动力用电，交通运输、通信广播、输油管道、基建施工、仓库、地下防空设施等用电。

3）普通工业用户。按普通工业电价结算电费的用户，指工业生产用电性质的企业所需用的动力及冶炼、烘焙、电解、电化等生产用电，事业性单位附属工厂生产用电，交通通信等修配厂用电和城镇自来水厂用电等。

4）大工业用户。按两部制电价结算电费的用户，指受电变压器容量在 315kVA 及以上的工业生产用电，包括冶炼、熔焊、电解、电化等用电，事业单位附属工厂生产用电，交通通信等修理厂用电和自来水厂用电等。

5）农业生产用户。国家为扶持农业生产，在电价中给予优惠，主要是指农业养殖业和种植业用电，包括农田排涝和灌溉用电，田间作业、打井、脱粒、积肥、育苗、黑光灯捕虫和防汛临时照明用电，非营业性农民口粮加工和饲料加工用电，渔业、畜牧业用电等。

（3）按供电电压等级分类。

1）高压用户。以 10kV 及以上电压供电的用户称为高压用户。高压用户自备一台或数台受电变压器。

2）低压用户。以 0.4kV 及以下电压供电的用户称为低压用户。低压用户均由公用配电变压器供电。

（4）按用电时间分类。

1）正式用电户。向供电企业提出永久性用电申请，经办理注册登记手续，并签订供用电合同的用户称为正式用电户。

2）临时用电户。用电时间短暂，用于基建工地、农田水利、市政建设等，用电期限一般不超过 6 个月的用户称为临时用电户。

2. 服务主体的用电负荷分类

用电负荷是指用户的用电设备在某一时刻从电网中实际取用的功率总和，也就是用户在某一时刻对电力系统所要求的电力。从电力系统来讲，则是指该时刻为了满足用户用电所需要的相应的发供电能力。

（1）按负荷对电网运行和供电质量的影响分类。按对电网运行和供电质量的影响，可分为：

1）冲击负荷。负荷量快速变化，能造成电压波动和照明闪变影响的负荷称为冲击负荷。冲击负荷一般有电弧炉、轧钢机等。

2）不平衡负荷。三相负荷不对称或不平衡，如单相、二相负荷等，会使电流、电压产生负序分量，使旋转电动机振动和发热、继电保护误动等。

3）非线性负荷。负荷阻抗非线性变化，会向电网注入谐波电流，使电压、电流波形畸变。谐波会造成电气设备损耗增加、发热，电容器过负荷，对自动装置产生干扰等。非线性负荷一般有整流器、变频器、电机车等。

（2）按中断供电造成的影响分类。为了保证供电的可靠性，根据用电负荷重要程度及突然中断供电造成的损失影响程度划分用电负荷等级。用电负荷级别是供电和用户受电工程建设中采取相应保障供电技术措施的依据。一般将用电负荷分为三级。

1）一级负荷。该类负荷中断供电将造成人身伤亡或将在政治、经济上造成重大损失。例如，造成重大设备损坏、重大产品报废，打乱重点企业生产秩序并需要长时间才能恢复，重要交通枢纽无法工作，经常用于国际活动的场所秩序混乱等的负荷。

在一级负荷中，中断供电将发生中毒、爆炸和火灾等情况的负荷及特别重要场所的不允许中断供电的负荷，应视为特别重要的负荷，如保证安全停产的应急照明、通信系统、自动控制装置等。

一级负荷对电网要求高，是国家和供电企业重点保证供电的用户，应从政策上重点保障，从供电电源上采取多路供电，当一个电源发生故障时，另一个电源不应同时受到损坏。对特别重要的负荷，要有与电网不并列的、独立的应急电源，如 UPS、柴油发电机等。

2）二级负荷。该类负荷中断供电将在政治、经济上造成较大损失，影响重要用电单位的正常工作，如主要设备损坏、大量产品报废、重点企业大量减产、连续生产过程被打乱需较长时间才能恢复及铁路、通信枢纽中的重要电力负荷和造成大量人员集中的公共场所秩序混乱的负荷等。

该类负荷对电网供电的要求比较高，供电企业应尽量保证，供电系统上由两回线路供电，为用户提供备用电源或保安电源。

3）三级负荷。该类负荷是指不属于一级和二级负荷的各种负荷。这类负荷短时间中断供电造成的损失不大，一般是单路电源供电。

（二）服务客体

服务客体是指为客户提供电力服务的供电企业员工，也称为客户服务人员。服务客体按服务功能划分为客户代表及业扩报装、抄核收、电能计量、用电检查、需求侧管理、咨询服务、电力紧急服务等岗位工作人员。

（1）客户代表。主动了解大客户情况，站在客户立场，代表客户利益，积极主动地收集和反馈电力市场信息，分析、预测电力市场，对供电企业提出服务的项目、要求，以及开拓电力市场的建议或措施，并对电力服务进行评价的人员的统称。

（2）业扩报装人员。负责进行从受理客户的用电申请，直至接电为止各项供电业务的人员的统称。用电申请包括新装、增容和变更用电等内容；业扩报装包括申请、勘查、确定供电方案、营业收费、业扩报装设计施工、中间检查、竣工验收、签订供用电合同和装表接电。

（3）抄核收人员。负责对每个电力客户，按照固定的周期，进行抄录电量、核算电费、开出票据、收缴电费、统计分析等各项供电业务的人员的统称。抄核收人员一般分为抄表、稽查和收费业务人员。

（4）电能计量人员。负责接受国家量值标准的传递，依法对电能计量装置进行检定和管理的人员的统称。电能计量人员包括量值传递管理及电能计量装置的购置、安装、移动、更换、校验、拆除、缺陷处理等业务人员。

（5）用电检查人员。负责对客户用电情况和用电行为进行检查，以保证供用电安全和正常供用电秩序的供电业务人员称为用电检查人员。

（6）需求侧管理人员。负责采取有效的激励措施，引导消费者改变用电方式和时间，使电力资源得到优化配置的供电业务人员称为需求侧管理人员。需求侧管理人员包括管理对象选择、用电情况调查、用电情况分析、激励措施制定、政策实施管理和政策实施评估等供电业务人员。

（7）咨询服务人员。负责通过电话、传真、网络、柜台、书面、现场等方式为客户提供电力咨询服务的供电业务人员称为咨询服务人员。

（8）电力紧急服务人员。当客户发生电力故障或停电时，提供紧急抢修服务的供电业务人员称为电力紧急服务人员。

（三）服务内容及分类

1. 服务的主要内容

根据供电企业为客户提供服务的界面不同，供电服务内容可划分为柜台服务、现场服务、咨询服务、特别服务和电力急修服务。

（1）柜台服务：指供电服务人员在营业窗口柜台为客户提供办理用电手续或咨询服务。

（2）现场服务：指供电服务人员在客户用电现场为客户提供用电申请、勘查、电力工程施工、接电、抄表、收费、咨询、处理设备缺陷、抢修或宣传服务。

（3）咨询服务：通过公告、电话、传真、网络、柜台、书面、现场等方式为客户提供电力业务和法规的查询服务。

（4）特别服务：主要指实行电话预约服务、无周休日服务、对确有需要的伤残孤寡老人提供上门服务等。

（5）电力急修服务：主要指发生电力故障或紧急情况时为客户提供的服务。

2. 无偿服务和有偿服务及其划分原则

（1）无偿服务。供电设施产权属供电企业，由供电企业承担维护管理，供电企业所提供的各项服务属无偿服务。

（2）有偿服务。供电设施产权属客户，供电企业所提供的代维护服务或延伸服务属有偿服务。

（3）无偿服务和有偿服务的划分原则。一般以供电设施产权分界点进行划分，产权属客户的，供电企业所提供的服务是有偿的，否则就是无偿服务。但考虑到供电企业是具有一定社会公益性质的企业，因此应对社会部分弱势群体（伤残人、孤寡老人等）提供全面的无偿服务。

五、客户服务人员文明服务行为规范

客户服务人员直接面对广大电力客户，他们的日常工作行为、态度和服务水准会对客户的电能消费满意度起到决定性的作用。因此，必须对客户服务人员，包括客户代表、装表接电、用电检查、营业抄表、营业收费、用电业扩、咨询服务、电力紧急服务、负荷管理等岗位工作人员的道德、仪容举止、接待会话、文明用语、忌语等方面做出明确、具体的要求，规范服务人员行为，养成文明服务习惯，提高供电优质服务水平，以塑造供电企业良好的公众形象，增强市场竞争力。

以下从基础行为规范、形象行为规范和一般行为规范 3 个方面对客户服务人员文明服务行为规范进行阐述。

1. 基础行为规范

品质、技能和纪律是文明服务行为规范的基础规范，是对客户服务人员在职业道德方面提出的总体要求，也是落实文明服务行为规范必须具备的综合素质。客户服务人员必须养成良好的职业道德，牢固树立"敬业爱岗、诚实守信、办事公道、服务人民、奉献社会"的良好风尚。

（1）品质。品质的基本要求是热爱电业、忠于职守。客户服务人员首先应具备的基本品质是热爱电业、忠于职守，即具有强烈的责任心和事业心，坚持"人民电业为人民"的服务宗旨，对工作兢兢业业，具有市场竞争意识，善于发扬团队精神，部门之间、上下工序之间、员工之间密切配合，团结协作；具有诚信观念，尊重客户，讲求优质服务和经济效益，有力地维护客户与供电企业的共同利益。

（2）技能。技能的基本要求是勤奋学习、精通业务。客户服务人员应积极参加各类文化、技术培训，勤奋学习科学文化知识，达到中等以上文化专业水平；刻苦钻研业务，苦练基本功和操作技能，精通业务规程、岗位操作规范和服务礼仪；不断更新、学习和运用先进科学技术，熟练掌握相关业务知识。同时，不断加强思想业务修养，增强综合业务能力，努力提高分析、认识、解决问题的能力，增强交往、协调和应变等方面的能力。

（3）纪律。纪律的基本要求是遵章守纪、廉洁自律。客户服务人员要自觉掌握与本职业务相关的法律知识，规范执行国家的各项法律、法规；严格遵守企业的各项规章制度，自觉执行劳动纪律、工作标准、作业规程和岗位规范；严格遵守作息时间，不迟到、不早退，工作时间不打私人电话，不擅自离岗、串岗，不聊天，不做与工作无关的事情，廉洁自律，秉公办事，不以电谋私，不吃拿卡要，不损害客户利益。

2. 形象行为规范

着装、仪容和举止是客户服务人员的外在表现，它既反映了员工个人修养，又代表着企业的公众形象。只有规范的仪表举止，才能赢得客户的好感和信任，增强企业的市场竞争力。

（1）着装。着装的总体要求是统一、整洁、得体。客户服务人员在工作中应穿统一正规、整洁、协调的服装；在左胸前佩戴统一编号的服务证（牌），将衬衣的下摆束入裤腰和裙腰内，扣好袖口，做到内衣不外露；着西装时，应打好领带，扣好领扣，上衣袋少装、裤袋不装东西，不挽袖口和裤脚；鞋、袜保持干净、卫生，不打赤脚，不穿拖鞋。

（2）仪容。仪容的总体要求是自然、大方、端庄。客户服务人员在工作中头发梳理应整齐，不染彩色头发，不戴夸张的饰物；男员工头发不能长到覆盖住额头或遮掩住耳朵，后面的头发不能长到与衣领接触，不留胡须；女员工淡妆上岗，修饰文雅且与年龄、身份相符，工作时间不当众化妆，颜面和手臂保持清洁，不留长指甲，不染彩色指甲。客户服务人员保持口腔清洁，工作前忌食葱、蒜等具有刺激性气味的食品。

（3）举止。举止的总体要求是文雅、礼貌、精神。客户服务人员工作时应始终保持精神饱满，注意力集中，不能表现出疲劳状、忧郁状和不满状；接待顾客应保持微笑，目光平视，不左顾右盼、心不在焉；坐姿自然、良好，约坐椅座的 2/3 为宜，上身挺直，两肩平衡放松，后背与椅背保持一定间隙，不用手托腮、跷二郎腿或抖动腿；椅子过低时，女员工应双膝并拢侧向一边；站姿端正，抬头、挺胸、收腹、双手下垂置于大腿外侧或双手交叠自然下垂，双脚并拢，脚跟相靠，脚尖微开；与客户站立会谈时，保持两人相距 80cm 左右为宜；在客户面前要避免打哈欠、伸懒腰、打喷嚏、挖耳朵、双手抱胸等不文明行为，尽量减少不必要的手势动作。

3. 一般行为规范

接待、会话、服务、沟通属于文明服务的一般行为。客户服务人员应以满足客户的需求为出发点，科学规范地做好接待和服务工作，赢得客户的满意和信赖。

（1）接待。接待客户时应微笑、热情和真诚。客户服务人员接待客户时应面带微笑、热情礼貌，做到来有迎声、去有送声、有问必答、百问不厌。如果客户要求办理的业务不属于本职范围，客户服务人员也应认真倾听、热心引导、快速衔接，为客户提供办理该业务的部门地址和联系电话。

（2）会话。与客户会话应亲切、诚恳、谦虚。客户服务人员与客户会话时提倡讲普通话，使用文明礼貌用语，严禁说脏话、忌语。交谈时，应面带微笑，语气诚恳，语调平和，认真倾听，不随意打断客人的话语。讲话用语通俗，尽量少用生僻的电力专业术语，以免影响与客户的交流效果。

（3）服务。为客户提供服务应快捷、周到、满意。客户服务人员在接待客户业务时应仔细询问客户的办事意图，并快速办理相关业务。当遇到两位以上客户办理业务时，既要认真办理前面客户的业务，又要礼貌地与后面的客户打招呼，请其稍后。接到同一客户较多业务时，应帮助客户分清轻重缓急，合理安排好前后顺序，缩短客户办事时间。遇到不能办理的业务时，应向客户说明情况，争取客户的理解和谅解。

（4）沟通。与客户沟通要冷静、理智、策略。客户服务人员在工作中应耐心听取客户的意见，虚心接受批评，诚恳感谢客户提出的建议，做到有则改之，无则加勉。如果属于自身工作失误，应立即向客户赔礼道歉。如果受了委屈，应冷静处理，不感情用事，不顶撞和训斥客户，更不能与客户发生争执。对拿不准的问题，不回避、不否定、不急于下结论，应及时向领导汇报后再答复客户。

六、客户服务的质量要求和标准

制定客户服务的质量要求和标准可以有效地规范供电企业经营行为，维护电力客户合法权益，使供电服务和监督实现系统化和规范化。

1. 营业环境

A、B、C 级营业厅应设有专门的业务咨询服务台或查询窗口、业务洽谈室，为客户提供电力法律法规、用电报装、电费等查询和咨询服务，帮助客户办理用电业务。

2. 柜台服务

营业场所提倡使用开放式营业柜台。客户服务人员应至少提前 5min 上岗，检查计算机、打印机和触摸服务器等，做好营业前的各项准备。工作期间统一着装，佩戴统一编号的服务证（章），办理客户业务实行首问负责制，采用计算机处理用电业务。需要客户填写业务登记表时，客户服务人员应将表格双手递给客户，提示客户参照书写示范样本填写，并对填好的登记表认真审核。办理每件居民客户收费业务的时间不超过 5min，客户办理用电业务的时间每件不超过 20min。客户办完业务离开时，应微笑与客户告别。

工作中，因系统出现故障而影响业务办理时，短时间内可以恢复的，客户服务人员应请客户稍候并致歉；需较长时间才能恢复工作的，除向客户道歉外，还应留下客户的联系电话，再另行预约。

当残疾人及行动不便的客户来办理业务时，客户服务人员应上前搀扶，代办填表等事宜，并请客户留下联系地址和电话，以便上门服务；对听力不好的老年人，声音应适当提高，语速放慢。

临下班时，客户服务人员对正在处理中的业务应照常办理完毕后方可下班。下班时，如仍有等候办理业务的客户，客户服务人员不可生硬拒绝，应迅速请示领导，视具体情况加班办理。

3. 现场服务

客户服务人员在去现场服务前，首先与客户预约时间，讲明工作内容和工作地点，请客户予以配合；到现场后一律穿着工装，主动出示工作证件并说明来意；需进入客户室内时，应先按门铃或轻轻敲门，征得同意后，戴上鞋套方可入内。如施工会给交通安全等带来不便，应严格执行电业安全工作规程，悬挂施工单位标志、安全标志和礼貌标志。工作时，应遵守客户内部有关规章制度，尊重客户的风俗习惯。需借用客户物品，应征得客户同意，用完后先清洁再放回原处，并向客户致谢。现场服务中客户服务人员应尽量满足客户的合理要求，遇有客户提出非正当要求或要求无法达到时，应向客户委婉说明。如损坏了客户原有设施，必须遵循客户意愿恢复原貌或等价处理，使客户完全满意。施工结束后，应清理现场，同时主动征求客户意见，并将本部门联系电话留给客户。

工作中，发现客户有违约或窃电行为时，用电检查等人员应依据有关法规礼貌地向客户指出；遇到态度蛮横、拒不讲理的客户，要及时报告有关部门，不要与其吵闹，防止出现过激行为。发现由客户责任引起的电能计量装置损坏，工作人员应礼貌地与客户分析损坏原因，由客户确认，并在工作单上签字。用电工验收中，发现有不符合规程要求的问题时，工作人员应向客户耐心说明并留下书面整改意见。

4. 报装服务

客户服务人员应采用多种方式受理客户各类用电业务，实行首问负责制和业务主办制，一口对外。受理居民客户用电申请后，在 5 个工作日内送电，其他客户在受电装置验收合格后 5 个工作日内送电。有条件的地方，应逐步实行网络化服务，通过网络提供查询、咨询、报装接电等各项用电服务，使客户足不出户就能满足用电需求。

5. 查询服务

供电企业应配置有关业务自动查询系统，开设并公布用电业务查询电话，提供查询服务，回答客户的电费账务查询、用电申请办理情况查询、电力法规查询等。对外公布的各种电话，应在铃响 5 声内摘机通话。接到客户书面查询电费账目后，应在 7 个工作日内书面回复客户。开通网上业务咨询服务的，网页要制作得直观、色彩明快，并设有导航服务系统和"请点击"的字样，方便客户使用；客户服务人员要按时打开网络服务器，及时回复各类问题。

6. 特别服务

供电企业作为公益性行业，应定期组织便民服务活动和安全用电宣传活动。对具备条件的居民客户，实行电话预约装表接电；开办节假日、公休日居民用电电话预约服务；对确有需要的伤残孤寡老人提供上门服务。

7. 电力抢修

供电企业应设立报修电话，并向社会公布电话号码。供电设施计划检修需停电时，应提前 7 日向社会公告停电线路、区域、停电的起止时间，对特殊重要客户应特别通知。临时处理供电设施故障需停电时，应及时通知客户。突发故障而停电，客户查询时，应做好解释工作。要严格执行值班制度，提供 24h 电力故障报修服务，紧急服务维修人员应在 45min 内到达城区事故停电现场，无特殊原因 5h 内恢复电力供应。

8. 电能质量

供电企业应加强电网建设，满足全社会用电需求，按国家规定的电能质量标准向客户提供优质的电能。

七、客户服务监督管理

建立有效的客户服务监督体系，对供电服务进行监督管理，是确保客户服务行为符合规范、供电服务质量符合标准的有效措施。客户服务监督体系包括如下几方面内容。

（1）设立服务质量投诉举报电话，向社会公布电话号码；在营业区内适当位置设置若干意见簿或意见箱，及时征集客户意见。对客户的意见要认真检查、核实和处理，并迅速回复客户。

（2）在客户中聘请社会监督员，定期召开客户座谈会，定期走访客户，认真听取供电营业服务方面的意见，通过双方的交流和沟通，达到相互理解和支持。

（3）开展客户满意度调查，参与社会评议行风活动，广泛征求社会各界和客户的意见，有针对性地了解和解决供电服务的热点和难点问题，不断提高客户满意度。

（4）开展明察暗访，通过公开报道的形式，树立典型，暴露问题；对供电服务的违纪、违规行为进行严肃查处，杜绝严重影响企业声誉和形象的行业不正之风事件。

（5）对客户投诉的热点、难点问题和重复的投诉举报，责任部门应加强分析、研究，及时制定整改措施，并妥善处理和解决。对客户提出的合理化建议和意见，经认定后要立即制定措施，有效付诸实施。

（6）对客户投诉的服务质量问题，应在 3 个工作日内通报处理情况，除特殊情况外，15 个工作日内答复处理结果。

八、客户服务需求及满意度调查与分析

在日益激烈的市场竞争中，企业要么苦于没有市场数据，要么面对庞杂无序的市场信息而失去判断力。客户服务需求及满意度调查与分析的目的是，围绕"优质、方便、规范、快捷"的电力服务方针，通过市场调研手段，在充分了解客户电力需求和对电能产品或电力服务满意程度的前提下，利用科学实效的分析方法，进行营销方案策划，为供电企业提供市场营销整体解决方案，并建立客户满意度评价分析体系。

1. 调查体系分类

由于电力客户点多面广，消费群体复杂，客户服务需求及满意度调查与分析一般采用定性和定量研究调查分析的方法，调查体系可分为以下三种方式。

（1）焦点团体座谈会。建立庞大的被访者资料库系统，随时召开专题或焦点团体座谈会，由受过专业训练的主持人对关心的问题展开调查。

（2）深度访问。由专业访问员就关心的问题对被访问者展开深入调查，然后由专业研究人员就深度访问结果进行分析。

（3）定量访问。供电企业就关心的问题，在限量的客户范围内展开调查。根据反映的问题所占的比率进行分析，一般方式有入户访问、街头拦访、电话调查、问卷调查、工作现场调查等。

2. 调查核心内容

客户满意度评价体系核心内容包括以下五个方面。

（1）对客户需求和期望的认知。评价目标是了解客户真正的需求和期望，评价内容包括市场调查、细分市场的程度、识别潜在客户、识别电能产品和电力服务的质量特征、重点工程跟踪等。

（2）供电质量。评价目标是提高供电企业供电水平，评价内容包括供电可靠性、电压合格率等。

（3）电力客户服务。评价目标是了解客户是否感受到方便、快捷、满意的服务，以提高电力服务质量。评价内容包括营业收费、报装接电、咨询查询、电费电价、故障抢修、电网改造等方面的服务质量。

（4）规范与标准。评价目标是了解规范与标准是否符合客户的需求，评价内容包括电能产品与电力服务各类标准。

（5）客户关系管理。评价目标是掌握与客户良好关系的程度，评价内容包括客户对供电企业开展有关活动的接受程度、客户寻求帮助和抱怨的途径等。

3. 调查组织

调查组织可由供电企业领导和有关部室负责人组成客户满意度评价工作领导小组，负责指导客户满意度评价与考核工作的开展；领导小组下设办公室，负责客户满意度评价与考核工作的协调与监督。客户满意度评价与考核工作每年开展一次，一般安排在第三季度进行，第四季度进行汇总评比。

具体调查工作，也可委托社会中介机构或专业调查队伍进行，以便获得更具客观、真实的客户评价等信息。

4. 调查实施

调查实施遵循以下几个原则和步骤进行。

（1）设定客户满意度评价标准，采取社会问卷调查、大客户评价、现场抢修评价相结合的办法，并确定其权重。

（2）社会问卷调查满意度评价采取抽样调查的方式，分为城市居民、农村居民、商业客户、中小工业客户四类，根据统计学科学抽样调查原理选择具有代表性的样本，具体实施委托社会中介机构进行。

（3）大客户满意度评价采取由客户代表具体实施，样本选自客户代表所服务的所有大客户。

（4）现场抢修评价采取抢修人员在每次抢修完毕之后，由客户填写抢修服务满意卡进行评价的方法。现场抢修服务满意卡由抢修人员带回。

（5）问卷内容围绕客户满意度评价体系五个方面的内容进行设计，每年度可根据实际情况进行修改。

5. 研究分析

根据客户服务需求及满意度调查结果，采取业务和专业人员协作，利用科学实效的分析方法，在分析市场潜力、市场容量和消费习惯、消费行为的基础上，进行营销策划，制定市场营销总体战略和具体策略。具体内容如下。

（1）占有率、购买意向与市场需求、潜在消费者群体规模与群体特征、新电价品种市场潜量的研究等。

（2）消费习惯与行为的研究。主要研究分析消费者使用及态度、生活方式、购买行为特点及决策过程、消费趋势、消费心理等。

第二节 服 务 礼 仪 规 范

一、通用礼仪规范

1. 服务形象规范

（1）着装规范。

1）上岗必须统一着装，佩戴统一编号的工号牌，统一服务形象。

2）不同岗位、不同季节服装不混穿。

3）着装整齐，衬衣长下摆应束入裤腰或裙腰内，袖口扣好，内衣不外露；领带、领结、飘带与衬衫领口的吻合要紧凑且不歪系；如有工号牌或标志牌，要佩戴在左胸正上方。

4）服装挺括，衣裤不起皱，穿前要熨平，穿后要挂好，做到上衣平整、裤线笔挺。

5）服装保持清洁、无污垢、无油渍、无异味，领口与袖口处尤其要保持干净。

6）着西装时，扣好领扣，系深色领带，不将领带置于松开状态，做到不敞怀、不挽袖口和裤脚。

7）鞋、袜保持干净、卫生，不露脚趾、脚跟。男员工穿深色袜子，黑色皮鞋。女员工穿黑色皮鞋，鞋跟高度不超过5cm；穿套裙时需配肤色丝袜，无勾丝、破损。

8）在工作场所不穿拖鞋。在营业场所不将服装外套挂于椅背。

9）外勤人员必须统一着装。在现场施工时，着装必须符合《电网作业安全规范》。

（2）仪容规范。

1）基本规范。① 保持仪容自然、大方、端庄，讲究个人卫生；② 头发梳理整齐，无头皮屑，不染夸张颜色；③ 不戴墨镜，不戴夸张的饰物；④ 佩戴首饰要注意区分场合，在工作岗位上，佩戴饰品一般不超过两个品种，每个品种不超过两件；⑤ 面容清洁，眼角不留分泌物，耳蜗清洁，鼻孔干净，鼻毛不外露；⑥ 口腔清洁，牙齿不留食物残渣，工作前忌食葱、蒜等有刺激性气味的食品；⑦ 颜面和手臂保持清洁，指甲长度不超过2mm；⑧ 工作时不吸烟、不吃零食、不咀嚼口香糖与槟榔等食物，确需进食时应回避客户。

2）女员工仪容规范：① 长发要盘起并用发夹固定在脑后，短发要合拢在耳后，刘海不遮眼，不披发上岗，忌发型怪异，头发蓬乱；② 面部保持清洁，工作时化淡妆，不浓妆艳抹。化妆或补妆时，应在更衣室、洗手间内进行，不得在客户面前化妆、照镜子；③ 涂抹指甲油时须使用自然色，不染彩色指甲；

3）男员工仪容规范：① 不留长发，头发前不过眉、侧不掩耳、后不触领；② 面部保持清洁，忌留胡须。

（3）微笑规范。

1）面部表情和蔼可亲，嘴角微微上翘，笑的幅度不宜过大。

2）口眼结合，嘴唇、眼神含笑。面对客户目光友善，眼神柔和，亲切自然。

3）笑容甜美，笑出热情、稳重、大方、得体的良好气质。

4）笑与仪表、举止相结合，体现出和谐的美。

5）适度、适时，充分表达真诚、友善、尊重等美好的情感。

2. 行为举止规范

（1）站姿。站立时，抬头、挺胸、收腹，双手下垂置于身体两侧或双手交叠自然下垂，双脚并拢，脚跟相靠，脚尖微开，不得双手抱胸、叉腰。

（2）走姿。走路时，步幅适当，节奏适宜，不奔跑追逐，不边走边大声谈笑喧哗。尽量避免在客户面前打哈欠、打喷嚏，难以控制时，应侧面回避，并向对方致歉。

（3）坐姿。坐下时，上身自然挺直，两肩平衡放松，后背与椅背保持一定间隙，不用手托腮或趴在工作台上，不抖动腿和跷二郎腿。

（4）蹲姿。

1）在公共场合下蹲拾取物品时，应站在要拾取物品的侧面，两脚前后错开，可采取单膝点地、双腿交叉等姿势，也可采取双腿一高一低、互为依靠式。

2）下蹲时做到不低头、不弯腰。

（5）手势。

1）指示方向。要手心向上，大拇指自然弯曲，其余四指并拢伸直，以肘部为支点，手在体前一侧划一个流畅的弧线，然后指向方向（或物品）。

2）手持物品。做到平稳、自然、手部卫生。

3）递送物品。用双手，主动上前，递向对方手中。递送物品时，要便于对方接拿。距离较远时，要主动走近对方。

4）展示物品。将物品持于身体一侧，一般不能挡住本人的头部。为便于物品被人观看，手位举至高于自身双眼之处。

（6）鞠躬。

1）一般在距对方2～3m的地方，在与对方目光交流的时候行鞠躬礼。

2）行15°鞠躬礼时，头颈背成一条直线，双手自然放在裤缝两边（女士双手交叉放在体前）前倾30°。目光约落于体前1.5m处，再慢慢抬起，注视对方。

3）行30°鞠躬礼时，头颈背成一条直线，双手自然放在裤缝两边（女士双手交叉放在体前）前倾30°。目光约落于体前1m处，再慢慢抬起，注视对方。

（7）眼神。

1）神情专注，正视对方，自然含笑。

2）在交谈中，应注视对方双眉正中位置，注视时间不宜过久。

3）与客户相距较远时，一般以对方的全身为注视点。近距离时，宜注视的常规位置为由双眼到唇部的倒三角区。

4）当客户较多时，要给予每位客户以适当的注视，以避免使部分客户产生被疏忽、被冷落的感觉。

3．基本礼仪规范

（1）称呼礼仪。与客户见面时，若了解对方的基本情况，应以其姓氏加职务或职称等方式相称。对不熟悉的客户，一般性别的不同，约定俗成地称呼为"女士""先生"。

（2）接待礼仪。

1）接待前做好准备，提前在约定地点等候，接待客户时至少要迎三步、送三步，做到来有迎声、去有送声。

2）客户到来时，应主动迎上握手问好，初次见面时还应主动自我介绍，并引领客户至接待处，安置好客户之后，奉上茶水或饮料。

3）送客时，在适当的地点与客户握手话别，若是远道而来的贵宾，可送至车站、机场等。

（3）握手礼仪。

1）握手的姿势强调"五到"，即身到、笑到、手到、眼到、问候到。

2）接待客户来访，当客户抵达时，应主动伸出手与客户相握，表示"欢迎"。

3）在客户告别时，应等客户先伸出手后再伸手相握，表示"再见"。

（4）名片礼仪。

1）递名片时应站立，正面对着对方，将名片放置手掌中，用拇指压住名片边缘，其余四指托住名片反面，名片的文字正对对方，然后身体略前倾，用双手。

2）与多位客户交换名片时，或由近而远，或由尊而卑，依次进行。

3）当客户表示要送名片时，应立即停止手中所做的一切事情，起身站立，面带微笑，目视对方，双手恭敬捧接。

4）接过名片后应即刻快速默读一遍，并称呼对方的职务，以示对赠送者的尊重，记住对方姓名，若有疑问则当场请教；不可弃于桌上，或在手头把玩，或随便塞入衣袋。

（5）介绍礼仪。

1）掌握分寸，态度谦虚，亲切有礼。

2）为他人做介绍时，遵守"尊者优先了解情况"的原则。例如，应先将工作人员介绍给客户，下级介绍给上级。

3）自我介绍一般应包括本人所在单位、供职部门、现任职务、完整的姓名四个要素。

（6）引路礼仪。

1）在为客户引导时，应走在客户左前方，让客户走在路中央，并适当做些介绍。

2）在楼梯间为客户引路时，引路人走在左侧，让客户走在右侧，在拐弯或有楼梯台阶的地方应使用手势，提醒客户"这边请"或"注意楼梯"。

（7）开门礼仪。

1）向外开门时，打开门后把住门把手，站在门旁，对客户说"请进"并施礼，进入房间后，用右手将门轻轻关上请客户入座。

2）向内开门时，自己先进入房内，侧身把住门把手，对客户说"请进"并施礼，轻轻关上门后，请客户入座。

3）送客时，应主动为客户开门，待客户走出后，说"请慢走"或紧随其后送客户。

（8）乘车礼仪。

1）上下轿车的先后顺序通常为：尊长、客户先上后下，陪同人员后上先下，并协助尊长、客户开启车门。

2）双排座轿车：由主人亲自驾驶时，前排为上，后排为下；由专职司机驾驶时，后排为上，前排为下。

3）吉普车：座次尊卑的顺序为副驾座、后排右座、后排左座。

4）多排座轿车：以前排为上、后排为下，并以距离前门的远近来排定具体座次的尊卑。

（9）电梯礼仪。

1）电梯开门后先下后上，不可阻挡电梯内乘员外出。注意让客户、尊长、女士先上先下。

2）在陪同客户乘坐电梯时，应引导并主动为客户呼梯；应当先进后出，以便为客户控制电梯。

二、柜台服务规范

1. 门口迎宾服务规范

（1）每天早晨开门正式营业前，营业人员应以饱满的热情，站立迎接第一批客户。客户进入营业厅时，营业人员应行接待礼，齐声致问候语。

1）服务行为规范：① 春夏秋冬，规范着装；② 站姿标准，仪容大方；③ 主动招呼，热情接待。

2）服务话术示范：①"您好！"；②"早上好，欢迎光临！"

3）注意事项：① 标准站势使用鞠躬礼15°或30°，微笑应自然得体；② 业务受理员、收银员在柜台内站立；③ 其他营业人员在大门两侧侧身45°站立；④ 问候时声音洪亮，整齐划一。

（2）营业期间，设置引导员进行迎宾服务。

1）服务行为规范：① 客户走进3m范围时，保持微笑、目迎客户；② 当客户走进2m范围时，若引导员在引导台内，行15°鞠躬礼；③ 若引导员在引导台外时，主动前跨一到两步，行15°鞠躬礼，向客户问好。

2）服务话术示范：①"您好！请问有什么可以帮助您？"；②"节日快乐！请问有什么可以帮助您？"

3）注意事项：① 站姿标准，行15°或30°鞠躬礼，大门两侧营业人员配合135°迎宾手势；② 微笑自然得体。

2. 门口送客服务规范

当客户离开营业厅时，引导员应礼貌送别。

1）服务行为规范：① 行15°或30°鞠躬礼，礼貌恭送，提醒客户携带好随身物品；② 客户离开营业厅，面带微笑，点头欠身恭送客户。

2）注意事项：① 投诉的客户离开营业厅：礼貌地送客户至营业厅门口，使用规范用语。对提供合理意见的客户，应感谢客户提供宝贵意见；② 残障人士或行动不便的客户离开营业厅应主动提供帮助。

3）服务话术示范：①"请带好您的随身物品！"；②"请您走好！再见！"；③"谢谢您的宝贵意见，请慢走！"

3. 柜台迎接服务规范

当客户走近柜台时，营业人员应起身相迎，礼貌示坐。

1）服务行为规范：① 当客户走近柜台时，营业人员应暂停手中工作，微笑示意，起身相迎，待客户落座后方可坐下；② 当客户走近柜台时，收费窗口人员应微笑示意，礼貌示座。

2）服务话术示范："您好，请坐，请问您需要办理什么业务？"

三、电话服务规范

1. 语音规范

通话时要做到语言亲切、语气诚恳、语音清晰、语速适中、语调平和，禁止使用反问、质问的语气。

（1）语调。轻柔甜美、温和友好。在通话中语调要富于变化，以提高声音感染力。

（2）音量。在正常情况下，应视客户音量而定，但不应过于大声。当客户情绪激动大声说话时，不要以同样的音量回应，而要轻声安抚客户，使客户的情绪平静下来。当遇到听力不好的客户时，可适当提高音量。

（3）语速。语速每分钟应保持在 120～150 个字。当需要重点强调或客户听不明白时，可适当调整语速。

2. 用语规范

（1）使用标准普通话，若客户需要，可使用方言。

（2）使用规定的服务用语进行交流，禁止使用服务忌语，尽量少用生僻的电力专业术语。

（3）核对客户资料（如客户姓名、地址等）时，对于多音字等，应使用中性词或褒义词，避免使用贬义词或反面人物名字。

3. 聆听规范

（1）通话时不得打断客户，可适时引导客户尽快将问题表述完后再答复，平均通话时长应控制在 180s 以内。

（2）表示对话题的兴趣，态度积极，根据实际情况适时说"是""对"，以示在专心聆听。

第三节　服　务　技　巧

一、理解沟通

（1）沟通。如果信息或想法没有被传送到，则意味着沟通没有发生。也就是说，说话者没有听众或写作者没有读者都不能构成沟通。要使沟通成功，信息或想法不仅需要被传递，还需要被理解。完美的沟通，应是经过传递之后被接受者感知到的信息与发送者发出的信息完全一致。

另外需要注意的是，良好的沟通常常被错误地解释为沟通双方达成协议，而不是准确理解信息的意义。如果有人与我们意见不同，不少人认为此人未能完全领会我们的看法。换句话说，很多人认为良好的沟通是使别人接受我们的观点。但是，我可以非常明白你的意思却不同意你的看法。当一场争论持续了相当长的时间时，旁观者往往断言这是由于缺乏沟通导致的，然而详尽的调查常常表明，此时正进行着大量的有效沟通，每个人都充分理解了对方的观点和见解，问题是人们把有效的沟通与意见一致混为一谈了。

（2）沟通过程，如图 8－1 所示。包括 7 个部分：① 信息源；② 信息，连接各个部分；③ 编码；④ 通道；⑤ 解码；⑥ 接受者；⑦ 反馈。此外，整个过程易受到噪声的影响。

信息源把头脑中的想法进行编码而生成了信息，被编码的信息受到四个条件的影响：技能、态度、知识和社会——文化系统。我们用于传递意义的编码和信号群、信息本身的内容及信息源对编码和内容的选择与安排所做的决策，都影响着我们的信息，三者之中的任一方面都会造成信息的失真。通道是指传送信息的媒介物，它由发送者选择，口头交流的通道是空气；书面交流的通道是纸张。接受者是信息指向的个体，但在信息被接收之前，必须先将其中包含的符号翻译成接受者可以理解的形式，这就是对信息的解码。与编码者相同，接受者同样受到自身的技能、态度、知识和社会——文化系统的限制。沟通过程的最后一环是反馈回路。如果沟通信息源对他所编码的信息进行解码，信息最后又返回系统当中，这就是反馈。也就是说，反馈把信息返回发送者，并对信息是否被理解进行核实。

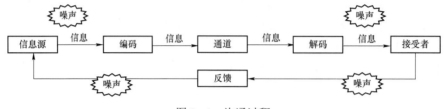

图 8-1　沟通过程

（3）沟通方法。组织中最普遍使用的沟通方式有口头沟通、书面沟通、非言语沟通及电子媒介。

1）口头沟通。人们之间最常见的交流方式是交谈，也就是口头沟通。常见的口头沟通包括演说、正式的一对一讨论或小组讨论、非正式的讨论及传闻或小道消息的传播。

2）书面沟通。书面沟通包括备忘录、信件、组织内发行的期刊、布告栏及其他任何传递书面文字或符号的手段。

3）非言语沟通。一些极有意义的沟通既非口头形式也非书面形式，而是非言语沟通，如体态语言包括手势、面部表情和其他身体动作。刺耳的警笛和十字路口的红灯都不是通过文字形式告诉我们信息的；教师上课时，当看到学生们的眼神无精打采或有人开始翻阅校报时，无须言语说明，这种情况已经告诉教师，学生们已经厌倦了。任何口头沟通都包含有非言语信息，这一事实应引起极大的重视。

4）电子媒介。当今时代我们依赖于各种各样复杂的电子媒介传递信息。除了极为常见的媒介（电话及公共邮寄系统）之外，我们还拥有闭路电视、计算机、静电复印机、传真机等一系列电子设备，将这些设备与言语和纸张结合起来就产生了更有效的沟通方式。其中，发展最快的应该算是电子邮件，只要计算机之间以适当的软件相连接，个体便可通过计算机迅速传递书面信息，存储在接受者终端的信息可供接受者随时阅读。电子邮件迅速而廉价，并可同时将一份信息传递给多人，它的其他优缺点与书面沟通相同。

（4）有效沟通的障碍。除了沟通过程中所指出的一般类型的失真之外，还有一些其他障碍也干扰了有效的沟通，有以下几点值得注意。

1）过滤。过滤是指故意操纵信息，使信息显得对接受者更为有利。

2）选择性知觉。在沟通过程中，接受者会根据自己的需要、动机、经验、背景及其他个人特点有选择地去看或去听信息；解码的时候，接受者还会把自己的兴趣和期望带进信息之中。

3）情绪。在接收信息时，接受者的感觉也会影响到他对信息的解释。不同的情绪感受会使个体对同一信息的解释截然不同。因此最好避免在很沮丧的时候做决策，此时我们无法清楚地思考问题。

4）语言。同样的词汇对不同的人来说含义是不一样的，年龄、教育和文化背景是三个最明显的因素，它们影响着一个人的语言风格及他对词汇的界定。你我可能同说一种语言，但我们在语言的使用上并不一致。了解每个人如何修饰语言将会极大地减少沟通障碍。

5）非言语提示。言语沟通是信息传递的一种重要方法。非言语沟通几乎总是与口头沟通相伴，如果二者协调一致，则会彼此强化。

（5）克服沟通障碍。

1）运用反馈。很多沟通问题是由误解或不准确直接造成的。如果管理者在沟通过程中使用反馈回路，则会减少这些问题的发生。这里的反馈可以是言语形式的，也可以是非言语形式的。

2）简化语言。由于语言可能成为沟通障碍，应该选择措辞并组织信息，以使信息清楚明确，易于接受者理解。管理者不仅要简化语言，还要考虑信息所指向的听众，以使所用的语言适合于接受者。有效的沟通不仅需要信息被接收，还需要信息被理解，通过简化语言并注意使用与听众一致的言语方式可以提高理解效果。

3）积极倾听。当别人说话时，我们在听，但很多情况下我们并不是在倾听。倾听是对信息进行积极主动地搜寻，单纯地听则是被动的。在倾听时，接受者和发送者双方都在思考。

4）抑制情绪。情绪能使信息的传递严重受阻或失真。当语言管理者对某件事十分失望时，很可能会对所接受的信息发生误解，并在表述自己的信息时不够清晰和准确，最简单的办法是暂停进一步的沟通直至恢复平静。

5）注意非言语提示。我们说行动比言语更明确，因此很重要的一点是注意你的行动，确保它们和语言相匹配并起到强化语言的作用。

二、服务技巧的分类

所有的服务活动都要通过一定的手段表现出来。不讲技巧的服务活动，其工作效果也将大打折扣。甚至可以断言，所有成功的商务活动无不体现出高超的技巧；而许多失败的案例极有可能缘于一次技巧的运用不当或者无技巧。看似不可能的事情，出人意料地取得成功；表面上水到渠成的事情，则可能陷入绝境。这都说明技巧在一定程度上起到了催化剂的作用。技巧是一种服务的艺术，而不是一种管理的方法。技巧也不是一成不变的。与其说技巧属于管理范畴，不如说它是一门创造的艺术。

服务技巧，可以分为以下几类。

第一类：从服务技巧的层次上来看，电力服务技巧可分为一般服务技巧和个别服务技巧。

第二类：按服务过程划分，即以发生电能交易为分界点，电力服务技巧分为售前服务技巧、售中服务技巧和售后服务技巧。

售前服务，指电力客户自具有用电意向到装表接电过程中，供电企业所提供的服务；主要包括向客户提供用电业务咨询服务、申请登记、现场勘查、确定供电方案、营业收费、业务扩充工程设计施工、中间检查、装设计量装置、竣工验收、签订供用电合同、接火送电、建档立卡及业务变更等工作。

售中服务，指企业在客户用电过程中所提供的服务；主要包括各类定期服务，如日常营业、电费抄核收、电能表轮换校验等。

售后服务，指企业在客户用电后，通过开展各种跟踪服务改进客户用电质量的活动；主要包括受理客户投诉、征求客户意见、提供紧急用电服务、质量保证、操作培训等。

第三类：按用电对象，分为集团消费服务技巧和个人消费服务技巧。集团消费泛指企事业单位、私营业主和个体用电，一般单位用电量较大。个人消费是指居民家庭生活用电，一般其单位用电量较小，但是客户群较大。

第四类：按服务功效，分为提高型服务技巧和补救型服务技巧。提高型服务技巧以向客户提供超值服务为手段，以让客户满意乃至愉悦、提高忠诚度为目的，应用范围十分广泛。补救型服务技巧则是在非正常情况下，采取应急措施消解客户负面情绪、挽留客户的服务技巧，在客户服务工作的关键环节起到出奇制胜的作用。

三、一般服务技巧与个别服务技巧

（一）一般服务技巧

一般服务技巧包括心理语言交流技巧、口头语言交流技巧和形体语言交流技巧。这里的"语言"，除了口语之外，还指通过某种行为或外在的形象，使客户接收到的一种特殊的、广义的语言信息。

1. 心理语言交流技巧

与客户沟通是一种高超的服务技巧。受客户信赖的工作人员与客户相处时，具备设身处地体会他人心境的能力。一项服务活动的成败，往往取决于服务人员是否将其成功的意愿与客户的愿望及问题相协调。要使客户有一种被尊重的感觉，从而刺激客户的消费心理，加深本企业在客户心目中的印象，应该注意以下几点。

（1）与客户的潜意识交谈。人的大脑是一个可做非常复杂及交错思考处理事情的机器。研究表明：只有10%的行为有意识地出自人的大脑，其他90%的行为都出于潜意识。要赢得客户就必须能够将"与客户的潜意识交谈"这个方式运用在游说艺术上。

这意味着下意识的身体信号（脸部表情、手势动作）必须在心理上与客户的潜意识结合在一起，必须注意与客户之间心理上的相互回应。服务人员如何影响客户，客户反应如何，而服务人员对客户的反应又如何回应？依据这些心理上的基本原则行事，就将赢得客户。

（2）精神上的成功准备。在客户服务前做好精神上的准备，已经越来越明显地成为销售服务的另一个关键要素。权威学者弗里茨·斯泰姆教授证实，大脑和身体在开始一个特定行为前，对行动的过程已经做好了准备。人们可以将整个状况在脑海里像部电影一样，先体验和演练，并就自己想要的成果预先做好准备。如何在精神上做好成功的准备？对此有以下建议。

1）定期训练自己，想象服务过程中的每一个细节，就像做头脑体操一样。这一想象力必须让你体验到紧急的情况。

2）在面对客户之前，先测试自己的观感。自我感觉这种观感是比较正面的，还是比较负面的，探讨何以如此，并找出正确的步骤。凡是正面思考的人，获得的结果也是正面的。

3）使自己进入一个正面的情绪中去。如一位有名的销售专家在拜访难缠的客户的路上，总是听自己喜欢的录音带，通过简单的方法进入正面的情绪中。另外，应避免一些令人生气的事，因为这对即将进行的销售谈话只有不良的影响。

2. 口头语言交流技巧

（1）面对面交流。要使用规范的文明用语。国家电网公司明确规定了《文明用语、忌语》；有的电力公司还实行了"客户服务首问责任制"，即任何岗位的供电员工，在接到客户的任何电话时，都不能说诸如"我不知道""这不是我的事"之类的用语。各种随机性语言的使用，更易表现出机智和技巧。在解答客户的问题时，应避免使用本行业内部的专业术语，不要苛求客户精通服务人员的专业知识。

（2）非面对面交流。对话语调要含有特别的技巧，这在电话交流中尤其重要。同样的话语，产生截然不同的效果，关键就在于怎么说。在电话里所有的信息都是通过语调来完成的，客户在片刻之间就能判断出服务人员的态度如何。不管使用什么词汇，服务人员的语调总要透露出自己的思想与感情。您是否有这样的体验：尽管对方用词很讲究，但您依然觉得被拒于千里之外。培养自己的语调是获得最有价值的商业技巧之一，如何在电话里有礼貌地、有效地与他人打交道，可以简单地归结为电话礼节，其基本原则如下。

1）铃响 3 声之内摘机：无人应答是所有令人不愉快的开始。

2）问候打电话的人：立即表现出您对对方的友好和坦诚。

3）介绍您自己（或公司名称）：让对方知道他找对了人或部门。

4）问客户是否需要帮助：显示出随时准备并且能够帮助客户。

3. 形体语言交流技巧

形体语言是一种持久的、非言语的思想交流。国外一所大学就对如何从他人那里获取信息的问题进行了专项调查研究。这项研究表明，当和顾客面对面时：

（1）绝大多数信息来自形体语言。没有只言片语甚至您还未意识到时，形体语言就已经泄露了您的感情和思想。

（2）较多的信息来自语调。公主游轮公司在其服务标准中宣称：拿起话筒，您就能从我们的声音中看到我们的笑容。这种"能看到的笑容"，主要来自于和蔼可亲的"语调"。

（3）极少的信息来自话语。有时候，说什么并不是最重要的，重要的是您怎么说。

形体语言，还包括个人形体语言和企业形体语言。

（1）个人形体语言。罗杰·卡特怀特指出："在面对面交谈的情况下，无论人们说什么或写什么，我们都有一套非常简单的办法查明他现在的心情，这个办法就是观察他们的身体语言。员工可以通过身体语言发现客户的情况，客户也可以用此办法查出员工对谈话是有兴趣的还是厌烦的。"当然，需注意的是：由于各国的文化习俗不同，身体语言所含的信息也不尽相同。工作人员要讲究仪表，统一着装，体现出良好的精神面貌，给客户以朴素自然、健康向上的美感和心理上的一种安全感、舒适感。客户消费心理的养成与经营特色有关，更重要的是与服务人员的服务质量有关。要始终以真挚的感情去接待客户，具体做到：笑脸相迎，主动配合耐心服务，热情相送。

为训练形体语言（包括外在的形体语言），有以下几点建议。

1）选择适当的衣着。个人的修饰对客户有很大的影响，污黑的手指、蓬乱的头发都是些微妙的被注意事项。同样，衣冠不整也给人以负面印象。通常要求电力客户服务人员统一着装，由此给人以整齐、正规、有秩序的感觉。

2）训练自己多微笑。每一个专业的摄影师都可以证明，为任何一个人拍摄两张不同的照片就足以使之判若两人。

3）表现出亲和力。以真诚的赞美开启您与客户的沟通之门。

4）保持目光接触。目光的交流是所有形体语言中最强有力的技巧之一，也被称为"关注技术"。当客户向您走来时，不论您有多忙，都应立即抬起头来看着客户的整个脸，进行目光接触；当谈话时，偶尔把目光移开，以免给人盯视的印象：反之，则可解释为您没有兴趣帮助客户。

要特别注意身体姿势。上身的移动显示出一个人的精力水平及您对客户的谈话是否感兴趣。通过一些简单的形体语言，可以辨别出您听得不耐烦而想结束交谈——向后仰或后退；把身体移开；双手扶桌，身体后移；整理文件：客户仍在谈话，您却合上文件夹；不断地看表。要表示您在聚精会神地听并对与客户的谈话感兴趣，请这样做：点头、面对客户、身体前倾。

（2）企业形体语言。在注意个人形体语言的同时，还要注意企业本身的形体语言，这种独特的语言与整个企业营造的气氛密切相关。

工作环境的整洁、舒适是非常重要的，既能保证营业员工作时有充沛的精力，又能创造良好的业务办理环境，也能留给客户良好的第一印象。同时，客户通过办公桌或工作现场就能判断出服务工作的条理性及工作能力。

企业形体语言的一个非常重要的方面是十分消极的语言交流。这在一些极端负面化的警告标志中体现得最明显，例如：① 禁止倚靠柜台；② 不收信用卡，不收支票，概不退款；③ 损坏商品者按价赔偿；④ 不准携带包裹入内；⑤ 禁止触摸；⑥ 禁止移动椅子；⑦ 营业场所不准吃零食；⑧ 禁止拍照；⑨ 售出商品概不退换；⑩ 不得携带小孩入内。

以上严厉警告可能都事出有因，但表达方式却不是对客户应该使用的口吻。如果上面的每一条都加上一个"请"字，效果可能会更积极一些；如果加上解释就更好了。例如：① 为了安全起见，请寄存您的皮包；② 此地危险，不宜儿童进入。

客户遇到许多禁止的告示时就会把它们看作"走开，你太烦人了"，公益性场所把这些信息传递给客户或潜在的客户是十分愚蠢的。企业形体语言体现了一个企业到底是怎样看待它的客户的，而不是只看它宣传的宗旨如何。一些非常细小的事情，都能从一个侧面反映出它对客户的态度。

企业形体语言的另一个方面是企业进行语言和书面的非面对面交流的方式：电话铃响几声必须摘机？如果使用录音回复电话或语音信箱，供电企业答复的时间能有多快？在营业时间之外的电话该如何处理和答复？现代通信技术能极大地增强供电公司与客户之间的联系，但前提是必须灵巧地使用。信件的回复该多快、统一回复是否会令客户觉得丧失了自我——这些都是不可忽视的。

（二）个别服务技巧

个别服务技巧包括了解客户的技巧、了解员工的技巧、服务员工的激励和培训及信息传递的技巧。

1. 了解客户的技巧

了解客户的技巧主要有以下四个基本步骤。

（1）了解客户。在改进客户服务之前，首先要了解客户需要什么：① 客户为什么要和电力公司发生业务？② 供电公司能给客户什么好处？③ 公司如何改进服务才能使客户得到更多的好处？

了解客户的详细资料，特别是负责电力市场拓展业务的员工手边要具备有关信息，如：① 客户产品的详细信息；② 客户首次使用电能产品的时间；③ 服务记录，包括全部历史资料和近期细节；④ 关于预约服务要求的信息；⑤ 客户遭遇的任何服务问题和失误的记录。掌握了这些信息，就可以避免询问客户不愿每次都重复一遍的细节信息。这不仅节省了您的电话时间，而且更具专业性，并可以向客户表明您很重视对他的服务。

（2）了解客户的市场。通过分析客户的市场表现，您可以看出他们的优势和弱点，并决定如何利用您的客户服务措施帮助他们进行改进。同时，还可以建立起电费回收的"预警系统"，如：① 客户的主要市场是什么？② 客户的市场是在收缩还是在扩大？③ 客户在市场上的地位是什么？④ 客户的主要竞争对手是谁？通过阐述对这些问题的理解，并向客户表明如何能够帮助他们达到目标，就可以同客户建立起牢固的关系。

（3）了解客户的企业。营销人员的作用在不断地变化，他们必须以管理客户关系为重点，而不再寻求短期利润；他们必须了解客户的所有业务。

以客户为中心的服务模式要求更广泛地理解客户业务：公司的业务是什么，其业务需求是什么，该公司运行状况如何，公司成功的因素是什么，怎样帮助该公司增加生意，除去现在的产品销售外还存在哪些业务机会，要实现这些业务机会必须对什么人施加影响等。对业务的理解，要求营销人员除掌握基本的销售技巧外，还要学会鉴别客户的业务。为客户提供业务支持，重点是为客户提供的所有服务确保取得最高的客户满意度。

电力营销人员的任务包括：① 确保客户的需求能被充分理解和实现；② 确保公司有足够的方案满足客户的需求；③ 确保将足够的资源用于这些方案的实现上；④ 根据计划监督方案的实施进程；⑤ 在所有与客户的接触中，为公司、为电能产品和服务树立积极的形象；⑥ 确保客户能够知道您的公司正在不断地满足客户的要求。

客户档案可以帮助服务人员了解客户，以提高服务水平，主要方式有：① 以客户的行业出版物为主要消息来源，建立客户的新闻剪报档案；② 建立关于客户竞争对手的企业和产品文献的档案，并寻找关于其市场的信息；③ 打电话询问客户对最近一个月的电能使用情况是否满意；④ 通过电话调查客户未来用电的要求，他们还想得到什么服务；⑤ 分析近期服务竞争情况，客户选择了什么样的支持服务，这使您对客户的要求又产生了什么样的了解。

（4）帮助客户改进业务。了解客户的业务目标也同样重要，客户公司发展的方向和目标是什么？他们准备如何取得成功？通过向客户展示您的服务如何帮助其实现目标，可以证明您能够对他们的生意做出重要贡献。主动安排客户探访，或邀请客户来电力公司访问，为供需双方提供沟通了解的机会，既有利于改善合作关系，又直接体现了对客户的重视。之后，还必须制定出具体的行动计划，对客户认为重要的领域提高服务标准。

2. 了解员工的技巧

以客户为中心，为客户提供高质量的服务，重要的一点是把自己放在客户的位置上看自己，同时让客户坐到您的位置上来体验您，可以称为角色反串技巧，主要有以下三个步骤。

（1）体验客户的感受。许多供电企业都开展过类似于"假如我是一个客户"的活动，这就是一种角色客串。

1）考虑假如您是一个客户，您对所在的电力公司服务是否满意？试着给自己公司的客户咨询部门或任意部门打电话，考察一下电话接听情况或首问责任制落实情况，看看您会遇到什么。

2）如果是用电咨询服务人员，不妨对着镜子中的自己问一问：我愿意让有着这样一副表情的人为我服务吗？

3）回忆一下您作为一个普通客户时的不愉快的消费经历，想一想，这些不愉快的经历曾经发生在您公司客户的身上吗？

（2）了解员工的工作状态。电力公司领导和有关人员可以扮演一个普通客户角色，从客户的角度来检查自己公司的服务质量，主要有以下几方面内容：① 检查工作程序是否得以遵守；② 检查必要的设施是否齐备并得到适当的管理使用；③ 从顾客的角度体会一下电力公司提供的服务程序是否科学合理；④ 检查服务员工是否具备必要的服务技能；⑤ 评估电力公司的服务竞争力。

了解员工的工作状态时必须注意以下问题：员工是否友善地和您打招呼；他们接电话用了多长时间，其他服务是否快速；您能否与相关负责人联络上；是否排了长队；您得到了什么服务建议，建议是否正确；服务人员是否友好；营业场所或工作场所是否整洁等。

电力服务人员必须选择的服务环境有：① 某一特定的办公室或服务网点；② 某一程序，如咨询电话服务；③ 一个特定的部门。

检查公司的服务质量所选择的环境必须直接与客户发生接触。如果暗访营业服务网点，一定要熟悉他们与客户的接触方式，否则所评价的服务过程并非他们真正的服务过程；还要选择在指定环境下为客户提供满意服务的关键因素。如果客户认为排队交电费等候时间是个大问题，就应该将重点放在解决这一问题上，而不要将时间浪费在评估电话服务上。参加这一计划的人应该有：① 对此项研究感兴趣的人；② 受该行为影响的人；③ 实施结果可能影响到的人。

此外，还要确定变量。模拟客户经历时需要考虑的变量包括两个因素：① 时间因素。在一天、一周或一个月内的不同时间，客户是否会遇到不同的对待？是否有高峰期或非高峰期？是否有时会出现员工过多或人手不够的情况？② 交费服务网点的规模和地点因素。客户会因为所到的地方网点类型不同而产生不同的期望值。如在较小的网点中，他们可能认识员工，并希望得到友好的个人服务；在忙碌时，他们希望在服务时限内完成业务，不愿排队。

（3）给客户安排一个"角色"。

制定并实施客户体验计划，将那些不直接与客户发生接触的员工，如检修人员、机关后勤人员等一一推到前台与客户交谈，或为客户开辟一个可以参观企业人员作业的特别观察区，让客户亲眼看到他们闻所未闻的事情，这对双方都是一种全新的体验。对公司客户，还可以安排他们反串一下客户咨询接待人员的角色，通过"对号入座"式的切身体验，使之了解服务工作的甘苦，增进对电力一线人员的了解和沟通。

3. 服务员工的激励和培训

提高服务员工的责任感，这是提高服务水平的关键因素，供电企业的每一位员工都会对客户服务质量发生影响。检修人员、机关后勤人员等一般不直接与客户发生接触的员工，他们往往在服务培训中被忽视。作为一种体验手段，服务人员可以与公司内部的后勤人员等交换角色，以体验不同岗位的工作感觉，强化团队意识。

对表现优异的员工给予奖励，对失误或质量水平低的服务员工给予处罚。公布评比结果，对表现最佳的员工给予定期月奖励和最佳总体表现的季度奖励。不同部门可以互相竞争，以表明自己部门达到了最高的服务标准。激励项目不仅以现有水平为基础，还应该以改进现有服务为基础。确立服务标准，包括以下五点要素。① 营业地点的方便程度；② 营业时间；③ 方便的交通路线和停车场；④ 服务或接待的速度；⑤ 电能使用常识和服务方式。

为确保落实以客户为中心的要求，应该明确：① 确定哪些部门和个人对客户满意度有直接影响；② 从客户的角度分析影响客户满意度的主要因素；③ 调查目前客户的满意度水平，或要客户对关键领域的服务质量做出评价；④ 确保公司上上下下都了解客户的期望和对当前服务的看法；⑤ 在可能出现问题的领域引入改进方案。

服务质量在全公司保持一致是很重要的，否则一处营业网点的不良表现，可能会影响客户对整个公司的印象，规范化建设至关重要。服务标准的作用有：① 能够被界定的客户需求；② 要在整个组织内贯彻统一的标准；③ 客户需求能够被转化为客户标准；④ 公司希望表明对实现客户关注的决心；⑤ 从客户的角度分析影响客户满意度的主要因素。

客户关注的内容包括提供客户服务的物质途径和员工的态度。确定服务标准的方法是将员工注意力放在客户身上，通过以下途径实现：① 召开客户讨论会，确定客户的需求，并探讨客户对服务质量的看法；② 颁布客户服务标准，确保标准的统一；③ 引入客户服务计划；④ 实施客户服务计划，确保所有员工理解客户服务的重要性；⑤ 引进客户满意评估法，衡量各网点的表现；⑥ 实施客户满意激励方案，奖励取得最高客户满意度的网点。

设定客户关注的服务标准。制定这些标准的指导原则是：① 标准应该体现在客户认为重要的业务方面；② 标准包括日常行为，如接听电话或回信等，同时还包括各行业特有的客户的要求；③ 标准是可以衡量的；④ 让每一个员工了解标准；⑤ 鼓励员工超越标准而不只是勉强达到标准。

当前多数供电企业已经建立健全了一整套营销服务的管理标准、工作标准和规章制度，通过理顺内部关系，简化内部环节，逐步实现营销服务工作的标准化、规范化、制度化。制定和实施以上细则、标准和制度，将极大地规范供电服务工作。例如，客户报装接电全过程管理实施细则包括：① 客户代表岗位管理标准和工作标准；② 客户代表和值班长岗位规范；③ 客户代表交接班管理制度；④ 服务中心系统维护岗位管理标准和工作标准。

4. 信息传递的技巧

将信息传递到客户手中是提供高服务水平的重要步骤。一个客户获取咨询资料时，肯定期望公司为他量身订制，而并非一定是印制精美、价值不菲的全套资料。如何确保这种资料信息的有效传递？以下就是具体的服务技巧。

（1）向潜在的客户提供简单的答复机制，如免费邮寄或免费电话。

（2）随邮件附上获取重要数据的机制。

（3）在接到邮件要求后，打电话询问更具体的客户需求信息。

（4）只向客户寄送适用的资料。

（5）为客户提供进一步联络和索取信息的方式。

（6）为潜在客户安排一次约见，以推进他的决策进程。

四、积极倾听技巧

倾听是作为一名有效的听众应具备的能力，我们常常把听到和倾听混为一谈。听主要是对声波振动的获得；倾听则是弄懂所听到的内容的意义，它要求对声音刺激给予注意、解释和记忆。

（1）主动倾听与被动倾听。有效的倾听是积极主动的而非被动的。在被动倾听时，你如同一台录音机一样接收传给你的信息；只有当说话者提供的信息清楚明了、生动有趣、吸引你的注意力时，你才可能接受说话者传递的绝大部分信息。积极的倾听则要求你的投入，使你能够站在说话者的角度上理解信息。因此，积极的倾听是一项辛苦的劳动，你需要精力集中，需要彻底理解说话者所说的内容。运用积极倾听技术听课的学生，一堂 50min 的课下来，会和教师一样疲惫，因为他们在倾听时所投入的精力与教师讲课时投入的精力一样多。

积极的倾听有以下四项基本要求。

1）专注。人的大脑容量能接受的说话速度，是一般人说话速度的6倍，这使倾听时大脑有相当多的时间闲置未用。积极的倾听者精力非常集中地听说话人所说的内容，并关闭了其他成百上千混杂在一起、容易分散注意力的念头（如金钱、性别、职业、聚会、朋友、待修的轿车等）。

2）移情。要求把自己置身于说话者的位置上，努力去理解说话者想表达的含义而不是你想理解的意思。注意：移情要求说话者的知识水平和你的灵活性两项因素。你需要暂停自己的想法与感觉，而从说话者的角度调整自己的所观所感，这样可以进一步保证你对所听到的信息的解释符合说话者的本意。

3）接受。积极的倾听表现为接受，即客观地倾听内容而不作判断，这不是件容易事。说话者所说的话常常导致我们分心，尤其当我们对其内容存有不同看法时，这是很自然的。当我们听到自己不同意的观点时，会在心里阐述自己的看法并反驳他人所言。显然，这样做时我们会漏掉余下的信息。积极倾听者的挑战就是接受他人所言，并把自己的判断推迟到说话者说完之后。

4）对完整性负责的意愿。听者要千方百计地从沟通中获得说话者所要表达的信息。

达到这一目标最常用的两种技术是，在倾听内容的同时倾听情感及通过提问来确保理解的正确性。

（2）开发有效的积极倾听技巧。

1）使用目光接触。当你在说话时对方却不看你，你的感觉如何？大多数人将其解释为冷漠和不感兴趣。与说话者进行目光接触可以使你集中精力，减少分心的可能性，并能鼓励说话者。

2）展现赞许性地点头和恰当的面部表情。有效的倾听者会对所听到的信息表现出兴趣。通过非言语信号，赞许性地点头、恰当的面部表情与积极的目光接触相配合，向说话者表明你在认真聆听。

3）避免分心的举动或手势。表现出感兴趣的另一做法是避免那些表明思想走神的举动。在倾听时，注意不要进行下面这类活动：看表、心不在焉地翻阅文件、拿着笔乱写乱画等。这会使说话者感觉到你很厌烦或不感兴趣。另外，这也表明你并未集中精力，因而很可能会遗漏一些说话者想传递的信息。

4）提问。批判性的倾听者会分析自己所听到的内容，并提出问题。这一行为提供了清晰度，保证了理解，并使说话者知道你在倾听。

5）复述。复述指用自己的话重述说话者所说的内容。有效的倾听者常常使用这样的语句："我听你说的是……"或"你是否是这个意思？"。复述有两个作用：① 核查你是否认真倾听的最佳监控手段。如果你的思想在走神或在思考你接下来要说的内容，你肯定不能精确复述出完整的内容。② 精确性的控制机制。用自己的语言复述说话者所说的内容并将其反馈给说话者，可以检验自己理解的准确性。

6）避免中间打断说话者。在你作出反应之前先让说话者讲完自己的想法。

7）不要多说。大多数人乐于畅谈自己的想法而不是聆听他人所说。很多人之所以倾听仅仅因为这是能让别人听自己说话的必要付出。尽管说可能更有乐趣，但我们不可能同时做到听和说。一个好听众知道这个道理，并且不会多说。

8）使听者与说者的角色顺利转换。对于在报告厅里听讲的学生，可能比较容易在头脑中形成一个有效的倾听结构，此时的沟通完全是单向的，教师在说而学生在听。大多数工作情境中，听者与说者的角色在不断转换。有效的倾听者能够使说者到听者、听者再回到说者的角色转换十分流畅。从倾听的角度而言，这意味着全神贯注于说者所表达的内容，即使有机会也不去想自己接下来要说的话。

五、售前服务、售中服务和售后服务技巧

从最初的问讯到销售前建议再到售后服务的每一个阶段中，高质量的接触都很重要。

1. 售前服务：使客户感到信任

售前服务是供电企业客户服务的第一个环节。在此阶段，虽然电能交易还没有发生，但是事实上各项前期费用的交易已经发生了。在这里，不仅要服务当前客户，还要影响潜在客户的选择。当今的市场趋势是，很难有一种商品长久地、大量地占有固定的客户，客户的选择性越来越强，讨价还价能力与日俱增。有种极其错误、十分有害的观点：以为电力客户群是恒定不变的，不存在电力客户流失的问题。事实上，一个大客户是选择建自备电厂，还是直接从电厂购电；居民生活是采用燃气方式，还是使用电能，是以电能为主，还是以其他的能源为主——客户服务技巧都将极大地影响客户的选择。退一步讲，由于某种原因客户用电量下降，无疑也是一种变相的客户流失。

2. 售中服务：使客户感到满意

售中服务是指客户在使用电能过程中，供电公司为其提供的服务，主要是提供灵活的服务方式、良好的服务态度和必要的服务设施。灵活的服务方式能为客户提供尽可能多的方便条件，良好的服务态度是指在服务过程中说话和气，认真解答客户提出的各种问题，向客户讲明注意事项，指导客户用电。

3. 售后服务：使客户感到愉悦

在公用性服务行业，特别是在供电行业，真正的服务始于售后。

随着客户满意观念逐步成为电力员工的自觉意识，为客户提供售后服务的工作范围，已经从原来的维修及处理投诉，延伸和扩展至免费热线、信息与决策的服务、回访、维修零件供应、广泛的质量保证、操作培训等方面。这些售后服务工作可以归纳为两大方面：支持服务和反馈与赔偿。售后服务不仅可以直接影响到客户满意度，还可以对产品、销售中出现的失误给予补救，以达到客户满意。在电能售后消费阶段，现场管理的有序性、服务流程的高效率、沟通的有效性都是影响客户满意的主要因素。

（1）现场管理的有序性。这包括服务人员对营业厅的布置、对客户参与服务的管理、对客户相互影响的管理。有序的经营现场给客户留下的印象是客户判断服务质量的重要依据。

（2）服务流程的高效率。这是指服务人员及时向客户提供所需服务的反应性及服务效率。高效率的服务流程可以缩短客户的等候服务时间，可以精简各服务步骤，能够尽快给客户以决策答复，在服务的标准化、熟练度等方面给客户留下正面的印象，最终影响客户满意度。

（3）沟通的有效性。服务中的沟通是双向的，既包括服务人员主动向客户介绍参与服务的方法和传播服务的可信任特征，又包括客户向服务人员清晰表达自己的要求。因此，要取得有效的沟通，企业不仅要通过服务人员的工作帮助客户积累有关知识、取得客户的配合、合理提高客户对服务过程的控制力，从而提高客户满意度，还要帮助客户能够明确提出自身的服务要求，避免客户对消费结果产生不满。

六、集团消费与个人消费服务技巧

1. 寻找目标客户

不同的电力客户有着不同的电力需求规律，电能购买动机的不同导致购买行为模式的差异。对顾客分别接待是搞好服务的一项重要原则。分别接待就是有针对性地提供服务，尽可能地满足不同层次顾客的实际需要和心理需要，就是把每一个顾客都当作"个人"来接待。

柏拉图成功法则表明：以80%的投入，只能获得20%的成果。进行市场细分，确定目标客户，将时间投入在正确的客户身上，以"20%的投入"可获得"80%的成果"。问题是，哪些人才是为电力公司带来80%的成果的客户呢？

某电力公司2001年用电量统计见表8-1，由此可见，用电大客户就产生在传统的制造业里。

表8-1　　　　　　　　用 电 量 统 计 表　　　　　　　　单位：%

序号	用电类别	比重	序号	用电类别	比重
1	重工业（工业）	57.10	7	排灌（农林牧渔水利业）	1.80
2	乡村用电（居民生活）	17.58	8	交通运输邮电通信业	1.16
3	城市用电（非居民生活）	6.09	9	建筑业	0.72
4	城市用电（居民生活）	5.71	10	地质普查勘探业	0.02
5	农副业（农林牧渔水利业）	2.30	11	其他	5.40
6	商业饮食物资供销仓储业	2.12			

2. 大客户服务技巧

目前，对于大客户的界定方法不一，有的是按变压器容量来计算的，有的是按月度用电量来计算的。此处的大客户主要指对电力依赖性大的制造业客户。这类客户对稳定用电量起着主导和支配的地位，其特点是单位数量少，但其用电量占供电企业售电量的比重大，他们维持着电力市场的稳定。这一部分客户是供电企业赖以生存和发展的主要支柱，采取的基本策略是重点支持、鼓励他们进行电力消费。

建立和这些大客户的联系是首要的任务，可供选择的方式有：① 将客户公司里重要的活动或纪念日建档，并亲自或以书面方式予以祝贺。② 定期拜访并特别地去维系与他们的关系。③ 成立客户咨询委员会，让符合特定条件的客户参加。④ 成立客户俱乐部，发给客户会员卡，让持卡人享受优待。⑤ 为达到特定用电量的客户举办诱因之旅。好处是：在举办之前即可先算清楚多少销售成果可以赚取足够利润，以吸收这一笔诱因之旅的费用。⑥ 试着每个月为特别的客户提供一个特别的优惠服务。

许多地区成立了电力客户关系委员会，一些大的客户被聘为委员，通过召开一些发布会、座谈会等活动加强与他们的沟通与交流。

对大客户工作，企业主管人员要亲自抓，例如，有的企业就建立大客户管理部。要充分关注大客户的一切公关及促销活动、商业动态，并及时给予支援或协助。大客户的一举一动都应该给予密切关注，利用一切机会加强与大客户之间的感情交流，如客户的开业周年庆典、客户获得特别荣誉、客户的重大商业举措等。大客户管理部或相应的职能部门都应该随时掌握信息并报请上级主管，及时给予支援或协助。

（1）安排企业高层主管对大客户的拜访工作。一个有着良好业绩的公司的营销主管每年大约要有 1/3 的时间是在拜访客户中度过的，而大客户正是他们拜访的主要对象。

（2）经常性地征求大客户对服务人员的意见，及时调整服务人员，保证渠道畅通。

（3）对大客户制定适当的奖励政策。组织每年一度的大客户与企业之间的座谈会，听取客户对供电企业电能质量和服务等方面的意见和建议、对未来市场的预测、对企业下一步的发展计划进行研讨等。这样的座谈会不但对企业的有关决策非常有利，而且可以加深与客户之间的感情，增强客户对供电企业的忠诚度。

（4）抓住特殊的客户事件做宣传，对正面事件积极报道，对负面事件深入反省，变坏事为好事。

3. 中客户服务技巧

中客户是指用电量适中、需求稳定的那部分客户，其单位用电量小于大客户，但数量超过大客户。作为开拓电力市场的重点目标，他们是电力市场的主要增长点，对实现售电量目标至关重要。这一群体包括中小企业、私营业主、个体经营者等，对他们采取的策略是积极扶持用电，培植电力市场新的增长点。纵观目前国内消费市场不难发现，绝大多数厂家和商家在启动服务时都存在滞后的现象，即采用"补救性"服务明显多于采用"前瞻性"服务。简言之，企业似乎更愿意在商品售出后对客户进行跟踪服务，而不习惯在消费者选购阶段就及早介入、提前引导。这不仅遏制了企业在引领消费方面的主观能动性，还使消费者因缺乏有针对性的指导而不能随心所欲。针对这一客户群，电力部门应该在其流露出用电意向前即先期介入，真诚地为他们设计出科学合理的用电方案，根据需求进行"度身定做"。

4. 居民客户服务技巧

居民客户的特点是，较之大客户和中客户，他们用电量小，但数量庞大，服务环节复杂，一般以家庭为用电单元。这一群体一般不具备电力专业知识，缺乏基本的用电常识，管理难度比较大，容易发生用电损耗，也是投诉的高发群体。发达国家的用电市场表明，这一群体的用电量所占比重远远超过其他各类用电。但在我国的现阶段，这一群体一直处于低水平用电状态，从长远看增长潜力很大。对待这一群体，要采取引导和刺激消费的方式，调动他们的用电热情，挖掘他们的用电潜力，主要途径有：

（1）"一对一"的服务。随着居民生活用电占社会用电量比重的不断提高，开拓居民生活用电市场已成为挖掘用电潜力的重要措施之一。为鼓励居民多用电，市场细分到户，服务到家，已经成为通行的做法。例如，近年来实施居民用电"一户一表"工程、电气化居民小区、电气化村（镇）等，与营销服务相结合，开发了重要的电力增长点。某电力用户确定了对居民客户月用电量实行梯度电价优惠的政策，取得了良好的效果。

（2）"顾问式"的信息咨询。及时地传递有关核心产品的信息，可以缩短客户寻找信息的时间，促进产品的销售速度。除通过广告提供一部分信息之外，企业还可以通过服务人员、小册子及公告提供一些信息。近几年又出现了更先进的方式，如使用录像机、触摸屏和计算机网络，这些方法都可以满足客户的信息咨询要求。在信息咨询方面，特别要强调服务人员与客户之间的直接交流。这种对话的方式不但有效而且富有人情味，可以促进企业与客户之间的关系。在这个过程中，服务人员应对客户所处的形势有一个清晰的了解，引导客户说出他们自己的困难，并引导他们解决问题。例如，为了检验承诺服务的客户满意度，中国香港中华电力公司设计了四种客户意见卡，包括紧急服务意见卡、客户服务中心意见卡、客户装置检验意见卡和客户电话服务意见卡。同时，还聘请顾问公司进行客户意见调查，对服务意见调查进行统计分析。

（3）"实物化"的演示。用电操作与使用都要符合一定的程序，违反技术操作有时会危及人们的人身安全，因而客户在新上电后非常希望了解如何操作使用及有哪些注意事项。特别是居民客户在正确使用电器方面存在较大的局限，充分利用宣传册、演示传授操作技术是十分必要的。当前，许多电力公司的客户服务中心都设置了电器演示室，并配备了专门的人员。演示操作与解说作为客户服务活动中的一个重要组成方面，应该让客户花费最小的气力来学会如何操作和使用。特别是技术复杂的设备，服务人员更应该讲究这方面的技巧。

（4）"社交化"的联系。社交联系即企业主动与客户保持联系，不断研究和了解客户的需要和愿望，向客户赠送礼品和贺卡或建立用电联谊会等，表示友谊和感谢。美国技术协助研究机构调查，只有1/3的客户是因产品和服务有毛病而不满，其余2/3的问题均是因沟通不良而发生。建立"社交"联系能够"不间断"地了解客户的需求和意见，以便向客户提供更满意的产品和服务。窗口单位服务人员要做客户"可亲、可爱、可信、可交"的朋友，做超出业务之外的朋友。

七、提高型服务技巧和补救型服务技巧

企业与顾客之间的一切往来都是为客户服务。这些服务一般体现为两种形态：① 通过服务让客户由衷地感到满意，甚至愉悦。这种"锦上添花"式的服务技巧可以概括为提高型服务技巧。② 通过服务活动，纠正工作失误，消除负面影响。这种"雪中送炭"式的服务技巧可以称为补救型服务技巧。

（一）提高型服务技巧

优质服务表现在以下八个方面。

- 对客户的问询及客户碰到的难题迅速做出反应。
- 昼夜服务，及时回访客户，采取一切措施简化业务往来。
- 公司上下各部门员工都同客户友好相处。
- 尽量为每个客户提供有针对性的个别服务。
- 对产品质量做出可靠承诺。
- 在所有交往中表现出礼貌、体贴和关心。
- 永远做到诚实、尽责、可靠地对待客户。
- 让客户的钱始终能发挥出最大的效用。

1. 变客户为朋友的技巧

销售专家最佳新方案称为人际关系管理。这背后隐含的是一个由乐趣、服务、体验及吸引人的产品所构成的巧妙的组合，就连老到的消费者也无法抗拒。因为这种新的服务方式是以人情的附加值来建立与客户之间的联系的。

（1）为客户举办活动。这类活动可组成与客户的直接接触，显示企业在提供产品之外还有提供附加服务的意愿。例如：① 传授免费的相关信息课程，或以特惠价格优待客户参加某一方面最新发展的研讨会。② 开放一个参观企业窗口部门或客户感兴趣的部门的日子，不但能让员工有机会介绍自己的企业，还加强了与客户的联系。③ 从一个合乎潮流的动机出发，在自己的公司举办展览可以介绍推销电能和服务方式或优惠政策，同时也是赢得客户的极佳机会。④ 定期召开新闻发布会或客户关系会议，并邀请专家演讲，介绍电力工业最新的发展趋势，并且让参加者有机会交流经验。

（2）多做一些贴心的事。为系统化的客户服务投入更多的时间及创意。做这类体贴客户的事比用传统赢得客户的方法来得更划算。

（3）增加人情味。这里的人情味主要指企业对客户的好客感及关心的行为。一个管理良好的企业，应该尽量在细微之处让客户感到企业的确把他们当作一位宾客，尤其是客户需要不止一次到企业来时。好客感能够增加人情味，使客户感到快乐。礼貌与体贴不仅体现在电话中的交谈，特别是当客户来到企业时更应该表现出对他们的真切关怀。

当客户需要等候时，企业应提供下列服务：① 客户在户外时，使客户及其车辆等不要受恶劣天气的侵袭。② 客户在户内时，提供一些供客户消遣时间的设施，如沙发、电视、报纸等。③ 提供一些饮料食品和方便的洗手间。④ 对客户的车辆、衣物、小孩等给予托管或保护。

2. 变交易为交往的技巧

传统的商品交易是以"一手交钱、一手交货"的方式完成的，之后供需双方的关系就结束了。这只是交易，并非我们所说的交往。无疑，交往比交易增加了人际关系的因素。因为交易只是一种经济现象，交往则是人际关系，而没有交往的交易往往只是一次性的。

变交易为交往的规则有以下九条。

（1）持续地赢得客户。过度的信息负荷使服务人员与客户之间有一层几乎密闭的过滤网，只有借助于人际关系管理才能打得开，因此必须持续不断地赢得客户。但是必须专注于一个目标群，如此服务人员与客户方能融为一体。

（2）联系的线不可中断。许多联系因为维系得不够努力而丧失，在销售后送一颗糖，如此可加深客户的印象，并且在交易完成后仍保持联系。

（3）计划共同的体验。提供旅游机会给客户不是新的创意，但仍受欢迎而且费用容易收取。因为只有特定的客户才受到特别及冒险的旅行的邀请，而且是在达成对他们销售的目标后可赚回旅行费用的情况下。一起参加网球或其他形式的体育活动是一个很有效用的接触机会。

（4）举办活动。在非交易场合接触，可以让我们的目标客户放松他们的矜持。一个可携配偶出席的晚会将促成买卖双方的私人情谊；一个自办展览可将自己的产品特色在不受竞争的干扰下做出最佳的展现；一个受欢迎的专家所主持的研讨会也可创造经验交换的机会及新的接触。

（5）信息反馈。美国心理学家夏迪尼发现，人们在获得好处后亟思有所回报，回赠的多寡并无关紧要。因此带来持续购买的不是价格的吸引力，而是给予附加好处的艺术。

（6）以信息吸引。公司期刊报道有关市场趋势并详细介绍信息新产品。在发给客户的快报上以 2～4 页的篇幅将一些提示、趋势和机会作一个简介；用录音带以声音和影像介绍新知识；一封负责人的信将使以上各项更为完美。

（7）学习互补的销售方式。在进行互补的销售时，销售商赢得为他介绍生意的事业伙伴。例如，汽车买主向销售商打听划算的保险，而电脑买主找寻特别的零件销售商的地址。

（8）积极保持。一些小的疏忽会导致销售的努力可能在到达目标的 5min 前功败垂成。

（9）遵循明确的路线。看和听是两条接近人们的捷径，不过，这些渠道已经相对过度饱和。客户能触摸到的所有东西，都能触动情绪知觉。因此最佳的销售方式是经过一个网络系统赢得客户，能触摸及感觉得到的最能刺激潜在客户。

3. 化敌为友的艺术

服务工作是在人与人之间进行的，提高服务人员素质，发挥他们的聪明才智和主动精神，对搞好整个服务工作具有决定性的意义。美国学者调查表明：一是产品与服务很难分离，你中有我，我中有你。二是企业的服务质量提高 1%，销售额可增加 10%。三是服务在当代社会不可须臾离开，它深入每个角落，联系每个消费者。四是服务员工怠慢一名客户，会影响 40 名潜在客户。

如何变逆意公众为顺意公众，达到化敌为友的效果——对此问题的深入探讨，将在"补救型服务技巧"中阐述。

（二）补救型服务技巧

在通常情况下，投诉是难以避免的。在公用性行业中，顾客投诉更是屡见不鲜，并且这种投诉常常被认为是带有明显敌意的行为。投诉必定会发生，但如果处理得当，弥补损失使客户感到愉悦，坏事又何尝不能变成好事？妥善处理客户投诉——补救错误的技巧，是格外值得注意并研究的。

1. 客户为什么抱怨

客户为什么要抱怨呢？经验表明，企业必须力求在五个层次的服务水准方面紧密配合：① 企业希望提供的服务水准；② 企业能够提供的服务水准；③ 企业实际提供的服务水准；④ 客户感觉到的服务水准；⑤ 客户期望得到的服务水准。这五者之间只要有一部分未能配合，客户的抱怨就会产生。就供电企业来说，导致客户抱怨的因素不外乎以下几种类型。

（1）提供的电能品质不良，如端电压合格率偏低、供电可靠性差等。

（2）提供的服务欠佳，如服务人员言行不符合礼仪规范，或同事之间聊天，冷落客户，甚至发生以电谋私等问题。

（3）服务效率低，如急修服务到位不及时，恢复供电过程过长。

（4）工作质量差，如给客户造成停电或带来其他不应发生的麻烦。

（5）缺乏语言技巧，如不打招呼，口气生硬；业务知识不足，无法满足客户询问。

2. 善待抱怨

较之正常业务咨询，投诉无疑是反馈系统中服务人员最不愿接收的一种信息，它的强度很容易超出心理警戒线。但是必须纠正这样一种认识：接受投诉是自讨苦吃。

埃德加·K. 格弗罗伊和他的研究伙伴乔治·格林在研究顾客服务时，总结出了顾客关注的黄金法则。

（1）除非能很快弥补损失，否则失去的顾客将永远失去。

（2）不满的顾客比满意的顾客拥有更多的朋友。

（3）顾客并不总是对的，但怎样告诉他们错了会产生不同的结果，毕竟顾客支付了所有的报酬。

（4）欢迎投诉——投诉使企业有机会进行挽救。

（5）必须倾听顾客的意见以了解他们的需求；如果您不去照顾您的顾客，那么别的人就会去照顾。

当一位愤怒的客户回心转意时，您是否意识到已经赢得了一位客户？每留住一位客户，也就等于免去了为赢得一位客户所花费的精力和其他投入——牢记这句话，您将有勇气面对来自客户的愤怒，并且迈出了平息客户愤怒的第一步。只要客户投诉，就不必指望这种负面能量以很温和的方式发泄出来。有时客户投诉是为了解决用电中的某个具体问题,有时则纯属想发泄被压抑的情绪。有效解决愤怒反应需要相当的人际关系技巧。忽视客户投诉所带来的危机是致命的,95%以上的客户在强烈感受到不满后会一走了之。

据有关的统计:如果客户的投诉得到妥善处理,有 54%、70%的顾客会继续购买公司的产品。如果处理投诉十分迅速,这一数字则可攀升到 95%顾客的忠诚即使是再发道歉。

一个抱怨的客户会成为最好的客户吗?如果客户投诉的理由成立,则这个抱怨的客户很可能就是企业最有价值的资产。而客户投诉正是帮助企业发现种种不安全的因素,客户投诉等于是给企业一个改正的机会。如果投诉的客户满意而归,企业将受益无穷。因为投诉者中一般会有人为企业做义务广告,所以他们会向五个以上的人宣传自己得到的待遇。

3. 摆脱困境

当一切正常时,给客户以良好的服务是容易做到的,而真正检验服务水平的是当事情变得棘手时如何处理。这决定着客户是否愿意再与企业发生业务往来。当企业对客户犯了错误时,补救的主动性可以帮助客户恢复他们失去的尊严、信心或信任。想象一下:今天是星期一,一位客户本该在星期五得到送电或登门服务却没有按期兑现。这一问题并不难解决,星期二的早上就可能实现他的愿望,可届时他的愿望远不止这些了,他头脑中可能就此对企业的服务承诺保持警惕。仅仅采取补救行动还是不够的,因为这一行动的本身未显示出主动性。要想挽回影响,还需要做好三件事。

(1)真诚地道歉是一种让客户知道企业关心并想纠正错误的方法,那种不想因为承认错误而使企业形象有所损害的想法,是更大的错误,因为客户已经坚信错误在企业了。

(2)认真听取客户对问题的评价,而不要本末倒置。

(3)让客户知道企业关心他们的事情,并且错误不会再次发生。

供电企业经常接触到的投诉,除了书信投诉外,主要是客户通过电话或找上门来的直接对话。要乐于倾听,如果要做解释或辩解,一定要留出倾诉他们不满的时间。最好是设专人负责处理客户投诉,并布置一个专门的接待室,在环境安排上要给投诉者以亲切感。倾听完投诉,负责接待的人员必须立即表态,第一个姿态是真心实意地感谢,把投诉看作对企业或部门的爱护。如客户投诉合理,应立即表明态度,或退或赔;如果是服务态度问题,应马上赔礼道歉,最好让肇事者自己来表示歉意;倘若有些问题不能马上处理,也不能踢皮球,应向客户保证负责日后的转告及联系,但不要轻易许诺。如接到信函投诉,应记下对方的通信地址,在处理时限内处理完毕后,立即向当事人反馈。

客户希望自己的投诉能够得到迅速积极的答复,是打电话还是写信,取决于问题的性质和时间;但是不仅应解决问题,还应该利用时机让客户确信企业将致力于提供最高标准的服务。

综上所述,服务单位的基本做法如下。

(1)鼓励客户投诉。贴出标语,在与客户联络方式中提供地址和电话。

(2)设立一部免费拨打的电话号码或免费邮寄的地址,为客户提供指定的负责人,使客户易于投诉。

(3)确保指定的电话由经验丰富的客户接待专家负责。

(4)授予该负责人解决投诉的权力,必要时提供适当的奖励。

(5)保证不能立刻处理的投诉会顺利汇报上一级负责人,并得到合理解决。

（6）感谢客户指出的问题并使公司能够解决。

（7）使客户相信公司会采取补救措施。

（8）设立记录和分析投诉程序。

4. 面对挑剔的客户

不可否认，客户并不总是通情达理的。但是，在任何时候也不要轻言放弃，因为留住了客户，就是留住了市场。如果遇到爱挑剔的客户，也要婉转忍让，至少要在心理上给这样的客户一种如愿以偿的感觉。当遇到难缠挑剔的客户时，要学会用"我"表意，而非用"你"推挡。第一人称"我"是站在自己的角度上表达感情，因此它经常包括"认为""觉得"，如：① 我觉得我不能认同您的说法；② 我认为你这种要求不妥当。换第二人称来表达一次，局面很可能将无法挽回，如：① 你的说法是错误的；② 你这是无理要求。

如何争取挑剔的客户？专家提出了以下六个步骤。

第一步：让客户发泄。当客户烦恼时，他们想要做两件事：① 表达自己的感情；② 解决问题。如果试图阻止他们发泄，将使客户的烦恼升级为愤怒。服务人员确实需要让客户知道服务人员是在用心去听他们的烦恼，切忌把它看作是针对自己的，服务人员仅仅是他们要发泄的对象。

第二步：避免陷入负面过滤之中。与挑剔客户之间的摩擦经常会因服务人员如何理解他的行为而使事情变得更糟。面对一个挑剔的客户时，如一个服务人员想："怎么遇上了这么不讲理的人！"这时，一种看不见的负面过滤就来到了服务人员和客户中间。从此，对待客户的方式就会因负面过滤而被扭曲。走出负面过滤的方法就是转入服务过滤。服务人员可以通过问自己这样的问题来达到这一目的："这位客户需要什么，我如何才能满足他的需求？"通过改变所注意的目标，就会找到需要解决的问题。

第三步：表达对客户的理解。简要而真诚地对客户表示理解会产生奇迹，使客户平静下来。虽然服务人员并不一定同意他们烦恼的原因，但已经架起了与客户之间的桥梁。

第四步：积极解决问题。帮助客户澄清问题的症结所在，不要犯经验主义的错误而错过了特殊的细节。要收集所需要的任何附加信息，重复检查所有的事实。

第五步：找到双方一致同意的解决方法，不要许诺做不到的事情。当告诉客户您要做什么时，一定要诚实、实际。

第六步：跟踪服务。通过对客户的跟踪服务——打电话、发邮件或写信——检查解决方法是否有效，并继续寻找更合适的解决方法。

复 习 思 考 题

与业扩相关的工作内容有什么？

第九章　电力营商环境

目的和要求

1. 理解电力需求侧管理的定义、作用
2. 理解如何优化电力运营商环境
3. 理解市场化售电、综合能源服务的相关概念
4. 掌握分布式电源并网服务要求

受国际债务危机的影响及国内银行货币政策紧缩影响，实体经济疲软，增速明显回落，国网公司售电市场呈现低迷态势，电力市场营销形势严峻。深入分析当前市场形势，研究制定经营策略，国网公司提出要加强报装全过程的管控；一方面缩短报装周期，争取早供电、快供电，另一方面提高报装质量，提升客户服务质量与满意度，从而达到优化服务、增供扩销的目的。

第一节　电力需求侧管理

一、电力需求侧管理的基本概念

1. 定义

电力需求侧管理（demand side management，DSM）是美国提出的一种在客户有效参与下，充分利用和挖掘能源资源的系统工程。它从根本上改变了单纯通过增加能源供应来满足需求增长的传统观念，建立了把节能视为供应方的一种可替代的资源的新概念。由于实施效果和作用显著，它不但在美国得到广泛应用，还在世界各发达国家被迅速采纳，并且各国也在结合自己的实际情况充分使其得以推广。

电力需求侧管理是供电企业作为供应侧，采取经济和行政的手段，以有效的激励和诱导措施及适宜的运作方式，与客户共同协力提高终端用电效率和改变用电方式，为减少电量消耗和电力需求，实现最低成本电力服务所进行的运营管理活动。因此，DSM 不是以降低能源服务水平来抑制电力消费水平，而是通过减少终端用电的消费，提供节电资源。这样做不仅仅是为了弥补电力供应缺口，更重要的是为了最有效和最经济地利用能源资源，优化配置资源，充分发挥电力在能源市场上的作用。

电力需求侧管理又称为电力需求方管理，由于它是在合理有效用电的基础上减少电能消耗和电力需求，因此也称为电力负荷管理。

电力需求侧管理是综合资源规划的一项主要内容，重在提高终端用电效率和改善用电方式，提供节电资源，减少对供电的依赖。在综合资源规划（integrated resoarce planning，IRP）方法的应用中，DSM方法的核心主要表现在以下两个方面。

（1）针对终端用电客户及主要用电设施，如何采用有效的节电新技术和新设备来改进或取代原有的用电设施，提高其电能的利用效率。

（2）如何加强电力的负荷管理，削峰填谷，改变用电负荷曲线，提高用电的合理性和有效性。

2. 推行需求侧管理的目的

（1）减少不合理的电力消耗，节约能源。

（2）节约用电，减少能源需求和污染排放。

（3）减少电源建设和电网建设的投入。

（4）降低电力客户的用电成本。

（5）提高电能在终端能源消费中的比重。

二、能源效率等级介绍

（一）能源效率等级概述

节约能源是我国的一项基本国策，推进全社会节约能源，提高能源利用效率，保护环境，是社会发展的需要，也是增强企业竞争力的重要途径。作为能源产品的电能也一样，节约电能就是节约能源，是建设节约型社会、实现经济社会可持续发展的重要手段。效率等级是判断用能产品是否节能的最重要指标，能源效率等级越低，表示能源效率越高，节能效果越好。

1. 能源效率等级介绍

一般能源效率等级共分1～5五个等级：① 等级1为最高级，表示产品达到国际领先水平，最节能，最省电，即耗能最低；② 等级2表示比较节能，比较省电；③ 等级3表示产品的能源效率为我国市场的平均水平；④ 等级4表示产品的能源效率低于市场平均水平；⑤ 等级5是市场准入指标，低于该等级要求的产品不允许生产和销售。

2. 能源效率的表达形式

为了在各类消费者群体中普及节能增效意识，在产品标志上用三种表现形式来直观表达能源效率等级信息：① 文字部分"耗能低、中等、耗能高"；② 数字部分"1，2，3，4，5"；③ 根据色彩所代表的情感安排的等级指示色标，其中红色代表禁止，橙色、黄色代表警告，绿色代表环保与节能。

（二）节约用电

电能作为能源的一种，一方面存在开发不足、长时间短缺的问题；另一方面利用效率不高，生产、输送和使用存在浪费严重的现象。因此推行电力需求侧管理，优化用电方式，降低单位用电成本，提高终端用电效率，节约用电势在必行。

需求侧管理是指通过提高终端用电效率和优化用电方式，在完成同样用电功能的同时减少用电消耗和电力需求，达到节约能源和保护环境的目的，实现低成本电力服务所进行的用电管理活动。开展电力需求侧管理活动，需要政府、供电企业、客户、用电设施研发制造单位和有关中间服务共同参与、共同完成。

因此供电企业在客户用电设备选购上应指导客户进行技术改造，采用耗电低、自动、高效、精确的设备，家庭用电选用节电型家用电器，以达到节约用电、降低电费开支的目的。

三、节电技术

（一）工业用电主要节电技术

我国工业用电约占全社会用电量的 3/4，工业用电如能节约 1%，每年可节约电量 210 亿 kWh，工业设备节电措施多，节电空间大。工业用电主要节电技术如下。

（1）选用高效电动机。如果全国现有的电动机全部改用高效电动机，每年可节约 600 亿 kWh 电量。

（2）采用高频调速技术，对普通异步电动机加装变频调速装置，可大大降低电动机的起动电流，节电率可达到 20%、50%，节电效果明显。

（3）选用高效用电设备。选用高效的风机、水泵、压缩机、粉碎机等用电设备，可以有效降低能耗。

（4）采用无功补偿技术。对于大功率用电设备采用无功补偿，提高功率因数，达到节能效果。

（5）采用节能变压器。替换老旧配电变压器，可以有效降低空载变压器损耗。

（6）加大余能回收力度。在冶炼、化工、炼油等行业生产过程中产生的余热、余气等剩余能源，可以通过技术手段加以回收利用，达到节约能源的目的。

（二）家庭节电

随着社会经济的发展，人民生活水平的提高，家庭用电已成为用电大户，因此节电型家用电器的开发和使用，既能节约电能，又能降低居民客户电费开支，深受居民客户欢迎。家用电器的节电方法如下。

（1）尽量不要使家电处于待机状态，不用时应彻底关闭电源。一台电气设备在待机状态下的耗电一般为开机状态的 10% 左右。

（2）选用能源效率高的家用电器，如空调、冰箱、洗衣机等电器上都标有产品的能源效率，选购该类电器时，应尽量选用耗能低的产品。

（3）选用节能灯，尽管单价高，但是与普通灯泡比较，可以节能 75%，且寿命是普通灯的几倍。

（4）定期清洁电气设备，如果保持空调隔尘网和散热器的清洁，可以提高电器运行效率，延长使用寿命。

（三）办公及公共场所节电

随着工矿企业的发展和公共事业的增多，办公及公共场所用电也在不断地增加，办公及公共场所采用节电技术，节约用电，也能达到节约能源的目的。办公及公共场所的节电方法如下。

（1）采用绿色照明技术。即通过科学的照明设计，采用高效、节能、环保、安全和性能稳定的照明产品，改善人居环境，提高生活质量，从而达到保护环境，促进健康的目的。

（2）采用建筑节电技术。即对高耗能建筑进行节能改造。尽管节能型建筑造价增力 8%～10%，但是能耗可以下降 50%～60%，受益期长达 50 年以上，长期节能效果明显。

（3）合理使用空调设备。即采用自动化智能空调控制系统，夏季制冷时温度控制在 26℃ 以上，无人时能自动关闭，定期清理散热系统，保持最佳运行状态。

（4）推广使用热泵技术。即在实行峰谷峰时电价的地区推广使用蓄冷、蓄热、蓄电技术，节约能源，提高整体能源效率。

总之，通过综合采取技术、经济、行政手段，鼓励客户使用高效用电设备，提高用电效率，改变用电方式，降低电力峰荷需求；在实现同样能源服务的同时减少电力需求，最终实现资源优化配置，社会效益最好，各方受益，能达到改善和保护环境的目的。

四、无功补偿基本知识

（一）简述

随着我国经济发展和人民生活水平的提高，各产业和民用电量大幅度增加，各类客户对电能质量的要求也在提高，而电力系统运行的经济性和电能质量与无功功率有重大关系。无功功率指的是交流电路中，电压 U 与电流 I 存在相角差时，电流流过容性电抗（X_C）或感性电抗（X_L）时所形成的功率分量（分别为 $Q_C = 12X_C$ 和 $Q_L = 12X_L$）。这种功率在电网中会造成电压降落（感性电抗时）或电压升高（容性电抗时）和焦耳（电阻发热）损失。因此，通过在客户端进行无功补偿，改变电力系统中无功功率的流动，达到提高电力系统的电压水平，减小网络损耗和改善电力系统的动态性能的目的，对节能降耗具有十分重要的意义。

（二）电容器无功补偿原理和补偿无功功率的确定

1. 电容器无功补偿原理

在电力系统中，由于客户大多使用感性功率用电设备，除吸收电力系统的有功功率做功外，还需要电力系统供给大量无功功率。如把具有容性功率负荷的装置与具有感性功率负荷的装置并联接在同一电路，当容性负荷释放能量时，感性负荷吸收能量；而当感性负荷释放能量时，容性负荷吸收能量，能量在两种负荷之间互相交换。这样，感性负荷所吸收的无功功率可由容性负荷输出的无功功率得到补偿，减少了无功功率在电力系统输电线路、变压器中的流动，从而提高了电力系统的电压水平，减小了网络损耗，改善了电力系统的动态性能。无功功率是把电能转换为另一种形式的能，这种能是电气设备能够做功的必备条件。这种能在电网中与电能进行周期性转换，如电磁元件建立磁场占用的电能，电容器建立电场所占的电能。纯电感负载中的电流 I_L 滞后于电压 $90°$，而纯电容的电流 I_C 超前于电压 $90°$，所以电感电流与电容电流方向相反互差 $180°$。如果在电磁元件电路中有比例地安装电容元件，使两者的电流相互抵消，使电流的矢量与电压矢量之间的夹角缩小，则可以提高电能做功的能力，这就是无功补偿的原理。

2. 补偿无功功率的确定

电容器补偿的无功功率，可按改善功率因数确定。其方法简便、明确，为国内外所通用。应补偿无功功率 Q_C 的计算表达式为

$$Q_C = Q_1 - Q_2 = P\tan\varphi_1 - P\tan\varphi_2 = P(\tan\varphi_1 - \tan\varphi_2)$$

或

$$Q_C = P\left[\sqrt{\frac{1}{(\cos\varphi_1)^2} - 1} - \sqrt{\frac{1}{(\cos\varphi_2)^2} - 1}\right]$$

式中，Q_C 为应补偿的无功功率，kvar；Q_1 为补偿前的无功功率，kvar；Q_2 为补偿后的无功功率，kvar；P 为最大负荷月的平均有功功率，kW；$\tan\varphi_1$ 为补偿前功率因数角的正切值；$\tan\varphi_2$ 为补偿后功率因数角的正切值；$\cos\varphi_1$ 为补偿前功率因数值；$\cos\varphi_2$ 为补偿后功率因数值。

（三）常用无功补偿方式

1. 个别补偿

个别补偿是对单台用电设备所需无功功率就近补偿的办法，即把电容器直接接到单台用

电设备的同一电气回路，随用电设备同时投运或断开，即随机补偿。这种补偿方法的效果最好，既能实现无功功率就地平衡，又能避免无负荷时的过补偿，但不便维护管理。

2. 分组补偿

分组补偿即根据电力客户用电设备的分布情况，将补偿电容器分组安装在电感性负荷比较集中或高低压母线上，形成多组分散补偿方式。它能与电力客户部分负荷的变动同时投切，适合中小型电力客户。这种补偿方法效果较好，且补偿方式灵活，易于控制，利用率也高。

3. 集中补偿

集中补偿即把电容器组集中安装在变电站二次侧的母线上或配电变压器低压母线上。这种补偿方法，安装简便、运行可靠、利用率较高，但当电气设备不连续运转或轻负荷，又无自动控制装置时，会造成过补偿，使运行电压升高，电压质量变坏。季节性用电较强、空载运行较长又无人值班的配电变压器不宜采用集中补偿。

（四）无功补偿的效益

1. 降低线路有功功率损耗

三相电路中，功率损耗 ΔP 的计算公式为

$$\Delta P = 3\frac{P^2 R}{U^2 (\cos\varphi)^2}$$

式中，P 为有功功率，kW；U 为额定电压，kV；R 为线路总电阻，Ω。

由此可见，当功率因数 $\cos\varphi$ 提高以后，线路中功率损耗大大下降。

2. 提高线路电压和改善电能质量

线路中电压损失 ΔU 的计算公式为

$$\Delta U = 3\frac{PR + QX_L}{U}$$

式中，P 为有功功率，kW；Q 为无功功率，kvar；U 为额定电压，kV；R 为线路总电阻，Ω；X_L 为线路感抗，Ω。

由此可见，当线路中无功功率 Q 减小以后，电压损失 ΔU 也就减小了。

3. 提高线路和设备输送有功功率的能力

由于有功功率 $P = S\cos\varphi$，当供电设备的视在功率 S 一定时，如果功率因数 $\cos\varphi$ 提高，即功率因数角由 φ_1 减小到 φ_2，则设备可以提供的有功功率 P 也随之增大到 $P + \Delta P$，可见，设备的有功功率提高了。

4. 提高功率因数

提高功率因数对电力客户的直接经济效益是明显的，因为国家电价制度中，从合理利用有限电能出发，对不同企业的功率因数规定了要求达到的不同数值。低于规定的数值，需要多收电费；高于规定数值，可相应的减少电费。可见，提高功率因数对企业有着重要的经济意义。

五、电力需求侧管理内容

电力需求侧管理不仅包括削峰填谷、提高低谷负荷、压低高峰负荷、策略性节约、策略性增长，还包括能源替代。电力需求侧管理不仅要考虑电力替代其他能源，还要考虑其他能源替代电力。我们知道，一般各地的电力和燃气的年负荷和日负荷都存在峰谷差。电力的年高峰负荷出现在夏季，而燃气的高峰负荷出现在冬季，具有很强的互补性。如果将部分电力

空调改为燃气空调，就可以降低夏季的电力高峰负荷，相应填补夏季的燃气低谷负荷，这对电力和燃气都是有好处的。其实，为了坚持环境保护和可持续发展战略，同时也为了节约能源，对我国政府而言，当务之急是要大刀阔斧地进行电价改革，将平均电价调整到合理水平，调整电价结构和电价分类，并充分利用两部制电价、峰谷电价、节假日电价、深夜低谷电价、季节性电价、可停电电价。只有这样，才能真正推进电力需求侧管理。电价合理化是引导客户合理用电的关键，是促进电力资源优化配置和优化利用的关键，是提高终端用电效率的关键，是开展电力需求侧管理的关键，也是保证电力改革和发展的关键。

六、电力需求侧管理手段

实施电力需求侧管理应该以先进的技术设备为基础，采用市场经济运行方式，遵循法制原则，讲究贡献和效益。一般情况下，实施电力需求侧管理的主要措施包括技术手段、经济手段、引导手段和行政手段。

1. 技术手段

技术手段是应用先进节电技术和管理技术提高用电效率或改变用电方式的方法。它是有益于节能的调整负荷和环境保护的生产工艺、材料与设备及保障经济、行政手段有效实施的管理技术。技术措施主要包括编制各种削峰填谷方案和电控电力负荷管理系统，对蓄冷、省热、蓄电技术，浪化锂制冷技术，远红外加热技术，高效变压器和高效绝热保温技术，自动控制技术的利用，以及用电设备和家用电器进行节电技术的改造等。主要的技术措施包括以下几个方面。

（1）削峰或错峰。削峰就是利用负荷控制技术直接控制高峰时段负荷，也可利用中断负荷电等方式，这可以避免或减少高峰时段负荷时调用最昂贵的发电机组，减少系统备用容量，降低辅助服务的费用。削峰或错峰的主要手段有：

1）严重缺电时，供电公司直接切负荷或客户接到通知后自己减负荷。

2）转移负荷。如采用经济或行政措施错开高峰时段和枯水期用电，调整不同客户的高峰用电时间或作业程序等。

（2）填谷。填谷就是尽量安排利用低谷电，特别是大容量的设备要放在夜间运行（如水泥厂的磨料机、厂里的水塔上水等）。充分利用后半夜低谷时间用电，可以提高负荷率，增加电力销售。填谷的主要措施包括：① 采用峰谷分时电价和季节分时电价；② 使用蓄水、蓄冰制冷或蓄热设备，实现移峰填谷。例如，利用蓄冰制冷空调和蓄热设备替代常规空调。另外，浴室用水也可以将晚上用水习惯改为白天用等。

（3）节能。节能可以提高用电效率，减少能源浪费，保护环境。节能主要通过节能技术，如绿色电器、隔热材料等加以实现。一般提高用电效率的主要措施有：① 照明替代，如节能灯替代白炽灯、细管日光灯替代粗管日光灯、电子镇流器替代电感镇流器、金属卤化物灯替代碘钨灯或高压汞灯等。② 高效电动机，如电动机经济运行、电动机变频调速等，不仅节约电力，还能提高产品质量。③ 降低线损，如功率因数补偿、无功平衡等。④ 余热回收。⑤ 建筑绝热。⑥ 能源替代，如用电锅炉替代煤锅炉和油锅炉，不仅能实现无人值班，还可满足环保要求。另外，许多烘烤隧道改油或汽为电，可改善工艺质量等。

（4）灵活负荷。灵活负荷能够降低客户的电费支出和电力市场备用容量的费用，主要措施有提供多种供电方案及电价，如可中断负荷电价等。可中断负荷电价是指在高峰时段，客户按要求停止部分或全部用电，因避峰而享受的一种优待电价。我国目前虽未实施，但在不久的电力市场中很快将会推广。

（5）战略性负荷增长。战略性负荷增长的目的在于主动扩大电力市场的能源占有率，优化资源配置，主要途径是宏观调控、开发新设备（如电动汽车专用蓄电池）、淘汰低效率的其他能源设备等。

当然，实施电力需求侧管理除了需要技术措施外，还需要财政措施和行政措施等措施的有力支持。

2. 经济手段

管理的经济手段是克服市场障碍、开拓能效市场、合理利用电力资源最主要的激励手段，其目的是刺激和鼓励客户主动改变消费行为和用电方式，减少电能消耗和电力需求。它是开拓节能市场、增强节能活力最主要的措施，主要包括以下几个方面。

（1）电价鼓励：是指给予购置特定高效节能产品峰谷分时电价，供用户在用电可靠性、时序性和经济性之间做出决定，以便吸引更多的用户参与需求侧管理活动，并促使产品的用户或销售商适当比例的折让，可中断负荷电价等。

（2）折让鼓励：是指给予购置特定高效节能产品的用户或销售商适当比例的折让，以克服高效产品价格偏高的市场障碍，以便吸引更多的用户参与需求侧管理活动，并促使供应商推出更好的节电产品。

（3）免费安装鼓励：是指向用户免费赠送和安装指定的高效节电设备，用户不必或仅仅支付少许费用，方便解决用户资金筹措的困难。

（4）借贷优惠鼓励：是指向初始投资高的那些用户提供低息或无息贷款，以减少用户参与需求侧管理计划在资金短缺方面的障碍。

（5）节电设备租赁鼓励：是指把高效节电设备租借给用户，以节电收益逐步偿还租金的办法来鼓励用户参与需求侧管理计划，以克服他们举债的心理压力。

（6）节电特别奖励：是指对工商服务业等用户提出准备实施的优秀节电方案给予"用户节电特别奖励"，借以树立节电榜样，激发用户参与需求侧管理的热情。

3. 引导手段

引导手段是指对客户消费的行为进行合理的引导，使其有助于节能和合理消费，它是市场经济不可缺少的经济手段。它体现在消除客户在信息、技术、认识、经济等方面存在的心理障碍，提高他们对节电的响应程度上。诱导措施主要有两种：一种是利用电视、广播、报刊等各种媒介把节能技术、有关政策的信息传递给客户；另一种是与客户直接接触，为他们举办与节电有关的技术讲座、人员培训、产品展示等。

4. 行政手段

行政措施是通过法规、条例、标准、政策、制度等来规范电力消费和市场行为，以政府特有的行政力量来推动节能、节约浪费、保护环境的一种管理活动。行政手段包括制定政策法规、鼓励电力公司和客户参与需求侧管理，进行宏观调控和节能调度及宣传推广等。

第二节　优化电力营商环境

一、冀北概况

全面落实上级相关文件要求，以客户视角出发，进一步解放思想，借鉴北京、天津"获

图 9-1　电力"5+服务"优化营商环境

得电力"典型经验做法，深化推广"减少环节+精简资料、缩短用时+主动对接、压降成本+金融增值、电力专家+能源管家、线下体验+线上办理"的"5+服务"办电服务措施（见图9-1），持续优化电力营商环境，实现电力客户"获得电力"感知度、认可度明显提升。

通过推广"5+服务"办电服务新模式，利用两年时间，打造全国一流、卓越服务的电力营商环境，全面实行 10kV 及以上大中型企业客户省力、省时、省钱"三省"服务，实现办电环节压减至 4 个以内、平均接电时间压减至 60 天以内、客户平均办电成本明显下降；全面推广低压小微企业客户零上门、零审批、零投资"三零"服务，办电环节压减至 3 个以内、平均接电时间压减至 15 天以内、客户红线外投资由供电企业承担。

二、典型做法

（一）推动客户办电更省力

通过压减环节、精简资料，推广线上办电、预约上门和业务代办服务，实现大中型企业客户办电"最多跑一次"、小微企业客户办电"一次都不跑"。

1. 进一步压减与客户互动办电环节

对大中型企业客户，合并现场勘查与供电方案答复、外部工程施工与竣工检验、合同签订与装表接电环节，取消非重要电力客户设计审查和中间检查环节，压减为"申请受理、供电方案答复、外部工程实施、装表接电"4 个环节；对于延伸电网投资界面至客户红线的新装项目，以及不涉及外部工程的增容项目，进一步压减为"申请受理、供电方案答复、装表接电"3 个环节。对小微企业客户，引导客户在申请用电时确定装表位置，在现场勘查时启动外部工程实施，在装表接电时签订供用电合同，办电环节压减为"申请受理、外部工程实施、装表接电"3 个环节；对于延伸电网投资界面至客户红线，以及具备直接装表条件的，进一步压减为"申请受理、装表接电"2 个环节。

2. 简化客户办电手续

除法规明确要求客户必须提供的资料、证照外，不需客户额外提供其他证明材料。已有客户资料或资质证件尚在有效期内，不再要求客户重复提供。按照业务类型制订客户办电需提交资料清单，通过营业厅、网站、手机 App 等渠道向社会发布。

3. 推广线上全天候服务

全面推行"互联网+"营销服务，提供"掌上电力"手机 App、95598 网站等渠道，实现客户线上自助提交申请资料、查询业务进程和评价服务质量，减少客户往返营业厅次数，实现大中型企业客户办电等 5 项复杂业务"最多跑一次"，小微企业办电等 16 项简单业务"一次都不跑"，高低压新装业务线上办理率保持在 95%以上。

4. 提供预约上门服务

深化移动作业终端应用，提高供电方案编制效率。对大中型企业客户，推行联合服务模式，由客户经理与发展、运检、建设等专业人员组成"1+N"服务团队，提供从技术咨询到装表接电"一条龙"服务。对小微企业客户，推行客户经理上门服务，现场收集客户需求、办电资料，确定配套电网工程建设方案、物资需求清单和不停电作业方案并实施，实现一次上门、一次送电。

5. 提供业务代办服务

对大中型企业客户，特别是省级及以上园区等大容量客户，按照客户需求提供路径规划、政府审批，以及市场化售电、综合能源服务等业务代办服务，制订相关业务办理细则，明确代办服务内容，进一步拓展服务范围。

（二）推动客户办电更省时预期成效

通过全环节限时办理，优化配套电网项目权限，推动政府部门简化涉电审批手续，加快工程建设和业务办理速度，实现大中型企业客户、小微企业客户平均接电时间（从提交申请到完成接电全过程时间）分别不超过 60 天和 15 天。

1. 实行业务限时办理

结合《国家能源局关于印发〈压缩用电报装时间实施方案〉的通知》（国能监管〔2017〕110 号）文件要求，明确各环节业务办理时限。健全全流程监测、预警、评价机制，建立省、市、县三级监控体系，应用人工与系统相结合的督办方式，提醒承办人按照规定时限办理业务。2019 年、2020 年大中型企业客户平均接电时间分别控制在 70 天和 60 天内；小微企业客户平均接电时间分别控制在 20 天和 15 天内。

2. 提供前期咨询服务

对于暂不具备申请用电条件的各类园区客户、110kV 及以上大客户，纳入重点项目储备库进行管理，超前掌握其用能规划、投产安排等信息，同步推送发展、运检、建设等部门，提前启动配套电网工程前期工作，优先保障冬奥会、煤改电、乡村振兴、蓝天保卫战、脱贫攻坚、国家基础设施建设、省级及以上重点工程等项目用电需求；指导客户合理确定内部用能方式、配电设施容量、选址和布局，待手续齐备、用电需求基本确定后，启动用电申请程序。

3. 简化供电方案审批程序

对大中型企业客户，深化应用移动作业终端，试行 10kV 客户供电方案现场答复，实行35kV 及以上客户供电方案网上会签或集中会审；对于接入电网受限项目，实行"先接入、后改造"或过渡方案接入，同步启动配电网升级改造工作。对小微企业客户，取消供电方案审批，受理申请时答复方案，现场勘查时直接启动外部工程实施。

4. 加快配套电网工程建设

下放管理权限。将 35kV 园区项目、10kV 常规项目可研、初设审批权限下放至地市公司，省公司层面动态调整业扩配套电网项目包规模；全面推行"项目预安排、工程先实施、项目后审批"工作模式，实行勘查方案设计一体化，同步推进验收、装表、送电工作，快速响应市场需求。加强物资供应保障。进一步扩大 35～220kV 输变电工程物资协议库存采购范围，推行可研设计一体化招标采购。推行供应商寄存、实物储备和协议库存相结合的物资供应模式，对依法必须招标范围外的施工、设计、监理实行年度框架采购，实施物资"定额储备、按需领用、及时补充"，切实保障物资供应需求，实现储备物资 3 个工作日内配送到现场。实行工程建设限时制。对大中型企业客户，原则上 10kV 配套电网项目 30 天内完工；35kV 及以上项目与客户内部工程同步或适度超前投运。对小微企业客户，原则上 5 天内完工，涉及低压公用线路延伸的，10 天内完工。

5. 推动加快行政审批速度

推动政府部门优化规划路由、项目核准（审批或者备案）、掘路施工等涉电审批程序，加快电力外线工程审批速度。其中，对于低压短距离（一般 15m 内，可根据地方实际确定）掘路施工，争取政府授权实行备案管理，由供电企业直接实施。争取地方政府在规划、项目核准（审批或者备案）、土地等方面给予支持，加快公用变电站落地建设。

6. 提高装表接电效率

对大中型企业客户，简化竣工检验内容，重点检查与电网相连接的设备、自动化装置、电能计量装置、谐波治理装置和多电源闭锁装置，取消对客户内部非涉网设备施工质量、运行规章制度、安全措施的检查；推行跨专业联合验收，一次性答复验收意见，验收合格立即送电。对小微企业客户，具备直接装表条件的，现场勘查时直接装表送电；涉及配套电网工程建设的，在工程完工当日装表送电。

（三）推动客户办电更省钱

通过延伸电网投资界面，优化供电方案，推行典型设计和通用物料，实现大中型企业客户平均办电成本明显下降，小微企业客户接入电网工程全免费。

1. 延伸电网投资界面

对大中型企业客户，由供电企业承担获得国家批复的省级及以上各类园区、电能替代和电动汽车充换电设施等项目红线外接入工程投资；积极探索进一步扩大电网投资范围，履行公司审批程序后，覆盖其他园区，以及政府关注的民生工程、先进技术产业等项目。

2. 提高接入容量标准

全面开放电网资源，推广应用供电方案辅助编制，利用信息化手段自动生成最优方案，减少人为干预，确保供电方案经济合理。对大中型企业客户，结合当地电网承载能力，优化提高新出线路、专线接入容量标准，优先采取公用线路供电方式。公布本地区可开放容量等电网资源信息，实行客户先到先得、就近接入。对小微企业客户，适当提高低压接入容量标准，对 100kW 及以下项目实行低压接入。

3. 引导客户工程标准化建设

加强技术指导和咨询服务，引导客户优先采用典型设计和标准设备，提高设备的通用性、互换性，帮助客户压减工程造价、降低后续运维成本。发挥国网商城平台优势，由客户自行采购，通过市场化机制降低客户工程造价。对大中型企业客户，免费提供 10kV 受电工程典型设计、35kV 及以上受电工程造价咨询服务，指导客户合理确定用电申请容量、科学选择标准化的设备和设施。对小微企业客户，免费提供受电工程典型设计方案和工程造价参考手册。

4. 引导管沟廊道共建共享

促请地方政府统筹市政综合管廊建设，合理布局、提前预留电力管廊资源，供电力客户租用或购买。按照资产全寿命周期最优原则，综合考虑运维成本和投资效益，统筹区域用电需求，引导客户合建电缆管廊、共享通道资源，减少客户一次性投入。

5. 帮助客户降低用电成本

对大中型企业客户，引导客户参与电力市场化交易，并向客户提供能效诊断、节能咨询等综合能源服务，统筹运用新能源、储能等多种技术，指导客户实施电能替代或节能改造，实现降本增效。对小微企业客户，指导客户优化用能方案，帮助其降低用电成本。

（四）推动客户用电更可靠

通过实施城市配电网供电可靠性提升工程和乡村电气化工程，构建合理网架结构，提高设备健康水平，优化配电网运行方式，提高设备健康水平，加快电网故障抢修速度，全面提升不停电作业能力，持续减少客户年均停电时间和停电次数。

1. 提升电网规划建设精准化管理水平

按照地方经济社会发展和用电需求变化，深入诊断配电网网架结构和现状条件，滚动调整配电网规划和建设方案，确保电网发展与地方规划有效衔接。构建强简有序、标准统一的网络结构，提高故障自愈和信息交互能力，抵御各类事故风险，保障用户可靠供电。对于芯片制造等对供电质量有特殊要求的客户，在采取双（多）电源供电的基础上，指导客户自行配置应急电源，并试点采用储能等新技术，进一步提高其供电可靠性。

2. 提升电网运行精益化管理水平

有序推进配电自动化建设，对新建配电网同步实施配电自动化，已有配电网开展差异化改造，在城市、农村范围内因地制宜推广就地式及智能分布式馈线自动化、智能故障指示器建设模式。推广应用智能配电变压器终端，加强对低压配电网的综合监控和统一管理，实现低压故障快速定位和处理。采取增加变电站布点、新增出线、切改负荷、加装无功补偿装置等手段，消除供电半径过长、线路重载、短时低电压和高电压等问题。合理安排检修计划，避免重复和频繁停电。

3. 提高电网故障抢修效率

开展配电网运行工况全景监测和故障智能研判，准确定位故障点，实时获取停电范围及影响用户清单，并通过短信、App、微信等渠道，向客户"点对点"主动推送故障停电、抢修进度和计划复电等信息。全面推行"网格化"主动抢修模式，实现一张工单、一支队伍、一次解决，减少客户停电时间。

4. 全面推广"不停电"作业

加强带电检测技术及配变等设备"旁路作业法"的推广应用，逐步扩大不停电作业范围和比例，对 0.4kV 低压项目、具备带电作业条件的 10kV 架空线路项目和具备旁路及取电作业条件的电缆线路项目，全面开展不停电作业，并逐步拓展至复杂作业和综合不停电作业项目。按照"能转必转、能带不停、先算后停、一停多用"的原则，科学合理制定停电计划，最大限度减少停电时间和次数。

（五）推动客户办电服务更优质

通过推动政企信息共享，实行办电信息公开透明，健全客户回访、评价分析、完善提升闭环管控机制，推动办电服务水平持续提升、客户体验不断增强，实现办电服务更优质、客户更满意。

1. 推动与政府部门信息共享

坚持"联网是原则、孤网是例外"，配合开展"减证便民"行动，通过政务平台自动获取营业执照、规划许可、环境评估、土地等客户办电信息，实现客户仅凭有效主体资格证明（营业执照或组织机构代码证）即可"一证办电"。

2. 实行办电信息透明公开

通过营业厅、手机 App、95598 网站等线上线下渠道，公开电网资源、电费电价、服务流程、作业标准、承诺时限等信息并及时更新。畅通客户评价渠道，加强 95598 电话回访，密切关注 12398 能源监管热线情况通报，及时掌握客户体验和诉求，推动各项措施落地。

3. 加强全过程闭环管控

将配套电网项目管理和工程建设全过程，纳入业扩全流程信息公开与实时管控平台进行管理。发挥供电服务指挥中心平台协调督办、监控预警作用，加强对线上办电、配套电网工程建设等跨专业协同质量和工作效率的监督监控，对现场服务资源的调度指挥。注重客户体验，细化项目包资金使用、工程时限考核办法，建立涵盖高低压电力客户回访、供电企业平均接电时长及压降结存、项目包使用闭环管理、第三方机构等多维度评价体系，推动办电服务水平持续完善提升。

4. 营造良好用电服务氛围

广泛开展全员业务培训，树立"全员营销"服务理念，建立"强前端、大后台"服务与支撑团队，强化内部协同，真正实现用电服务"一口对外"。积极主动向各级政府、新闻媒体、社会公众展示优化营商环境工作亮点，典型做法。通过新闻发布会、官方网站、网络媒体、全方位、多形式、多角度进行宣传报道，彰显供电企业品牌形象，积极营造良好的外部氛围。走访重点客户，实时掌握客户需求，宣传推介营商环境新举措。

第三节 市场化售电

一、基本概念

2019 年以来，国家电网有限公司营销战线坚持以客户为中心、以市场为导向，全面落实公司"三型两网、世界一流"战略目标，大力推进客户侧泛在电力物联网建设，从增值服务、精准营销、风险防控、精准投资、数据社会化共享、精益管理六个供电服务领域深入推动营销数据价值挖掘，以数据驱动营销全业务、全渠道、全过程业务创新，持续助力营销传统业务转型升级，推动公司新兴业务提速发展。

市场化售电：售电不再由国家垄断，进入市场化，用电户和供电户可通过政策参与直接交易。

二、市场化售电环境

1. 政策环境

随着现货市场的开展，交易量、交易品种持续增加，交易组织频度越来越高，市场主体在电厂、电网、用户的基础上扩展了售电公司、自备电厂、分布式电源等，用户量呈几何数增加，原来以通用化、标准化为基础的交易平台对个性化的业务发展支撑越来越乏力。

在电改背景下，地方政府、售电公司与电网公司间展开了博弈，与其被动防守，不如积极主动研究有利的市场化售电业务策略，主动去适应电改环境，赢得市场竞争的主动权，分享电力改革红利。从国有资产保值增值、持续提升供电服务水平、市场化人才培养、探索推动创新机制等方面考虑，南方电网公司参与市场化售电业务是很有必要的。

电改相关文件已基本确立了未来电改后的市场结构，包括发电企业、交易机构、电网企业、售电主体和电力用户等多方关系的产业链结构。电改后的电力市场产业结构链条如图 9-2 所示。

售电侧改革后，电力市场形成多元化的市场参与主体格局，各类售电市场参与主体及定位见表 9-1。

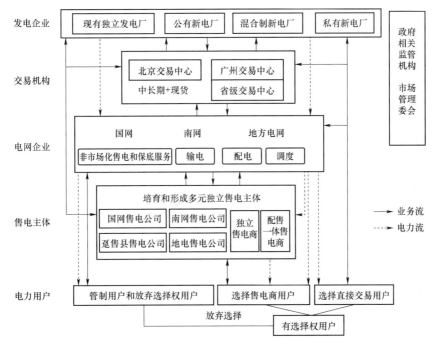

图 9-2　电改后的电力市场产业结构链条

表 9-1　　　　　　　　　　　**售电侧放开后各类售电市场参与主体及定位**

市场主体		定位描述
发电企业		业务模式由原来的"单一计划"模式向"计划+交易"模式转变。 上网电量由优先发电量或基数电量和市场交易电量两部分组成,执行优先发电合同,按规则参与电力市场交易,签订和履行购售电合同
电网公司		电网企业不再以上网和销售电价价差作为主要收入来源,收取过网费。 无歧视地向售电主体及其用户提供各类供电服务(普遍服务)。 按约定履行保底供电业务,确保无议价能力用户有电可用(保底服务)。 由电网企业(包含地方电力公司、趸售县供电公司)继续向非市场化客户售电(竞争性售电服务)
电力交易中心 (交易机构可以采取电网企业相对控股的公司制、电网企业子公司、会员制等组织形式)		业务包括市场交易主体注册、交易撮合、合同汇总、交易电量清分、交易信息发布等。 交易主体注册信息、清分电量、交易电价等信息实时同步至电网企业;交易计划信息实时传递至电力调度。 提供电力交易结算依据及相关服务,建设、运营和维护电力交易技术支持系统。 交易机构可向市场主体合理收费,主要包括注册费、年费、交易手续费
电力调度中心		根据调度规程负责所辖电网安全运行和事故处理。 负责电力市场的电力安全校核和安全控制。 实施电力交易计划和日以内即时交易和实时平衡调度
售电主体	电网企业的 售电公司	具有独立法人资格,独立运营,与输配电业务、调度业务、非市场化售电业务隔离。 在电力交易结构没有相对独立等情况下,电网企业所属售电公司暂不开展竞争性售电业务
售电主体	有配网运营权的 售电公司	《关于推进售电侧改革的实施意见》中提出,"社会资本投资增量配电网绝对控股的,即拥有配电网运营权,同时拥有供电营业区内与电网企业相同的权利,并切实履行相同的责任和义务"。 同一配电区域内只能有一家公司拥有该配电网运营权,不得跨配电区域从事配电业务。 有配网资产、有固定营业区域,能形成关口计量,采用"关口计量+市场售电"业务模式,配售电一体化,具备条件的要将配电业务和竞争性售电业务分开核算。 配电运营商享有配电区域内投资建设、运行和维护配电网络、为用户提供配售电服务及相关增值服务并获得收入、参与辅助服务市场等方面的权利。 配售电公司在进入电力市场时,必须获得《供电营业许可证》和《电力业务许可证》(供电类)

续表

市场主体		定位描述
售电主体	无配网运营权的独立售电公司	实行注册认定，不需要取得行政许可。 无配网资产、无固定营业区域，从事购售电业务，采用"到户计量+市场售电"业务模式，虚拟运营商
市场化用户	市场化零售用户	具备售电主体选择权，可自由选择不同的售电主体进行购电
	市场化直购用户	按照电压等级或用电容量具备市场选择权，用户选择进入市场后，全部电量参与市场交易。可根据自身需要采用从发电企业全量直购、部分直购等灵活购电模式
非市场化用户	管制用户	除市场化客户以外的客户，不具备市场选择权，仍与电网企业签订供用电合同，由电网企业提供售电服务

2. 客户需求环境分析

（1）客户核心用电需求。

电改后电力用户的需求直接决定了售电公司的业务发展方向，按电力用户在日常生产中对电力的需求顺序分为快速接电、正常用电、提升能源使用效率、创新增值价值。将以上用电需求归纳总结为基本需求和高级需求，基本需求包括快速接电、缴费方便、快速抢修、电务服务，高级需求包括能效服务、需求侧响应、信息服务、金融服务等，以上需求就是用户的核心用电需求。

（2）细分客户用电需求。

用户在选择售电公司时，考虑关键是电价和供电质量，然后才是服务。随着市场程度开放，各售电公司的价格趋于一致，这时对用户的服务水平、可靠性和供电质量将是市场竞争和用户选择的首要条件。表9-2按用户类型对用户的用电详细需求做了对比分析。

表9-2 各类用户的细分用电需求

用户属性	电压等级	行业特征	业扩报装或接网	电价	可靠性/%	电压合格率/%	电务服务	能效和节能
大用户	35kV及以上大工业	化工、电子、光电、精密机械等产业	快速接电	两部制，电价敏感	99.99	98	电网代建代维、故障诊断	潜力大，但不愿意自己投资
	35kV及以上大工业	高能耗和传统加工制造业	快速接电	两部制，电价敏感	99.85	98	电网代建代维、故障诊断	能源合同，可中断或需求响应
	35kV及以上	趸售开发区（配电资产属于园区）	快速接电	趸售电价，价格敏感	99.85	98	电网代建自维、故障诊断	潜力大，有意愿做需求侧管理
	35kV及以上	非趸售开发区（配电资产属于电网）	快速接电	两部制或单一制，敏感	99.99	98	电网代建代维、故障诊断	潜力大，有意愿做需求侧管理
	35kV及以上	商业	快速接电	单一制，相对不敏感	99.99	98	电网代建代维、故障诊断	能源合同，可中断或需求响应
中等用户	6~10kV	工业	快速接电	两部制，电价敏感	99.85	98	第三方代建代维为主	潜力中等，错峰
	6~10kV	商业	快速接电	单一制，相对不敏感	99.85	98	第三方代建代维为主	潜力中等，需求响应，蓄热托管
	6~10kV	开发区	快速接电	两部制或单一制，敏感	99.85	98	电网代建自维为主	潜力中等，新能源利用

续表

用户属性	电压等级	行业特征	业扩报装或接网	电价	可靠性/%	电压合格率/%	电务服务	能效和节能
小用户	220～380V	居民等	快速转换售电公司	单一制，部分用户敏感	99.50	95	电器维修	部分愿用绿色电力和智能家居
增量用户	10～35kV	园区	快速接电，不移交配电资产给电网	趸售电价或直购电	99.99	98	代建自维，故障诊断	潜力中等，新能源利用
	10kV	战略和新兴产业	快速接电	两部制或单一制，不敏感	99.99	98	代建代维，故障诊断	潜力中等，不愿意自己投资

（3）售电侧放开引领客户需求。

随着技术发展，将会产生新的用电终端并代替过去的各类用能终端，进而拉动电力需求。对生活便利的需求引导了各类家电的产生，对生产便利的需求引导了各类生产自动化设备的产生，目前家电和生产自动化设备已成为电能消费的重要终端。例如，数据中心机房、高铁（地铁）、电动汽车，以及南方供暖、城乡空调、城镇化改造，每一项都将带来超过 1 亿 kW 的新增负荷。而且为实现能耗结构优化、节能减排等目标，政府可能通过各项措施对社会用能进行引导，进而推动新用电终端种类的产生，目前的电动汽车即是重要的新用电终端种类之一。

同时售电侧改革的不断深入和能源互联网的建设，用户用电行为的差异性将不止表现在用电时间特性层面，而是将推广到用户对自身的定位，以及其用电的理念和模式层面。新用电模式的产生使对于用户的划分更为细致多样，在此基础上，将产生针对各类用户需求的多种新兴电能服务供给机构，这些新兴机构能够提供多种类型的电能服务业务。

综上所述，在经济新常态、供给侧改革、售电侧改革、能源互联网等背景下，可将新用电需求界定为以下三类：一是新用电增量；二是新用电终端种类；三是新用电模式。

三、有关要求

（1）配电网企业要向省级电网企业准确提供网内用户类别、电压等级、分类电量、用电容量，以及是否参与市场交易等信息，作为双方的结算依据。相关信息提供、确认和执行的具体时间由双方商定后报送主管部门，并向对应交易机构报备。省级电网企业有权对配电网企业提供的信息进行核实，对发现的违规问题及时报主管部门根据有关规定进行处理。

（2）配电网企业及其用户执行两部制电价的变更条件按现行有关规定执行，基本电费标准按省级电网基本电费标准执行。

（3）配电网企业可探索结合负荷率等因素制定配电价格套餐，由电力用户选择执行，但其水平不得超过省级价格主管部门制定的该类用户所在电压等级的输配电价。

（4）配电网企业要负责对用户安装电能计量装置，承担购置安装费用；并承担保底供电、新能源消纳、可再生能源配额等义务。

（5）配电网企业要逐步实行配售业务分离，将配电网业务与其他业务分离，成本独立核算，市场化售电业务应逐步实现独立核算。

第四节 电 能 替 代

一、基本概念

电能替代主要是指利用电力能源替代煤、油、气等常规终端能源,通过大规模集中转化来提高燃料使用效率、减少污染物排放,进而达到改良终端能源结构、促进环保的效果。电能替代就是"以电代煤、以电代油、以电代气、电从远方来"。

"以电代煤"就是要在终端消费环节以电代煤,减少直燃煤和污染物的排放量,减轻煤炭使用对环境的破坏。在城市集中供暖,在商业、工农业生产领域大力推广热泵、电采暖、电锅炉、双蓄等电能替代技术,主要是将工业锅炉、居民取暖等用煤转为用电。例如,促进家庭和餐饮行业的电气化、采用电采暖设备取暖、在家庭中普及电锅炉等。通过这些手段减少直燃煤的燃烧,减少污染排放总量,缓解因此产生的大气污染状况。

"以电代油"主要是通过发展城市轨道交通、电动汽车、铁路、汽车运输领域、农村电力灌溉等方式降低对石油的依赖。以交通为例,我国积极推动电动汽车的建设。我国自"八五"以来,在研发电动汽车方面投入了大量的人力、物力和财力,并取得了一系列科研成果,开发出一批电动汽车整车产品,在北京、武汉、天津、株洲、杭州等城市开展了不同形式的小规模示范运行。在北京奥运会上,电动汽车示范运行取得了良好效果,这对我国电动汽车发展将起到有力的助推作用。在奥运会期间,50辆锂离子电池纯电动客车在奥运中心区的奥运村、媒体村和北部赛区等线路上为奥运官员、媒体记者、运动员提供24h全天候的运输服务。奥运会电动汽车示范运行不但起到了有效的示范引导作用,而且带动了电动汽车及其能源供给技术的发展。提高交通电气化水平可减少石油消费,从而调整能源消费结构,促进交通行业能源高效利用,达到减少环境污染的目的。

"以电代气",即推广城乡居民家庭电气化,以电代替天然气、液化气、煤气等气体能源,减少气体排放,促进居民生活用电增长。例如,珠三角作为全国经济发展的重要区域,近年来也面临着"十面霾伏"的严峻形势。广东电网佛山供电局大力推广"电能替代",其中,电磁厨房改造是其中重要内容之一,并取得显著成效。

二、电能替代国内外发展现状

(一)国外能源发展现状

能源的合理开发和有效利用关系到世界的未来,新能源和可再生能源产业在国家战略中地位也越发重要。当今世界正面临着人口与资源、社会发展与环境保护等多重压力的挑战,而支撑社会发展的传统能源储量却越来越少,因此,开发新能源和可再生能源特别是把它们转化为高品位能源,以逐步减少化石能源的使用,是保护生态环境、走经济社会可持续发展的重大措施。化石能源在21世纪是一个从兴盛走向衰落,从基本满足人类的需要走向短缺,从疯狂开采走向理智开发的过程。据预测在21世纪下半叶,随着石油和天然气的枯竭,太阳能、风能、生物质能等一系列新能源和可再生能源将迅速得到发展。因此,在21世纪,将形成新的能源体系和系统。新能源和可再生能源产业在国家战略中地位示意图如图 9-3 所示。

在全球化的视角下,能源问题已成为国际政治、经济、环保等诸多领域的核心问题,其至已经成为国际政治的焦点。世界各国之间围绕着能源的世界霸权进行了激烈的竞争，国家的自身利益也紧紧围绕以维护能源安全战略来制定。各国政府正积极主导替代能源的发展，使能源问题日益成为国际社会关注的焦点。随着石油价格不断波动，各国更加密切关注低碳经济、气候变化和环境问题。在能源领域，中国的国际合作也在不断扩大，从最初的以石油和天然气为主，扩展到电力、风能、生物质燃料、核能等新能源。

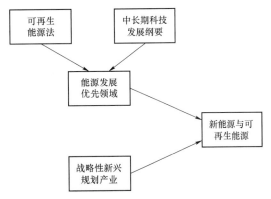

图9-3 新能源和可再生能源产业在国家战略中的地位示意图

基于环境、政治、经济的多重压力，实施电能替代技术是十分有必要的。无论从经济发展、实现要求，还是从技术条件分析，电能替代都是解决雾霾等环境问题的重要手段，以电气化提高和电能替代为主要方向来推进终端能源替代，符合我国基本国情。

电能替代技术不仅能够促进节能减排，实现能源生产和消费转型，还能减少石油的对外依存度，从而加快实现能源可持续发展战略。

（二）国内能源发展现状

"发展以分布式和可再生能源互联互通为本质的能源互联网将是大势所趋。新电改将开启万亿级别的全国售电市场，从根本上为分布式能源解决了体制性的障碍，也将促进能源互联网的发展。"北京今日能源科技发展有限公司董事长张文亮告诉记者，能源互联网是在现有的配电网基础上，通过先进的电力、电子和信息技术，融合大量分布式可再生能源发电装置和分布式储能装置，从而实现能量和信息流互联互通，降低成本。可再生能源有非常大的间歇性和不稳定性，电源出电不稳定会对传统电网造成一定的冲击，需要配套一定比例的储能系统稳定和缓冲。储能系统应用于传统能源系统中可以改变能源生产、输送、使用同步完成的模式，将解决产能和用能在时间和空间上的不匹配问题。

1. 传统化石能源发展状况

我国作为世界上最大的发展中国家，能源生产与消费均独具特色。从总量上来讲，我国拥有世界第二大能源体系，能源储量居于世界前列。同时，我国也是能源消费大国，产能源消费总量位居世界第二，仅次于美国。人均资源量少、资源消耗量大、能源供需矛盾尖锐，以及利用效率低下、环境污染严重、能源结构不合理已成为制约我国经济社会可持续、健康发展的重要因素。长期以来，我国以化石能源为主的能源构成形式加剧了对化石能源的依赖，能源总量中，煤炭、石油、天然气依然占我国能源消费的主要部分。

未来我国天然气消费的发展趋势，一是需求量大幅增长将快于煤炭和石油，二是利用方向将发生变化，消费结构将进一步优化。随着城市化进程的加快和环境保护力度的提高，我国天然气消费结构逐渐由化工和工业燃料为主向多元化消费结构转变。煤制天然气将以城市燃气为目标市场，适度发展作为天然气资源的补充。

2. 新能源发展状况

新能源也称为非常规能源，指除传统能源以外正在开发利用或正在积极研究、有待推广的各种可再生能源和核能，包括太阳能、地热能、风能、水能、海洋能、生物质能及核聚变能等。而我国新能源种类主要有太阳能、风能、生物质能、核能、地热能和潮汐能，我国新能源种类及主要利用方式见表 9－3。

表 9－3　　　　　　　　　　　　我国新能源种类及主要利用方式

能源种类	主要利用方式
太阳能	光伏发电、光热发电、太阳能热水器、太阳能空调
风能	风力发电
生物质能	生物质发电、沼气、燃料乙醇、生物柴油
核能	核电
地热能	地热发电、地热供暖、地热务农
潮汐能	潮汐发电

新能源的各种形式都是直接或者间接地来自太阳或地球内部深处所产生的热能，一般具有储量大、污染少的特点。近年来，我国新能源与可再生能源的快速发展使新能源产业中的许多相关技术、管理与服务已经在世界新能源经济的发展进程中占据重要地位，太阳能电池产量和太阳能热水器累计面积均居世界第一，水电装机容量居世界第一，风电装机容量居世界第二。在国家"积极发展核电"的战略方针指引下，我国核电产业已经逐渐形成规模，自主化能力也大大加强。

三、电能替代的技术支撑

1. 热泵技术

热泵是一种利用高位能（如电能）使热量从低位热源流向高位热源的节能装置。热泵可以把不能直接利用的低位能（如空气、土壤、水中所含的热能、太阳能、工业废热等）转化为可以利用的高位能（如热水、热空气等），达到节约部分高位能的目的。热泵原理利用电为房屋取暖和为住宅用水加热，比使用电阻发热的电热器更加高效，安装起来也比使用天然气等方法简单便宜。热泵有水源热泵、地源热泵及空气源热泵等。

水源热泵利用地球表面浅层水源吸收太阳进入地球的相当的辐射能量，并且水源的温度一般十分稳定。水体分别作为冬季热泵供暖的热源和夏季空调的冷源，即在夏季将建筑物中的热量"取"出来，释放到水体中去。水源温度低，可以高效地带走热量，以达到夏季给建筑物室内制冷的目的；而冬季，通过水源热泵机组从水源中"提取"热能，送到建筑物中采暖。

地源热泵是一种利用浅层地热资源（也称地能，包括地下水、土壤或地表水等）的既可供热又可制冷的高效节能空调设备。地源热泵通过输入少量的高品位能源（如电能），实现由低温位热能向高温位热能转移。地能分别在冬季作为热泵供热的热源和夏季制冷的冷源，即在冬季，把地能中的热量取出来，提高温度后，供给室内采暖；在夏季，把室内的热量取出来，释放到地能中去。

空气源热泵，也称为空气源热泵热水器。空气源热泵系统通过自然能（空气蓄热）获取低温热源，经系统高效集热整合后成为高温热源，用来取（供）暖或供应热水。整个系统集热效率甚高，但随着环境温度差变大，譬如在非常寒冷的冬天，空气源热泵为了取得更多的热量而需要花费更多的能量。

热泵技术应用范围很广,从热源方面来看,河北省出现了地下水源、土壤源、污水源、工业废水余热和地表水源等形式;从技术应用形式来看,有住宅、交易大厅、办公楼、学校、医院、车间厂房等,涵盖了绝大多数建筑形式。

2. 蓄热式电锅炉

蓄热式电锅炉分为水蓄热和固体材料蓄热两种。水蓄热就是将水加热到一定的温度,使热能以显热的形式蓄存在水中,当需要使用时,再将其释放出来提供采暖或直接作为热水供人们使用。一般水的蓄热温度为 40～130℃范围内。根据使用场合不同,对于生活用水,蓄热温度为 40～70℃,可以直接提供使用;对于饮用开水,可至 100℃;对于末端为风机盘管的空调系统,一般蓄热温度为 90～98℃;对于末端为暖气片的采暖系统,蓄热温度为 90～130℃或更高。

固体材料蓄热式电锅炉利用特殊配置的固体蓄热材料,将低谷时的电热能储存起来,在用电高峰时放出。特种蓄热材料要求比热容大、密度大、耐高温,由于固体蓄热材料耐高温,蓄热量可以很大。固体材料蓄热式电锅炉的体积大致为常温水蓄热式电锅炉及蓄热水箱总体积的 1/7。

技术优势:① 适合在无集中供热与燃气源,而电力充足、供电政策支持和电价优惠的地区使用。② 采用电能,不存在排放废水、废气、废渣,无燃烧过程,安全可靠,消防要求低。③ 合理分配负荷,削峰填谷,可充分利用低谷电力,运行费用低廉。④ 相对于电锅炉直供系统,减少了电锅炉装机容量,可降低供配电系统建设投资费用,减少了初投资费用。⑤ 具有应急热源,停电时可用小功率应急发电机带动附属运转设备,采暖可靠性增强。⑥ 自动化程度高,具有过温、过电压、过电流、短路、断水、缺相等自动保护功能,实现了机电一体化,可以做到无人值班全自动运行。⑦ 电锅炉本体体积小,不需要烟囱,房屋结构简单、紧凑,占地面积小,不需燃料堆放场地,安装布置灵活、投资少、安装使用方便。⑧ 热效率高,损失小,运行热效率在 95%以上。

发展问题:在用户现有变压器负荷较满时,需增容的情况下增加配电投资。由于其他能源价格波动性大,在其他能源低价位时难以体现性价比。蓄热时存在热损失。蓄热式电锅炉在办公写字楼、宾馆、小区、商场、医院、展馆、剧院、体育场馆、机场、车站、工业厂房、动植物园、畜禽饲养等大型公共建筑均可使用。

3. 冰蓄冷空调

蓄冰空调系统在常规普通中央空调的基础上增加一套蓄冰装置,在夜间电网低谷时段,开启制冷空调主机,将建筑物空调所需的冷量部分或全部制备好,并以冰的形式储存起来,在日间电网高峰时段,可融冰供冷,实现中央空调的用电移峰填谷。冰蓄冷空调根据冰所提供的冷量不同,其蓄冷模式可分为全量蓄冷和分量蓄冷。通过自控系统可进行多种不同运行工况的切换,即制冷蓄冰、单融冰供冷、制冷融冰联合供冷和主机直接供冷,既能满足使用要求,又能达到经济运行。

技术优势:① 平衡电网峰谷负荷,减缓电厂和供配电设施的建设,降低发电厂单位煤耗,提高电网经济性和安全性。② 制冷机组的容量小于常规空调系统,减少空调系统供配电设施费;空调系统相应的冷却塔、水泵、输变电系统容量减少。③ 利用电网峰谷荷电力差价,降低空调运行费用。④ 节省水、风输送系统的投资和能耗;利用大温差,减小水泵和风机的电功率,减小水管、风管的管径。⑤ 相对湿度较低,空调品质提高,可有效防止中央空调综合征。⑥ 具有应急冷（热）源，空调可靠性提高。

发展问题：通常在不计电力增容费的前提下，其一次性投资比常规空调增加 5%～20%。储冰装置要占用一定的建筑空间，但在采取一定措施之后可避免，如将蓄冰装置放在屋顶、埋在花圃及地下等。制冷储冰时主机效率比在空调工况下运行低（溶液蒸发温度低，则效率低，物理特性）。设计与调试相对复杂，需要专业公司配合完成。目前，发达国家 60%以上的建筑物都已使用冰蓄冷技术。从美、日、韩等国家的应用情况看，冰蓄冷技术在空调负荷集中、峰谷差大、建筑物相对聚集的地区或区域都可推广使用。

4. 电动汽车

电动汽车是指全部或部分由电能驱动电动机作为动力系统的汽车，按照目前技术的发展方向及车辆驱动原理，可以划分为纯电动汽车、混合动力汽车和燃料电池汽车三种类型。纯电动汽车采用单一蓄电池作为储能动力源；混合动力汽车拥有两种不同的动力源，这两种动力源在汽车不同的行驶状态下分别工作，或者一起工作；燃料电池汽车是利用氢气和空气中的氧在催化剂作用下在燃料电池中经电化学反应产生的电能，并将其作为主要动力源驱动的汽车。

技术优势：① 噪声低，仅为普通发动机的一半，乘坐更舒适；污染物排相当于普通内燃机车的 2%～8%，可减轻城市汽车尾气污染。② 能效高，纯电动汽车能量利用率为 17.8%，燃油汽车的能量利用率仅为 10.3%。③ 混合动力电动汽车既可用常规内燃机作动力，又可采用电动机驱动，它不仅比传统汽车节约燃油 30%～50%，而且在同等条件下，比纯电动汽车节约电能 70%～90%，燃料电池的能量转换效率可高达 60%～80%，为内燃机的 2～3 倍。④ 维修方便，电动汽车较内燃机汽车结构简单，维修保养工作量小，更易操纵。⑤ 行驶费用低，按现行平均电价计算，轿车型纯电动汽车运行成本为 10 元/百公里左右，为燃油成本的 1/4 左右。

平抑电网的峰谷差，可在夜间利用电网的廉价"谷电"进行充电，起到平抑电网峰谷差的作用。通过 V2G 技术（Vehicle to Grid，V2G，电动汽车—电网互动技术），电动汽车不仅作为电力消费体，同时，在闲置时可通过蓄电池放电为电网提供电力，实现在受控状态下电动汽车的能量与电网之间的双向互动和交换。

电动汽车电池既可为车供能，又能作为智能电网的移动储能单元接入电网，用于削峰填谷、旋转备用，提高电网供电灵活性、可靠性和能源利用效率。

5. 电采暖

电采暖系统以电能为能源，发热电缆或电热膜等设备为发热体，将电能转化为热能，通过采暖房间的地面以低温辐射的方式，把热量送入房间。电采暖形式多种多样，主要有电暖器、电锅炉、电热膜、相变电热地板、热泵等。

技术优势：① 是实现零排放、无污染的绿色环保型供暖方式。② 供暖效果好，采暖率高。③ 可控性极强，用之则开，不用则关，真正实现分户分室和区域控制，操作方便，有利于建筑间歇供暖节能。④ 舍弃管道、管沟、散热器片等建设和投资，节约土地，提高使用面积，据统计可节约用地和增加建筑使用面积各 3%～5%。

6. 农业电力排灌

农业电力排灌是指利用电力进行农业用水资源调配（抽水排涝、引水灌溉）。电水泵是电力排灌主要使用的设施，是以电动机为动力带动泵体输送液体或使液体增压的机械。其与柴油泵相比，具有很明显的效率高、能耗低、排放低、可靠性高等优点。相比于柴油水泵，电水泵具有更廉价的运行成本。

按照国家水利部门通报显示，截至 2018 年底，我国有效灌溉面积 10.2 亿亩，柴油泵使用占比较高，未来随着电网企业乡村电气化战略落地，电水泵的发展空间更为广阔。

7. 家庭电气化

家庭电气化是指让电能更广泛地运用于家庭生活中的各个角落，实现厨房电气化、家居电气化和洁卫电气化。广泛地使用各种家用电器，提高电能在家庭能源消费中的比重，能让我们的家务劳动更轻松，大大改善家庭环境，享受更优质的现代生活。家庭电气化的优点包括能耗低，能源利用效率高、排放低，可靠性高等。

家庭电气化主要可替代范围包括厨房电器、交通工具、卫浴电器、采暖用具等方面，可替代设备包括电磁炉、电压力锅、电蒸锅、电自行车、电代步车、电热水器、电饮水机、电暖器、电热地板等。

四、电能替代发展前景与展望

能源是经济发展中必不可少的生产资料，更是人们日常必需的生活资料，在国民经济，社会发展，建设和谐、资源节约型和环境友好型社会中具有举足轻重的作用。能源替代是能源领域科技进步和能源合理利用要求的反映。在人类历史上已经出现用煤炭代替薪柴，用石油、天然气代替煤炭，用可再生能源替代矿物质能源的过程。但是，随着我国空气污染等环境问题的影响日益严重，能源替代的选择开始得到了人们更高的关注，特别是一些具有对环境友好的可再生能源日益得到人们的青睐。而可再生能源要大量方便地利用和输送，最好的办法是将其转变为电能。因此可以说，现在已经进入用电能替代矿物质能的时期。

（一）电能替代技术的应用

19 世纪发明了电力能源以来，与电力相关的各种设备和技术得到了快速发展。电力的供应越来越稳定，电价也越来越合理，电器制造技术也在不断提高，这使电力资源的适用领域在不断扩大，为电能替代提供了良好的基础。

如今，大力实施电能替代技术，提高电能在各个行业的消费比重，已是大势所趋。电能替代技术在诸多领域得到应用。

工业上，越来越多的钢铁企业、陶瓷企业用电加热（电锅炉等）代替煤或油加热。目前，我国燃煤锅炉用煤在散烧煤中占的比重很大，成为主要的大气污染源，这已引起了国家的高度关注。在电能替代技术的推进中，要把工业锅炉、工业煤窑炉的用煤改为用电，大力推广热泵、电采暖、电锅炉等电能替代技术，淘汰燃煤小锅炉，减少直燃煤。

生活上，推进家庭及餐饮行业的电气化，在居家生活中普遍使用电能，推广普及家电设备。例如，电饭煲、电磁炉、微波炉等电炊具代替燃煤燃气，使电能转换成光能、热能和动能，让电在居民全面小康道路上发挥更大、更积极的作用，以促进社会节能减排。

交通上，电气化铁路、电动汽车代替了燃煤燃油的交通工具，不仅加快了产业发展，还减少了污染排放，提升了生活质量。

电能替代技术是指在能源消费上实施以电代煤、以电代油、以电代气、电从远方来，推广使用各类生活电力产品、生产电力设施、电动交通工具等，提高电能的替代范围，减少化石能源的消耗，降低污染物排放，保护生态环境。

（二）电能替代技术的发展前景

1. 绿色发展，电能替代恰逢其时

实施电能替代是保障国家能源安全的重要举措，是治理城市雾霾等环境问题、实现绿色发展的有效措施，电能的优势是电能替代技术的基础。

电能替代技术必须与经济水平和能源、电气制造的科学技术发展水平相一致，要讲求经济性和合理性，随着经济的发展和人民生活水平的提高逐步实施，在可能的条件下提高全社会终端能源消费中的电力比重。

2. 电能替代的经济性分析

以煤为主的能源供应体系是我国能源污染日趋严重的主要原因。电力是最清洁、使用最方便的能源，电能在终端能源中的替代可以缓解经济增长对煤炭、石油、天然气等一次能源的依赖，减少各种能源危机带来的损失，为走出一条中国特色的新型绿色能源发展道路提供了机遇，具有十分积极的意义。

在表 9-4 和表 9-5 所示的各种终端生活用能的经济性比较中，把各种燃料的燃烧值转化为等效电能值，再把能源价格换算成电价，以电价为基准，进行经济性比较。从分析结果可以看出，从经济性能方面考虑，电能替代具有很强的可行性。

表 9-4 　　　　　　　　　　　几种主要终端生活用能的费用折算

物质名称	热量换算系数/ （kJ/kg）	1 单元燃烧值/ kJ	热效率/%	等效电能/kWh	单价/ 元	折算电价/ （元/kWh）
原煤	20 934	21 000	50	3.070 2	0.500 0	0.162 3
焦炭	28 470	30 000	70	6.140 4	1.650 0	0.268 7
汽油	43 124	43 260	85	10.751 8	7.365 5	0.685 1
柴油	42 705	42 840	85	10.647 4	6.690 5	0.628 4
天然气	35 169	35 280	85	8.768 4	2.150 0	0.245 2
液化气	50 242	50 400	85	12.526 3	6.920 0	0.552 4

表 9-5 　　　　　　　　　　　几种主要终端生活用能的经济性比较

序号	物质名称	折算电价/（元/kWh）	序号	物质名称	折算电价/（元/kWh）
1	原煤	0.162 9	4	峰时电价	0.488 3
2	天然气	0.245 2	5	液化气	0.552 4
3	焦炭	0.268 7	6	柴油	0.628 4

3. 电能替代的环境影响分析

随着社会经济的发展，保护环境、减少污染是当今社会可持续发展的要求，淘汰污染严重的化石能源，选用高效环保的新能源是社会发展的必然选择。目前，造成我国大气污染的主要污染物为二氧化硫，除此之外还有氮氧化物、烟尘等，通过比较几种主要终端生活用能的环境影响值（见表 9-6）可以看出，电能替代化石能源的潜力将会不断增强，电能替代将具有更加显著的环境保护性。

表 9-6　　　　　　　　　　　几种主要终端生活用能的环境影响值

物质名词	等效能值/（kg/t）	SO_2 排出系数/（kg/t）	折算 SO_2 值/g	NO_x 排出系数/（kg/t）	折算 NO_x 量/g
原煤	0.325 7	16.2	5.276 6	1.88	0.612 3
焦炭	0.162 9	23.895	3.801 5	2.25	0.366 4
汽油	0.093 0	2.4	0.223 2	16.71	1.554 2
柴油	0.093 9	8	0.751 4	3.21	0.301 5
天然气	0.114 0	0.000 009 2	0.000 9	0.75×10^{-11}	0.150 4
液化气	0.079 8	0.013 6	0.001 1	0.88	0.070 3
电能	—	0	0	0	0

对终端使用者而言，电能是清洁、安全、零污染的能源，在终端使用 1kWh 电没有任何环境影响，但选择烧煤或是燃油产生相同热量会造成大量污染。同时，由于国际社会空前关注气候变暖问题，加快结构调整，发展低碳或无碳能源将是一个迫切需要解决的课题。

因此，需要加强对电能的推广，大力发展电能在终端能源中的替代作用，构建稳定、经济、清洁、可靠、安全的能源形式，以不断满足日益增长的能源需求。

4. 其他能源要素分析

经济性和环境影响是电能替代的关键因素，实施电能替代技术除了考虑这两种因素外，还要分析其他因素，全面提升电能替代的潜力。通过对供电企业和能源消费的深入研究，影响电能替代的其他要素还包括电力企业节能减排能力、电能质量、电能市场占据能力、企业管理能力等方面。

五、电能替代的实施及意义

能源是国民经济的血液和动力，关系到经济社会的正常运行和发展，也关系到生态环境及子孙后代的生存与发展。随着经济社会的快速发展，人类在积累了巨大物质财富的同时，也产生了如能源紧张、资源短缺、生态退化、环境恶化等一系列问题，迫切需要推动能源消费、能源供给、能源技术和能源体制革命。

电能具有清洁、高效、便捷等特点，其作为重要的二次能源，在未来的发展过程中，在能源结构从传统的矿物能源转向可再生能源为基础的持久能源系统的过程中，以电能替代非电能源，完成人类历史上的第三次能源替代是一个不可逆转的发展趋势。与此同时，电能替代的竞争力也越来越强，为了构建能源互联网，开发利用新能源，建设节约型社会，大力发展电能替代技术将是一条必经之路。实施电能替代对于保障能源安全、促进节能减排、保护生态环境、防治大气污染、提高人民生活质量等具有重要意义。

（一）电能替代技术的实施

电能替代技术将是一个长期的发展过程，从能源的宏观战略角度讲，发展电能替代技术在目前发展中应把握以下两个方面。

（1）开拓电力市场，提高电能在终端能源中的比例。开拓电力市场就是挖掘市场力、寻找并实现新的用电增长点、改善负荷特性，提高企业的经济效益。电能服务产业正在逐步形成，电力系统资源的配置和使用正在优化，电能在终端能源中的比例不断提高。

具体体现有采用电采暖替代直接燃煤采暖、交通电气化、用房地产业的发展推动生活用电增长、寻找市政商服业的电力消费潜力、城乡电气化等。科技进步和社会发展推动了电气化发展，用电气技术替代燃料技术，可以提高能源效率，迎接新的可靠的能源保障体系。

（2）发展可再生能源，加快可再生能源发电的进程。可再生能源发电又简称为绿色电力，是国内外均在积极推广和鼓励的发电技术，利于解决能源短缺，改善能源结构不合理，减轻环境污染。

（二）电能替代技术的意义

电能替代不仅对于保障国家能源安全、治理城市雾霾具有重要意义，还是扩展电力市场、增加售电量的重要途径。

1. 实施电能替代能有效促进能源节约

目前，我国电气化程度还不高，一次能源转换成电力的比例还不到 25%，而工业化国家平均已达 40% 以上。我国大陆家庭的平均用电量还不及美国的 1%，也不及我国台湾地区的 4%。这些因素直接导致我国能源利用效率比较低。提高电能在终端能源消费中的比重，把节能贯穿于经济社会发展全过程和各领域，高度重视城镇化节能，提高能源效率是一项长期的重要任务。加快发展节能环保产业，对拉动投资和消费，形成新的经济增长点，推动产业升级和发展方式转变，促进节能减排和民生改善也具有重要意义。

2. 实施电能替代能有效促进绿色低碳发展

我国农村人口近 10 亿，其中 3/4 以上农村人口的生活用能仍然是依靠柴草、蜂窝煤等，在城市中还存在大量工业煤炉、居民取暖厨炊等。这些方式不但燃烧效率低，而且污染严重。随着机动车数量快速增长，排放也日益严重，这些均构成产生雾霾的重要因素。在终端用能环节实施电能替代煤和油，能显著减少污染物排放，改善生活环境质量，促进绿色低碳发展。

3. 实施电能替代能有效保证能源安全

当前，我国能源生产和消费面临着十分严峻的挑战，能源需求压力巨大，能源供给制约较多，能源生产和消费对生态环境损害严重，地缘政治变局也影响我国能源安全。

面对能源供需格局新变化、国际能发展新趋势，保障国家能源安全，必须推动能源生产和消费革命。特高压电网快速发展促进了我国大煤电、大水电、大核电、大型可再生能源发电基地集约化开发，为全面推进电能替代提供了坚实的物质保障。随着在全国范围内优化配置电力资源逐步实现，立足国内供应、实施电能替代成为保障能源安全的重要渠道。

目前，资源环境制约是我国经济社会发展面临的突出矛盾，而节能环保问题是一项亟须解决的重大问题，也是推动扩内需、稳增长、调结构，推动经济健康发展的一项重要而紧迫的任务。随着环境污染和气候变化不断加剧，生态环境保护压力不断增大，严重雾霾等恶劣天气更加警示人们加快生态文明建设的必要性和紧迫性。大力推广节能与能源高效利用技术，被视为治理大气污染和提高能源综合利用率的必要手段。

《国务院关于加快发展节能环保产业的意见》明确指出，要加快节能技术装备升级换代，推动重点领域节能增效；继续采取补贴方式，推广高效节能照明、高效电机等产品；研究完善峰谷电价、季节性电价政策，通过合理价差引导群众改变生活模式，推动节能产品的应用。因此，电能替代技术在推动节能环保工作实施中前景广阔。

第五节 综合能源服务

一、基本概念

综合能源服务是一种新型的满足终端客户多元化能源生产与消费的能源服务方式,涵盖能源规划设计、工程投资建设、多能源运营服务及投融资服务等多个方面。

综合能源服务产业链如图9-4所示。

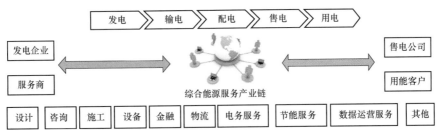

图9-4 综合能源服务产业链

(一)城市能源互联网

能源互联网是一种结合新能源技术和信息技术的新型能源利用体系,其目的是解决化石燃料的逐渐枯竭及其造成的环境污染问题。能源互联网从能源生产、输送、配给、转化和消耗等方面构建一套完整的未来能源体系。在发、输环节通过特高压、交直流输电技术对能源的跨洲域互联进行战略布局,构建全球能源互联网;而在配、用环节利用电、气、冷、热等能量的相互转化和替代来构建城市能源互联网。目前,全球能源互联网理念已形成广泛共识,成为推进能源绿色低碳发展、保障能源可持续供应的重要解决途径。城市能源互联网将承接和融入全球能源互联网,实现更大范围的城市能源资源配置,实现城市能源清洁化、电气化、智能化和互联网化转型升级。城市能源互联网结构图如图9-5所示。

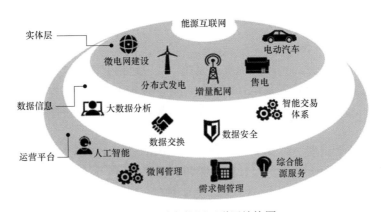

图9-5 城市能源互联网结构图

(二)城市能源互联网特征

能源系统的类互联网化表现为互联网理念对现有能源系统的改造,其目的是使能源系统具有类似于互联网的某些优点。能源系统的类互联网化主要表现为以下三点:多能源开放互联、能量自由传输和开放对等接入。

1. 多能源开放互联

多能源开放互联打破传统的电、热、冷、气、油、交通等用能行业六壁垒，实现多能源综合利用，并接入太阳能、地热能等多种可再生能源，如图9-6所示。

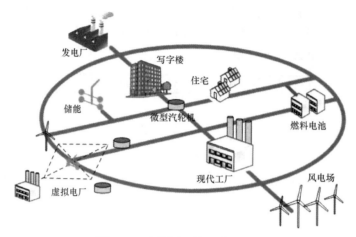

图9-6　多能源开放互联的特点

2. 能量自由传输

能量的自由传输表现为远距离低耗（甚至零耗）大容量传输、双向传线电能传输、端对端传输、选择路径传输、大容量低成本储能、无线电能传输等。

3. 开放对等接入

在互联网中，不同设备可以开放对等接入，做到即插即用，使用户的使用非常便捷。市能源互联网不仅具备传统电网的供电功能，还提供能源共享的公共平台，系统支持小容量可再生能源发电、智能家电、电动汽车等随时接入和切出，真正做到即插即用。可以没有任何阻碍地将电能传送到能源互联网上并取得相应的回报。从能量交换的角度，所有微型能量网络节点都是平等的。

（三）城市能源互联网体系

城市能源互联网是一套完整的能源生态系统，其中包括能源供给、能源需求响应、传输、形式转换、数据应用、信息管理及运行调度控制等。在能源互联网中，能源供给和消费的形式更为多样化，相互之间的转换也更为灵活多变。城市能源互联网的体系架构和核心技术包括以下内容。

（1）主动参与能源消费一体化。通过分布式能源的推广来实现对产用一体化的能源市场主体的孕育，从而得到更大的自主权和市场平等地位。

（2）支持能源广泛传输的配电网。分布式发电存在的高渗透率特点使配电网的潮流能够双向流动，配电网调节控制手段必须适应区域内电网的潮流优化及区域间、能源间的调配和互补。

（3）综合大数据融合与多元应用。由于不同能源形式的差异，网络的可观性和可控性需要依托广泛的信息量测，在其之上进行不同形式数据的汇集、整理、挖掘分析并形成相关数据应用。

（4）多源协同运行管理与应用服务。利用储能、储热、风光功率预测及互联网技术，通过"区域自治，分层优化"的系统运行模式实现多种能源融合运转，确保城市运行综合能效的最大化。

（四）分布式综合能源系统

（1）分布式综合能源系统直接面向用户，按用户的需求就地生产并提供能量，能够将热、电充分利用，能够集成应用多种能源，能够执行更严格的排放标准，能够提高能源安全。

以常见的热电联产技术说明分布式综合能源系统的能效。热电联产利用了热电分产中发电排走的热量，热电联产比热电分产综合能源利用效率提高21%。而且，综合能源系统能利用天然气等清洁能源和可再生能源替代化石燃料，是主要的节能减排技术，近年来在国际上得到迅速发展。

（2）发展历程。分布式综合能源系统至今已发展三代。

第一代是传统的热电联产，即热电厂模式。单一燃料输入、热和电输出、单一中心能源站、发电机规模在300MW及以下，电力上网，蒸汽或高温水输出，输送半径12km，这种系统称为"靠近用户"。

第二代是城区或楼宇的冷热电多联产，即冷热电三联供模式。清洁燃料输入、多种形式能源输出、单一中心能源站，由于需要供冷，输送半径必须控制在1km以下，发电机规模在50MW以下，电力并网或上网，热水和冷水输出，称之为"接近用户"。

第三代是分布式多能源品种发电，多种形式能源（热、电、冷、热水）输出，电力驱动热泵，以能源总线集成热源和热汇。每一栋建筑既产能也用能或蓄能，形成多个产能节点，通过能源互联网共享资源，称之为"贴近用户"。

随着互联网、物联网、云技术、储能技术、大数据、智能电网及先进能源管理技术的发展，"互联网＋"智慧能源逐渐成为分布式能源系统的新形态。"互联网＋"智慧能源下的分布式能源系统是一种互联网与能源生产、传输、存储、消费及能源市场深度融合的能源产业发展新形态，具有设备智能、多能协同、信息对称、供需分散、系统扁平、交易开放等主要特征。传统能源系统与互联网信息技术的融合，必将产生全新的供能、用能、储能模式。

（3）特征。"互联网＋"模式下的分布式综合能源系统具有以下三个方面的特征。

1）结合多种能源形势，根据用户需求提供定制化能源供应方案，同时可以模块化、套餐制设计不同用能需求情况下的能源供给。

2）多种能源网络互联互通，相互融合转化的智慧能源网络系统，利用层级之间的优化协调算法，实现不同级别、不同功能、不同优化方案的全方位的能源优化协调控制。

3）将互联网应用中的大数据、云服务、物联网、移动互联等技术与传统能源网络相连接，实现能源网络和信息网络互联互通，实现不同能源类型、不同信息系统的协同管理。

二、综合能源服务国内外发展现状

（一）国外典型国家综合能源服务发展现状

传统能源服务起源于20世纪中期的美国，主要是为了对现有的建筑进行节能服务，其主要商业模式是合同能源管理。随着社会的发展，基于分布式能源的能源服务在美国出现，主要针对新建项目进行热电联供、光伏、热泵、生物质等可再生能源利用技术的推广，其融资额度更大，商业模式更加灵活。随着互联网、大数据、云计算等技术的出现，融合清洁能源与可再生能源的区域电网技术的新型综合能源服务模式开始诞生。综合能源服务不但能够提升能源利用效率，而且能够实现可再生能源规模化开发。目前，世界各国都针对各自的发展需求制定了综合能源发展战略。下面对欧洲主要国家、美国和日本的发展情况进行介绍。

1. 欧洲

欧洲是世界上最早提出并且付诸实施综合能源系统概念的区域。欧盟第五框架（FP5）中虽然没有明确界定综合能源系统概念，但是已经将有关能源协同优化的研究提到了首要位置。例如，DGTREN（distributed generation transport and energy）项目综合考虑可再生能源综合开发与交通运输清洁化的协调配合；ENERGIE 项目希望通过多种能源（传统能源和可再生能源）协同优化和互补，以实现未来替代或减少核能使用；Microgrid 项目研究用户侧综合能源系统，目的是实现可再生能源在用户侧的友好开发。在后续框架中，综合能源系统和能源协同优化的研究被进一步深化，Microgrids and More Microgrids（FP6）、Trans – European Networks（FP7）、Intelligent Energy（FP7）等许多重要项目也相继实施。

英国的企业更加关注能源系统间能量流的集成。英国的电力通过高压输电线路、燃气网络通过燃气管同欧洲大陆的能源网络相连。为此，建立一个安全和可持续发展的能源系统是英国政府一直所关注的问题。在英国，对于社区的分布式综合能源系统，政府也投以巨大的支持。例如，英国的能源与气候变化部和英国的创新代理机构 Innovate UK（以前称为 TSB）与企业合作资助了大量区域综合能源系统的研究和应用。

2. 美国

在管理机制上，美国能源部作为对各种能源资源的最高主管部门，需要制定相关的能源政策，美国的能源监管机构主要负责政府能源政策的落实，抑制能源价格的无序波动。在此管理机制下，实现了美国各类能源系统间良好的协调配合，保证了美国综合能源供应商的发展，如美国太平洋煤气电力公司、爱迪生电力公司等综合能源供应商。

在技术上，美国对综合能源相关理论技术投入大量的人员进行研发。美国能源部在 2001 年就提出了综合能源系统（integrated energy system，IES）发展计划，目的是提高清洁能源供应与利用比重，从而使社会供能系统的可靠性和经济性得到进一步提高。在 IES 计划中，重点是促进对分布式能源（distributed energy resource，DER）和冷热电联供（combined cooling heating and power，CCHP）技术的进步和推广应用。

3. 日本

日本的能源严重依赖进口，因此在亚洲日本是最早开展综合能源系统研究的国家。2009 年 9 月，日本政府公布了其 2020、2030 年和 2050 年温室气体的减排目标，并且提出了大力构建覆盖全国的综合能源系统，从而实现对能源结构的优化和能效的提升，同时促进可再生能源规模化开发。在政府的大力推动下，日本主要的能源研究机构都开展了此类研究，并形成了不同的研究方案。例如，2010 年 4 月发起成立的 JSCA（Japan Smart Community Alliance）主要致力于智能社区技术的研究与示范，该智能社区是在社区综合能源系统（包括电力、燃气、热力、可再生能源等）基础上，实现与交通、供水、信息和医疗系统集成。Tokyo Gas 公司则提出更为超前的综合能源系统解决方案。在传统综合供能（电力、燃气、热力）系统基础上，还将建设覆盖全社会的氢能供应网络，构成包含能源网络的终端，不同的能源使用设备、能源转换和存储单元的终端综合能源系统。

（二）国内综合能源服务的总体概况

目前，国内综合能源服务尚处于起步阶段。开展能源服务的企业类型包括售电公司、服务公司和技术公司等。国内典型的综合能源服务供应商有南方电网综合能源有限公司、广东电网综合能源投资有限公司、华电福新能源股份有限公司、新奥泛能网、协鑫分布式微能源网、远景能源、阿里云新能源等。

区域能源互联网概念目前较为热门，而它的实质是多能互补基础上的综合能源服务，其发展路径可分为两类：一类是产业链延伸模式，如新奥、协鑫和华电的发展模式，新奥是以燃气为主导，同时往燃气的深度加工——发电、冷热供应方向发展；协鑫以光伏、热电联产为主导，同时往天然气、智慧能源布局；另一类是售电＋综合服务模式，是将节能服务或能效服务等增值业务整合在一起的能源服务，相比于前一种模式对其产业基础要求较低。

三、综合能源服务发展前景与展望

特高压输电、智能电网、"互联网＋"等先进技术和理念为能源互联网的建设提供了技术保障。在源端，特高压交直流输电技术实现了大电网的广泛互联和清洁能源的跨区输送；在终端，主动配电网、多能源集成互补等技术的发展也为终端能源的智能化调度和综合利用奠定了基础。与此同时，分布式清洁能源发电技术、储能技术，以及以物联网、大数据和云计算为代表的信息技术的发展，也支撑着各种能源形式的普遍互联和方便舒适的用能体验。能源互联网分为三个层次：全球能源互联网、城市能源互联网和园区级能源微电网。全球能源互联网是能源互联网的宏观形态，是以特高压为骨干网架，全球互联的坚强智能电网，是清洁能源在全球范围内大规模开发、配置、利用的平台；城市能源互联网是能源互联网的微观形态，整合电力系统、燃气系统、热力系统、信息系统等各方数据，是以电为中心的城市各类能源互联互通、综合利用、优化共享的平台；园区级能源微电网是能源互联网的终端形态，以分布式清洁能源发电、地源（水源）热泵、大规模蓄热（冷）等技术为核心，是冷、热、电、气等能源形式综合利用的平台。能源互联网的展望可以从全球能源互联网、城市能源互联网和园区级能源微电网三个层次上分别进行考虑。

（一）全球能源互联网

1. 特高压交直流输电网架日趋完善

特高压交直流输变电技术、特高压海底电缆技术及特高压灵活输电技术为电网跨洲互联提供了技术支撑。根据规划，2020 年，将完成洲内重点跨国输电通道的建设，提升各国资源配置能力和智能化水平；2030 年，实现洲内跨国电网互联，使清洁能源在洲内大规模、大范围、高效率优化配置；2050 年，建设跨洲特高压骨干网架，实现各洲、各国电网互联互通，基本建成全球能源互联网。

2. 实现高比例可再生能源接入

我国即将步入可再生能源大规模集群并网、高渗透率分散接入并重的发展阶段，电力系统形态将发生巨大变化。根据预测，到 2050 年，我国将实现风电装机 24 亿 kW、实现太阳能发电装机 27 亿 kW，风力发电和太阳能发电合计为 9.66 万亿 kWh，占全部发电量的 64%，风力发电、太阳能发电成为未来绿色电力系统的主要电力供应来源。在此情景下，我国经济发展方式、电源结构优化、节能减排技术乃至生活方式引导方面均有重大改观，经济社会发展与能源、环境之间达到较和谐的发展水平。

3. 特大型电网安全稳定运行

随着大规模风能、太阳能等清洁能源比例的增加，这部分可再生能源电站功率的不可控性、波动性和随机性必将给电网调度带来不少压力。电网稳定特性变得更加复杂，可再生能源大规模接入远距离传输对于电网调度提出了新的挑战。需要进一步研究特大型交直流混合电网安全稳定运行技术，电网故障诊断、恢复及自动重构技术，全面提升大电网对连锁故障、极端灾害天气或外力破坏的防御能力。

（二）城市能源互联网

1. 多能协同与多网融合规划建设

城市能源互联网要实现能源系统与信息网络的深度融合，建设以智能电网为基础，与热力管网、天然气管网、交通网络等多种类型网络互联互通，多种能源形态协同转化、集中式与分布式能源协调运行的综合能源网络，构建开放的共享体系，建立面向多种应用和服务场景下能源系统互联互通的开放接口、网络协议和应用支撑平台，支持海量和多种形式的供能与用能设备的快速、便捷接入。

2. 实现多能源联合协调与区域协调优化

通过需求侧响应与柔性负荷控制，以及能源梯级调用的源、网、荷协同优化策略，达到能源配电网、分布式能源微电网和终端能源用户的协同优化调度，实现冷、热、电、气等多种能源形式在城市层级上的统一调配。

3. 海量数据挖掘与用户行为分析

基于智能终端的海量用户信息，采用大数据的分析技术，对用户用能行为监测数据进行分析，以户为单位，深入挖掘用户用电量与煤、气、油等其他能源间的耦合信息，建立用户用能行为分析模型，制定更加有效的营销策略和调控方案。

4. 培育合理的绿色能源交易机制

培育绿色能源灵活交易市场模式，完善基于互联网的智慧用能交易平台建设，主要包括建设基于互联网的绿色能源灵活交易平台，支持绿色低碳能源与电力用户之间实现直接交易，构建可再生能源实时补贴机制，实现补贴的计量、认证和结算与可再生能源生产交易实时挂钩。

（三）园区级能源微电网

1. 分布式能源系统优化运行

分布式能源系统的协调控制及其优化调度是能源互联网中的多种能源式和复杂的网络关系的核心问题。以系统综合能源利用率最大为目标，利用分布式计算框架构建能源点、负荷点、能量中心和控制中心等各个不同类型和层级的自治控制对象，根据实际能源网络拓扑结构实现分层的协同控制模型；通过量化指标体系和安全运行约束制定全局优化策略，各区域响应上级策略的同时进行内部自治控制，实现动态调整调控。

2. 完善综合能源服务商业模式

综合能源服务的发展有两个方向：一是由传统能源供应商向综合能源服务商转变，依托传统能源供应商基础设施优势，向冷、热、电、气多联供方向发展；二是由能源设备供应商向综合能源服务商转变，依托自身技术优势和售配电改革政策，为用户提供施工、建设、运维服务。能源互联网遵循的是开放、互动和互利互惠的原则，能源供给者、运营商、代理商和用户的利益必将剧烈磨合与碰撞，需要进一步完善综合能源服务商业模式，以适应市场化需求。

四、综合能源服务要求及特点

1. 综合能源服务要求

（1）客户选择。

综合能源服务的目标客户应优先选择对降低能源成本存在迫切需求的客户。公司选择目标客户还应考虑客户用能规模、需求稳定性、利润水平、支付能力等因素，以确保获得较高的服务收益。

按照以上筛选原则，公司开展综合能源服务业务的目标客户主要包括工业企业、园区、大型公共建筑。结合政策背景、发展预期、风险防控等多种因素，进一步对目标客户进行细分。

（2）服务产品。① 能效提升服务，主要包括能效诊断咨询、节能改造、电能替代、设备运维等；② 分布式能源服务，主要包括分布式光伏发电、生物质发电、冷热电三联供、基于电能的冷热供应等；③ 智慧能源服务，主要包括用能监测、多能互补优化控制、需求响应、交易预测等；④ 能源服务新产品，主要包括储能、能源大数据分析、碳资产、金融服务。

2. 综合能源服务特点

（1）综合：集成化，包括能源供给品种的综合化、服务方式的综合化、定制解决方案的综合化等。

（2）互联：同类能源互联、不同能源互联及信息互联，以跨界、混搭的组合方式呈现。

（3）友好：不同供能方式之间、能源供应与用户之间友好互动，可以将公共热冷、电力、燃气甚至水务整合在一起。

（4）共享：通过能源输送网络、信息物理系统、综合能源管理平台及信息和增值服务，实现能源流、信息流、价值流的交换与互动。

（5）高效：通过系统优化配置实现能源高效利用，从传统工程模式转化为向用户直接提供服务的模式。

五、综合能源服务的意义

综合能源服务将使"能源即服务"（energy as a service）成为新型能源消费理念，加快能源消费向"商品化"和"服务化"转型升级。我国经济由高速增长转向高质量发展，消费结构正从商品消费为主转向商品消费与服务消费双轮驱动。商业部门产值从 1980 年到 2015 年增长了近 70 倍，2017 年服务业增加值占比为 51.6%。商业部门越发达，代表人民的生活水平越高，对高品质服务的需求也将随之增加。受经济发展整体趋势影响，能源领域商品化和服务化趋势也愈发显著，能源产业关注点从供给侧向消费侧转移，为消费者提供更好的能源消费体验、个性化定制方案成为核心目标。能源消费者在消费能源商品的同时，也更注重经济性、安全性、舒适性、环保性的协调统一，"为能源买单"的同时，也开始"为能源服务买单"。

综合能源服务将增加能源产品耦合性，加快能源消费向"产销用一体化"转型升级。在传统能源服务体系中，不同品种能源独立式、"竖井式"发展，消费者作为需求方，处于产业链的终端，消费方式和消费角色均较为单一。但是在综合能源服务体系中，集中式和分布式能源供给方式并存，不同能源品种间的行政壁垒和技术壁垒逐渐打破，跨部门、跨领域协调互补能力增强，消费者在综合能源服务商的协助下，可以根据自身意愿，实现能源生产、存储、使用的优化协调，除满足自身需求外，还可以"隔墙售能"，实现"产销用"一体化。德国莱茵鲁尔地区 E‑De Ma 项目和美国能源部 FREEDM 项目是国际典型的能源"产消者"实践。在这样的项目中，能源流向是多向的，每个用户既是能源的消费者，又是能源的供应者。

　　未来在能源技术上，综合能源服务将推动能源系统间的高度耦合互动，以及能源和信息产业的融合，实现不同品类能源间的灵活转化替代和消费者的智能决策。在商业模式上，综合能源服务将使运营重点从源侧、网侧向用户消费侧不断倾斜，打通能源企业与客户之间的"最后一公里"，增强消费动力，促进能源生产、传输、分配、消费的良性循环。在体制机制上，综合能源服务将进一步发挥市场的决定性作用，促进混合所有制改革推进，形成真正以客户为中心，以需求为导向的市场化价值观。以综合能源服务为着力点，加速推动能源消费转型升级，将创造巨大的市场空间，成为新的经济增长点，助力"稳增长、促增长"，推动实现高质量发展。

六、综合能源服务商业运营与管理

　　由于各类能源系统在能源管理与运营方式上差别较大，通过构建综合能源服务平台来服务用能系统健康、稳定发展至关重要，但现阶段综合能源服务商业模式不成熟，各方利益壁垒导致能源变革红利难以实现。

　　1. EMC 模式

合同能源管理（energy performance contracting，国内简称 EMC，国外简称 EPC）指由专业的节能服务公司通过能源服务合同，为客户企业提供节能服务、节能诊断、融资、改造等服务，并以节能效益分享方式回收投资和获得合理利润的一种市场化的节能服务机制。其实质就是以减少的能源费用来支付节能项目全部成本的节能业务方式。

　　（1）类型。EMC 模式允许客户用未来的节能收益为工厂和设备升级，以降低运行成本；或者节能服务公司以承诺节能项目的节能效益或承包整体能源费用的方式为客户提供节能服务。合同能源管理有如下商业模式。

　　1）节能效益分享型。对于电能替代项目，节能服务公司提供资金和全过程服务，在客户配合下实施电能替代项目，在合同期间与客户按照约定的比例分享节能收益；合同期满后，项目电能替代效益和电能替代项目所有权归客户所有，客户的现金流始终是正的。这种类型模式的关键在于节能效益的确认，测量、计算方法要写入合同。为降低支付风险，用户可向节能服务公司提供多方面的节能效益支付保证。

　　2）能源费用托管型。用户委托节能服务公司出资进行能源系统的节能改造和运行管理，按照双方约定将该能源系统的能源费用交节能服务公司管理。项目合同结束后，节能公司改造的节能设备无偿移交给用户使用，以后所产生的节能收益全归用户。

　　3）节能量保证型。对于电能替代项目，客户分期提供节能项目资金并配合项目实施，节能服务公司提供全过程服务并保证项目节能效果。按合同规定，客户节能服务公司支付服务费用。如果项目没有达到承诺的节能量，按照合同约定由节能服务公司承担相应的责任和经济损失；如果节能量超过承诺的节能量，节能服务公司与客户按照约定的比例分享超过部分的节能效益。项目合同结束，先进高效节能设备无偿移交给客户企业使用，以后所产生的节能收益全部归客户企业享受。

　　对于电能替代项目，客户委托节能服务公司进行能源系统的节能改造和运行管理，按照合同约定支付能源托管费用。节能服务公司自筹资金为客户管理和改造能源系统，承包能源费用，合同规定能源服务质量指标及其确认方法，不达标时，节能服务公司按照合同给予赔偿。节能服务公司的主要经济来源来自能源费用的节约，客户的经济效益来自能源费用（承包额）的减少。

4）融资租赁型。融资公司投资购买节能服务公司的节能设备和服务，并租赁给用户使用，根据协议定期向用户收取租赁费用。节能服务公司负责对用户的能源系统进行改造，并在合同期内对节能量进行测量验证，担保节能效果。项目合同结束后，节能设备由融资公司无偿移交给用户使用，以后所产生的节能收益全归用户。

5）混合型。即由以上4种基本类型的任意组合形成的合同类型。

（2）优势。

1）用能单位不需要承担节能项目实施的资金、技术风险，并在项目实施降低用能成本的同时，获得实施节能带来的收益和获取提供的设备。

2）节能效率高。合同能源管理项目的节能率一般为5%～40%，甚至可超过50%。

3）改善客户现金流。客户借助节能服务公司实施节能服务，可以改善现金流量，把有限的资金投资在其他更优先的投资领域。

4）使客户管理更科学。客户借助合同能源管理实施节能服务，可以获得专业节能资讯和能源管理经验，提升管理人员素质，促进内部管理科学化。

5）提升客户竞争力。客户实施节能改进后，减少了用能成本支出，提高了产品竞争力。同时，因为节约了能源，改善了环境品质，建立了绿色企业形象，从而增强市场竞争优势。

6）节能更专业。因为节能服务公司是全面负责能源管理的专业化"节能服务公司"，所以能够比一般技术机构提供更专业、更系统的节能技术和解决方案。

7）节能有保证。节能服务公司可向用户承诺节能量，保证客户可以在项目实施后即刻实现能源利用成本下降。

8）投资回收短。合同能源管理项目投资额较大，但投资回收期短。从已经实施的项目来看，投资回收期平均为1～3年。

9）市场机制及双赢结果。节能服务公司为客户承担了节能项目的风险，在客户见到节能效益后，才与客户一起分享节能成果，而取得双赢的效果。

（3）制约因素。尽管合同能源管理项目的实施在中国已有不少成功案例，并且拥有广阔的发展前景，但中国合同能源管理的发展依然存在许多制约因素，主要表现在以下几点。

1）当前节能降耗还没有成为某些高耗能企业和地方政府的自觉意识，仍然有不少的企业为了一己私利，以经济利益为中心，节能降耗意识较弱。在法律制度方面还没有形成和确立节能投资激励机制和企业节能激励机制；缺少具有一定强制性的政策法规，影响合同能源管理产业的发展。很多城市尚缺乏系统性的适合本地市场的财务管理、财税减免、金融支持、政策性奖励等法律法规，政策落实缺乏时效性。与节能服务产业相比，很多城市尤其是二三线小城市对合同能源管理国家政策的贯彻执行还不够及时；奖励资金申请流程烦琐、不规范。从本质上说，合同能源管理项目即节能服务公司利用节能的新技术帮助高耗能企业进行节能，因此，节能服务公司是否拥有节能技术，是否拥有节能技术研发的实力才是决定合同能源管理项目是否成功的根本性因素。由于中国的合同能源管理事业才刚刚起步，许多人对合同能源管理的了解不够，业务规模和从业人数还相对不足，尤其缺少技术过硬、专业本领强，又会控制风险，还能与人沟通的复合型人才。能源服务行业的薪资待遇标准不确定，薪资是不具有吸引力的，难以吸引高素质人才。

2）节能服务公司实施合同能源管理项目，需要先垫付资金，随着实施项目的增多，资金压力不断加大，如果没有融资支持，公司发展就会难以为继。同时，由于合同能源管理的投入产出周期长，大项目一般在投入几年以后才会有回报，企业要进行后续投入面临很大的资金压力。由于中国合同能源管理行业不规范，大多数节能服务公司还处于发展阶段，缺少较高诚信度，银行资信等级较低，申请贷款及担保程序烦琐，贷款比较困难。

3）企业信用评价体系不完善阻碍了合同能源管理服务业的发展。一般来讲，采用合同能源管理模式进行节能技改的项目周期较长，利益分期回报。节能服务公司普遍担心在节能改造项目结束后用能单位是否会有其他的变故影响支付能力。在社会诚信和商业诚信相对缺失、司法成本偏高、体制不够完善的情况下，节能服务公司承担一定的商业风险，如果遭遇恶性恶意毁约不履行承诺的案子就会对节能服务公司尤其是小型的节能服务公司运营造成困扰，影响其运转。某些节能服务公司片面追求利益，为拿项目盲目保证节能量，损害业主利益，破坏了节能行业的行风；一些城市又缺乏权威的节能量审核机构，导致纠纷仲裁困难，造成企业负担。

4）催生供暖行业新模式。供暖行业主要面对的用户有市政热力、大型工业园区、工矿企业等，而热力公司或分布式锅炉房是主要的热源供给主体。如果有条件能够实现提前供暖并确保优质的供暖效果，还能为项目带来增效应。很多开发企业如此设想。尤其是对于那些自建锅炉房的开发企业来说，不仅要有一定的初期投入，管理锅炉这类特种设备还需要具备独立运营的条件且需要建立一个专业化团队，投入和收益能否平衡不得而知。目前，国内已有很多涉足供暖行业的合同能源管理企业为上述设想指定方案。其模式为：由供热公司承担项目的投资、融资、建设、经营和维护，在协议规定的期限内，向热用户收取用热费，以此来回收项目投融资、建造、运营和维护成本，取得合理回报。而房地产公司拥有供热设施建设的监督权，合同期满后，还可以收回项目的运营权。建造–运营–转让模式已经在国际上比较普遍。对于建设方而言，最大的好处是节省锅炉等供暖设备的投资，实现系统、设备的最优化配置。供暖行业的发展也催生了锅炉系统的生产供应行业。锅炉行业是传统行业，也是能耗很高的一种产品。一直以来对于锅炉设备的升级换代，在国内因为资金和技术等因素，进程非常缓慢。运用合同能源管理模式，将大大加快锅炉行业技术的更新，大大加快原有锅炉设备的升级换代。

2. BT 模式

BT（build–transfer）模式，即"建设–移交"，是一种新型的投融资建设模式，即政府通过特许协议授权企业对项目进行融资建设，项目建设验收合格后由政府赎回，政府用以后的财政预算资金向企业支付项目总投资加上合理回报。

（1）BT 模式简介。项目发起人通过与投资者签订合同，由投资者负责项目的融资、建设，并在规定时限内将竣工后的项目移交项目发起人，项目发起人根据事先签订的回购协议分期向投资者支付项目总投资及确定的回报。

1）政府根据当地社会和经济发展需要对项目进行立项，完成项目建议书、可行性研究、筹划报批等前期工作，将项目融资和建设的特许权转让给投资方（依法注册成立的国有或私有建筑企业），银行或其他金融机构根据项目未来的收益情况对投资方的经济等实力情况为项目提供融资贷款，政府与投资方签订 BT 投资合同，投资方组建 BT 项目公司，投资方在建设期间行使业主职能，对项目进行融资、建设，并承担建设期间的风险。

2）项目竣工后，按 BT 合同，投资方将完工验收合格的项目移交给政府，政府按约定总价（或计量总价加上合理回报）按比例分期偿还投资方的融资和建设费用。

3）政府在 BT 投资全过程中行使监管权力，保证 BT 投资项目的顺利融资、建设和移交。

4）投资方是否具有与项目规模相适应的实力，是 BT 项目能否顺利建设和移交的关键。

（2）运作过程。

1）项目的确定阶段。政府对项目立项，完成项目建设书、可行性研究、筹划报批等工作。

2）项目的前期准备阶段。政府确定融资模式、贷款金额的时间及数量上的要求、偿还资金的计划安排等工作。

3）项目的合同确定阶段。政府确定投资方，谈判商定双方的权利与义务等工作。

4）项目的建设阶段。参与各方按 BT 合同要求，行使权利，履行义务。

5）项目的移交阶段。竣工验收合格、合同期满，投资方有偿移交给政府，政府按约定总价，按比例分期偿还投资方的融资和建设费用。

（3）BT 模式主体。

1）项目业主。项目业主是指项目所在国政府及所属部门指定的机构或公司，也称项目发起人。项目业主负责对项目的项目建设特许权的招标。在项目融资建设期间，业主在法律上不拥有项目，而是通过给予项目一定数额的从属性贷款或贷款担保作为项目建设、开发和融资的支持。在项目建设完成和移交后，将拥有项目的所有权和经营权。

2）BT 投资建设方。BT 投资建设方通过投标方式从项目所在国政府获得项目建设的特许权；负责提供项目建设所需的资金、技术，安排融资和组织项目的建设，并承担相应的项目风险；通过招投标方式产生相应的设计单位、施工单位、监理单位和设备、原材料供应商等。

3）贷款银行或其他相关单位。融资渠道在 BT 模式中扮演着很重要的角色，项目的融资渠道一般是投资方自有资产、银团贷款、政府政策性贷款等。而贷款的条件一般取决于项目本身的经济效益、BT 方的管理能力和资金状况，以及政府为项目投资方提供的优惠政策。

（4）BT 模式特点。

1）仅适用于政府基础设施非经营性项目建设。

2）政府利用的资金是非政府资金，是通过投资方融资的资金，融资的资金可以是银行的，也可以是其他金融机构或私有的，可以是外资的，也可以是国内的。

3）仅是一种新的投资融资模式，BT 模式的重点是 B 阶段。

4）投资方在移交时不存在投资方在建成后进行经营，获取经营收入。

5）政府按比例分期向投资方支付合同的约定总价。

6）有利于缓解政府资金压力，转变政府职能；有利于降低管理成本和提高管理效率；有利于降低项目建设成本，促使项目配置最优化。

（5）BT 模式风险。

1）风险较大，如政治风险、自然风险、社会风险、技术风险；需增强风险管理的能力，最大的风险还是政府的债务偿还是否按合同约定。

2）安全合理利润及约定总价的确定比较困难。

3. BOT 模式

BOT（build – operate – transfer）模式即"建设 – 经营 – 转让"的简称，实质上是基础设施投资、建设和经营的一种方式，以政府和私人机构之间达成协议为前提，由政府向私人机构颁布特许，允许其在一定时期内筹集资金建设某一基础设施并管理和经营该设施及其相应的产品与服务。

（1）BOT模式简介。项目发起人与服务商签订特许权协议，特许服务商承担工程投资、建设、经营与维护，在协议规定的期限内，通过对项目的开发运营以及当地政府给予的其他优惠来回收资金以还贷，并取得合理的利润。特许期结束，服务商将固定资产无偿移交给政府。

1）项目发起方成立项目专设公司（项目公司），专设公司同东道国政府或有关政府部门达成项目特许协议。

2）项目公司与建设承包商签署建设合同，并得到建筑商和设备供应商的保险公司的担保。专设公司与项目运营承包商签署项目经营协议。

3）项目公司与商业银行签订贷款协议或与出口信贷银行签订买方信贷协议。

4）进入经营阶段后，项目公司把项目收入转移给一个担保信托。担保信托再把这部分收入用于偿还银行贷款。

（2）BOT模式特点。当代资本主义国家在市场经济的基础之上引入了强有力的国家干预。同时经济学在理论上也肯定了"看得见的手"的作用，市场经济逐渐演变成市场和计划相结合的混合经济。BOT恰恰具有这种市场机制和政府干预相结合的混合经济的特色。

一方面，BOT能够保持市场机制发挥作用。BOT项目的大部分经济行为在市场上进行，政府以招标方式确定项目公司的做法本身也包含了竞争机制。作为可靠的市场主体的私人机构是BOT模式的行为主体，在特许期内对所建工程项目具有完备的产权。这样，承担BOT项目的私人机构在BOT项目的实施过程中的行为完全符合经济人假设。

另一方面，BOT为政府干预提供了有效的途径，这就是和私人机构达成的有关BOT的协议。尽管BOT协议的执行全部由项目公司负责，但政府自始至终都拥有对该项目的控制权。在立项、招标、谈判三个阶段，政府的意愿起着决定性的作用。在履约阶段，政府又具有监督检查的权力，项目经营中价格的制订也受到政府的约束，政府还可以通过通用的BOT法来约束BOT项目公司的行为。

（3）BOT模式优点。

1）降低政府的财政负担。

2）政府可以避免大量的项目风险。

3）组织机构简单，政府部门和私人企业协调容易。

4）项目回报率明确，严格按照中标价实施。政府和私人企业之间的利益纠纷少。

5）有利于提高项目的运作效率。

6）BOT项目通常由外国的公司来承包，这样会给项目所在国带来先进的技术和管理经验，既给本国的承包商带来较多的发展机会，又会促进国际经济的融合。

7）可利用私人企业投资，减少政府公共借款和直接投资，缓和政府财政负担；有利于减少或避免政府投资可能带来的风险；有利于提高项目的运作效益；组织机构简单，政府部门和私人企业协调容易。

（4）BOT模式缺点。

1）公共部门和私人企业往往都需要经过一个长期的调查了解、谈判和磋商过程，以至项目前期过长，使投标费用过高。

2）投资方和贷款人风险过大，没有退路，使融资举步维艰。

3）参与项目各方存在某些利益冲突，对融资造成障碍。

4）机制不灵活，降低私人企业引进先进技术和管理经验的积极性。

5）在特许期内，政府对项目减弱甚至失去控制权。

6）在 BOT 项目较长的特许期中，供求关系变化与价格变化带来的市场风险；项目进行过程中由于制度上的细节问题安排不当带来的技术风险；由汇率、利率和通货膨胀的预期外变化带来的金融风险；项目需要承担的地震、火灾、暴雨等不可抗拒的外力风险等。

4. PPP 模式

公私合营模式（public private partnership，PPP），是指政府部门与社会投资者之间建立合作伙伴关系来提供基础设施、社会公共设施的建设和相关服务的一种方式。PPP 模式是指政府部门吸收社会资本加入，共同将资金或资源投入项目，由社会投资者建设并运营该项目，并按合同比例共同获得收益的商业模式，但其运营时间有一定期限。此类商业模式适用于大型基础设施建设与社会公共设施建设和相关服务。

（1）PPP 模式简介。对于涉及公共基础设施的综合能源服务项目，政府通过招投标选定资本投资人，尤其是对于资金需求量大的项目，可以重点考虑发挥银行贷款及政策性银行的支持性作用，吸引银行资本与社会资本共同参与，建立良好的投融资环境；由政府部门与选定的资本投资人签署合资协议、公司章程，组建设立项目公司；由项目公司负责按照合同约定开展项目后续一系列的开发建设具体工作，包括设计、投融资、建设、运营等；在项目运营过程中，作为承担监管职责的政府部门，对经营全过程进行监管，包括对价格监管和质量监管等，以及设定相应的执行制度。资本投资人除了可以获得项目经营的直接收益外，还可获得通过政府扶持所转化的效益。广义 PPP 可以分为外包类、特许经营类和私有化类三大类。

1）外包类。PPP 项目一般由政府投资，私人部门承包整个项目中的一项或几项职能。例如只负责工程建设，或者受政府之托代为管理维护设施或提供部分公共服务，并通过政府付费实现收益。在外包类项目中，私人部门承担的风险相对较小。

2）特许经营类。项目需要私人参与部分或全部投资，并通过一定的合作机制与公共部门分担项目风险、共享项目收益。根据项目的实际收益情况，公共部门可能会向特许经营公司收取一定的特许经营费或给予一定的补偿，这就需要公共部门协调好私人部门的利润和项目的公益性两者之间的平衡关系，因而特许经营类项目能否成功在很大程度上取决于政府相关部门的管理水平。通过建立有效的监管机制，特许经营类项目能充分发挥双方各自的优势，节约整个项目的建设和经营成本，同时还能提高公共服务的质量。项目的资产最终归公共部门保留，因此一般存在使用权和所有权的移交过程，即合同结束后要求私人部门将项目的使用权或所有权移交给公共部门。

3）私有化类。PPP 项目则需要私人部门负责项目的全部投资，在政府的监管下，通过向用户收费收回投资实现利润。由于私有化类 PPP 项目的所有权永久归私人拥有，并且不具备有限追索的特性，私人部门在这类 PPP 项目中承担的风险最大。

（2）PPP 模式优点。

1）消除费用的超支。在初始阶段私人企业与政府共同参与项目的识别、可行性研究、设施和融资等项目建设过程，保证了项目在技术和经济上的可质性，缩短前期工作周期，使项目费用降低。PPP 模式只有当项目已经完成并得到政府批准使用后，私营部门才能开始获得收益，因此 PPP 模式有利于提高效率和降低工程造价，能够消除项目完工风险和资金风险。研究表明，与传统的融资模式相比，PPP 项目平均为政府部门节约 17%的费用，并且建设工期都能按时完成。

2）有利于转换政府职能，减轻财政负担。政府可以从繁重的事务中脱身出来，从过去的基础设施公共服务的提供者变成一个监管的角色，从而保证质量，也可以在财政预算方面减轻政府压力。

3）促进了投资主体的多元化。利用私营部门来提供资产和服务能为政府部门提供更多的资金和技能，促进了投融资体制改革。同时，私营部门参与项目还能推动在项目设计、施工、设施管理过程等方面的革新，提高办事效率，传播最佳管理理念和经验。

4）政府部门和民间部门可以取长补短，发挥政府公共机构和民营机构各自的优势，弥补对方身上的不足。双方可以形成互利的长期目标，可以以最有效的成本为公众提供高质量的服务。

5）使项目参与各方整合组成战略联盟，对协调各方不同的利益目标起关键作用。

6）风险分配合理。与 BOT 等模式不同，PPP 在项目初期就可以实现风险分配，同时由于政府分担一部分风险，使风险分配更合理，减少了承建商与投资商风险，从而降低了融资难度，提高了项目融资成功的可能性。政府在分担风险的同时也拥有一定的控制权。

7）应用范围广泛。该模式突破了引入私人企业参与公共基础设施项目组织机构的多种限制，可适用于城市供热等各类市政公用事业及道路、铁路、机场、医院、学校等。

（3）PPP 模式风险。政府与社会资本的信用风险；政府领导人变化等引起的政治风险；法律与监管体系不完善引起的政策法律风险；汇率、利率和通货膨胀的预期外变化带来的金融风险；建设风险；各主体合作存在的合作风险；市场与运营风险等。

（4）PPP 模式发展方式。政府部门或地方政府通过政府采购形式与中标单位组成的特殊目的公司签订特许合同（特殊目的公司一般为由中标的建筑公司、服务经营公司或对项目进行投资的第三方组成的股份有限公司），由特殊目的公司负责筹资、建设及经营。政府通常与提供贷款的金融机构达成一个直接协议，这个协议不是对目的公司签订的合同支付有关费用的协定，这个协议使特殊目的公司能比较顺利地获得金融机构的贷款。采用这种融资形式的实质是：政府通过给予私营公司长期的特许经营权和收益权来换取基础设施加快建设及有效运营，促进中国基础设施建设项目的民营化。在中国基础设施建设领域引入 PPP 模式，具有极其重要的现实价值。中国政府也开始认识到这些重要价值，并为 PPP 模式在中国的发展提供了一定的国家政策层面的支持和法律法规层面的支持。

5. DBFO 模式

DBFO（design－build－finance－operate，简称 DBFO）模式适用于供应商对基础设施/社会公共设施（如学校、医院、道路、桥梁和港口）进行电能替代设计、建设、融资和运作/维护，并在一定期限内获得运行和维护收入。DBFO 商业模式优势是供应商和政府部门共同承担项目风险，其商业模式的创新点在于其对私募融资的使用，以及设计/施工阶段与电能替代运作/维护阶段的捆绑。这就鼓励供应商以更节能高效的方式来设计和建设基础设施等。供应商除了要按预算来建设资产外，在一定时期内还要高效地运作和维护这些资产，并且按合同比例获得收益，通常这个期限为 30～35 年。

DBFO 模式的优势在于：就责任和接触点而言，政府部门只面向单一对象，即 DBFO 特许经营项目公司，便于监管和控制；具有透明和相对简单的结构；便于工程采购的组织和实施；有较多的市场先例可供参考。

DBFO 模式的风险与 PPP 模式类似，包括信用风险、政治风险、政策法律风险、金融风险、建设风险、合作风险、市场与运营风险等。

6. B2B 模式

B2B（business to business）即企业与企业之间通过互联网进行产品、服务及信息的交换。电网公司与节能设备制造商、节能服务公司、售电商、工业园区的能源服务商之间的交互均可采用 B2B 模式。即通过构建一个"开放、共享"的电能替代服务平台，实现角色与角色之间的交互，形成能源互联网意义下的 B2B 模式。

B2B 模式的优势在于：降低采购成本；降低库存成本；降低各市场主体之间的运作交易成本；促进各市场主体的信息交流；改善信息管理与决策水平；扩大市场机会。

B2B 模式的风险在于：B2B 市场准入门槛较低引起的准入标准管理风险；交易管理和手段不完善带来的交易流程管理风险；网络运营中存在的网络技术安全风险；各地区电子商务政策存在差异引起的政策法律风险；交易双方信任缺失引起的信用风险。

7. B2C 模式

B2C（business to customer）是电子商务的一种模式，也就是通常说的直接面向消费者销售产品和服务商业零售模式。这种形式的电子商务一般以网络零售业为主，主要借助于互联网开展在线销售活动。

电网公司或节能服务公司与用户之间的交互可采用 B2C 的商业模式。电网公司或节能服务公司与居民用户、工业用户、商业用户的交互主要在于卖电及卖服务（能源服务、技术服务）。通过服务平台，让企业与用户共同参与，开展能源互联网意义下的 B2C 模式。

B2C 模式的优势在于：能够有效地减少交易环节，大幅度降低交易成本，从而降低用户获得产品的成本；减少了售后服务的技术支持费用；可提供个性化服务。

B2C 模式的风险和 B2B 模式类似，包括准入标准管理风险、交易流程管理风险、网络技术安全风险、政策法律风险、信用风险等。

第六节　分布式电源并网服务

一、管理职责

（1）国网营销部负责贯彻落实国家新能源发展相关政策规定，负责制定分布式电源并网服务管理规则，对分布式电源并网服务工作开展情况进行统计、分析、监督、检查，协调解决分布式电源并网服务过程中存在的矛盾和问题。

国网发展部负责分布式电源接入管理，负责制定接入系统技术标准和规则，对分布式电源接入系统方案编审工作开展情况进行监督、检查。

国网运检部负责制定分布式电源电网设备建设、试验、运维、检修相关标准并对落实情况进行监督、检查。

国调中心负责制定分布式电源并网调度运行管理相关规定，并对落实情况进行监督、检查。

国网财务部负责制定分布式电源电价管理相关规定，并对可再生能源补助资金、上网电费结算情况进行监督、检查。

国网交易中心负责制定分布式电源上网交易管理规定。

国网客户服务中心负责 95598 热线电话及网上营业厅有关分布式电源的宣传、咨询服务和回访工作。

总部其他相关部门履行公司规定的专业管理职责。

（2）省（自治区、直辖市）电力公司（以下简称"省公司"）营销部是分布式电源并网服务归口管理部门，负责本单位分布式电源并网服务、运营管理、检查考核等工作。

省公司发展策划部负责 10kV、35kV 电压等级接入分布式电源接入系统方案管理，负责对接入方案编审工作开展情况实施监督、检查；负责安排分布式电源电网配套工程项目计划并上报公司总部备案。

省公司财务资产部负责监督落实分布式电源相关电价政策；负责可再生能源补助资金申报、拨付等管理工作，并对上网电费、可再生能源补助资金结算情况进行监督、检查；负责将计划外新增分布式电源电网配套工程项目纳入预算调整。

省公司安全监察质量部负责分布式电源接入电网安全管理；负责对本专业分布式电源管理要求的落实情况实施监督、检查。

省公司运维检修部负责分布式电源接入引起公共电网技改工程的管理；负责对本专业分布式电源管理要求的落实情况实施监督、检查。

省公司建设部负责分布式电源接入引起公共电网基建工程的管理；负责对本专业分布式电源管理要求的落实情况实施监督、检查。

省公司调度控制中心负责指导地市供电企业开展 10kV、35kV 分布式电源并网调度协议签订及并网验收工作，并对本专业分布式电源管理要求的落实情况实施监督、检查。

省公司客户服务中心负责 95598 热线电话及网上营业厅有关分布式电源的宣传、咨询服务工作。

省公司其他相关部门履行公司规定的专业管理职责。

（3）地市（区、州）供电公司（以下简称"地市供电企业"）、县（市、区）供电公司（以下简称"县供电企业"）营销部（客户服务中心）负责分布式电源并网服务归口管理，负责分布式电源项目并网服务工作的检查与考核；负责受理辖区内分布式电源并网申请、组织开展现场勘查、组织审查 380（220）V 接入系统方案、答复接入系统方案、答复 35kV 及 10kV 接入电网意见函、组织审查项目设计文件、安装电能表、合同会签、组织 380（220）V 接入项目并网验收与调试、安排 380（220）V 接入项目并网运行等；负责辖区范围内分布式电源项目并网后抄表、核算、运行管理等营销服务工作。

地市、县供电企业发展部门负责组织 35kV、10kV 接入系统方案审查，出具接入电网意见函，参与 380（220）V 接入系统方案审查，参与设计文件审查工作；负责分布式电源接入引起公共电网基建工程投资计划的安排与上报；负责为自然人分布式光伏发电项目提供项目备案服务。地市、县供电企业运检部门负责组织实施分布式电源接入引起的公共电网技改工程，参与现场勘查、接入系统方案和设计文件审查、并网验收与调试工作。地市、县供电企业建设部门负责组织实施分布式电源接入引起的公共电网基建工程。地市、县供电企业调控部门负责签订 35kV、10kV 接入项目并网调度协议；负责组织 35kV、10kV 接入项目并网验收与调试；参与接入系统方案和设计文件审查、380（220）V 接入项目并网验收调试工作。

地市、县供电企业财务部门负责贯彻落实分布式电源相关电价政策；负责属地可再生能源补贴资金申请上报、资金支付工作；负责上网电费支付工作；参与分布式电源合同会签。地市供电企业经研所负责制定接入系统方案，参与现场勘查、接入系统方案评审。地市、县供电企业安监部门负责贯彻落实分布式电源接入电网安全管理办法，做好安全监督。其他相关部门履行公司规定的专业管理职责。

二、并网服务流程

并网服务流程见表9-7和表9-8。

三、并网业务环节

1. 受理申请与现场勘查

（1）地市、县供电企业营销部（客户服务中心）负责受理分布式电源业主（或电力用户）并网申请。各级供电公司应提供营业厅等多种并网申请渠道，并做好95598热线电话和95598智能互动服务网站受理业务的支撑。

（2）地市、县供电企业营销部（客户服务中心）受理客户并网申请时，应主动提供并网咨询服务，履行"一次性告知"义务，接受、查验并网申请资料，协助客户填写并网申请表，并于受理当日录入营销业务应用系统。

地市、县供电企业营销部（客户服务中心）负责将相关申请资料存档，并通知地市供电企业经研所（直辖市公司为经研院，下同）制订接入系统方案。工作时限：2个工作日。

（3）地市、县供电企业营销部（客户服务中心）负责组织地市、县供电企业发展部、运检部（检修公司）、调控中心、经研所等部门（单位）开展现场勘查，并填写现场勘查工作单。工作时限：2个工作日。

2. 接入系统方案制定与审查

（1）地市供电企业经研所负责按照国家、行业、企业相关技术标准及规定，参考《分布式电源接入系统典型设计》制定接入系统方案。工作时限：第一类30个工作日（其中分布式光伏发电单点并网项目10个工作日，多点并网项目20个工作日）；第二类50个工作日。

（2）对于380/220V单点并网的分布式光伏发电项目，省公司营销部组织经研院（所）根据本地实际情况编制典型接入系统方案模板。地市、县供电企业营销部（客户服务中心）在组织现场勘查时，根据典型接入系统方案模板，与客户确定接入系统方案，将接入系统方案确认单由客户直接签字确认，并抄送发展、运检、调控等部门备案。

（3）地市、县供电企业营销部（客户服务中心）负责组织相关部门审定多并网点380/220V分布式电源接入系统方案，并出具评审意见。工作时限：5个工作日。

（4）地市供电企业发展部负责组织相关部门审定35kV、10kV接入项目（对于多点并网项目，按并网点最高电压等级确定）接入系统方案，出具评审意见、接入电网意见函并转至地市供电企业营销部（客户服务中心）。工作时限：5个工作日。

（5）地市、县供电企业营销部（客户服务中心）负责将接入系统方案确认单，35kV、10kV项目接入电网意见函告知项目业主。工作时限：3个工作日。

（6）对于380/220V接入项目，在项目业主确认接入系统方案后，地市、县供电企业营销部（客户服务中心）负责将接入系统方案确认单及时抄送地市、县供电企业发展部、财务部、运检部（检修公司）。项目业主根据确认的接入系统方案开展项目核准（或备案）和工程建设等工作。

表 9-7   **35kV、10kV 分布式电源并网服务流程（省/直辖市公司适用）**

省公司		地（市）公司								过程描述
交易中心	发展部	市/县公司营销部（客户服务中心）	发展部	调控中心	运检部（检修公司）	财务部	办公室	经研所	用户	

过程描述：

1. 地市或区县公司营销部（客户服务中心）负责受理并网申请。岗位：受理员；时限要求：当日录入系统。

2.1 地市公司营销部（客户服务中心）在正式受理客户申请后，将并网申请材料转给地市公司发展部。岗位：客户经理；时限要求：2个工作日。

2.2 地市公司营销部（客户服务中心）负责组织现场勘查。岗位：客户经理；时限要求：2个工作日。

3. 地市经研所负责在现场勘查后研究制订接入系统方案。岗位：设计；时限要求：第I类，光伏10（20）个工作日，其他分布式电源项目30个工作日；第II类30或50个工作日。

4. 地市公司发展部负责组织相关部门审定接入系统方案，出具评审意见和接入电网意见函。方案岗位：接入规划管理；时限要求：5个工作日。

5. 地市公司营销部（客户服务中心）在收到地市公司发展部审查意见后，将接入系统方案确认单（含接入方案）告知用户。岗位：客户经理；时限要求：3个工作日。

6. 用户确认。

7. 地市公司发展部将接入电网意见函抄送地市公司营销部（客户服务中心）部门（单位），并报省公司发展部备案。岗位：接入规划管理；时限要求：确定接入电网意见函当日。

8. 客户委托具备资质的设计单位进行工程设计。

9. 地市公司营销部（客户服务中心）接受并查客户提交的设计资料。岗位：客户经理；时限要求：接收申请当日。

10、11 地市公司营销部（客户服务中心）组织发展、运检、调控中心等部门对设计文件进行审查。岗位：客户经理；10个工作日。

12 客户委托具备资质的施工单位进行工程施工。

13 地市公司营销部（客户服务中心）接受客户并网验收申请，并转有关部门。岗位：客户经理；时限要求：2个工作日。

14.1 地市公司营销部（客户服务中心）组织完成电能计量装置的安装工作。岗位：客户经理；时限要求：8个工作日。

14.2、15.1 地市公司营销部（客户服务中心）组织完成《发用电合同》签订。岗位：客户经理；时限要求：8个工作日。

15.2 地市公司调控中心组织完成《并网调度协议》签订。岗位：运行方式管理；时限要求：8个工作日。

16 省公司交易中心待合同备案。

17、18 地市公司调控中心负责在计量装置安装完成、合同与协议签订完毕后，组织并网验收及调试。岗位：运行方式管理；时限要求：10个工作日。

19 分布式电源并网后，地市公司营销部（客户服务中心）应将客户并网申请、接入系统方案、工程设计、并网验收意见、合同等资料整理归档，同时在分布式电源项目属地县公司留存复印件一份。岗位：客户经理；时限要求：验收试合格并网后。

表 9 – 8　　　　380（220）V 分布式电源并网服务流程（省/直辖市公司适用）

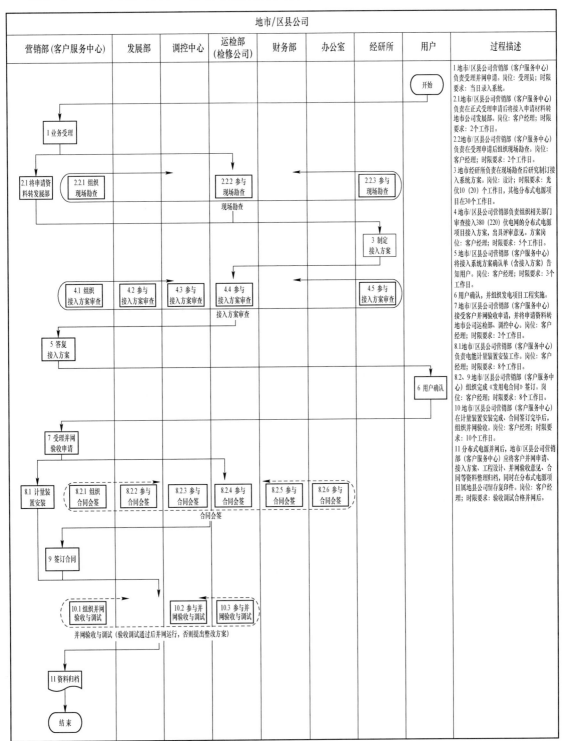

地市/区县公司								过程描述
营销部(客户服务中心)	发展部	调控中心	运检部(检修公司)	财务部	办公室	经研所	用户	

过程描述：

1 地市/区县公司营销部（客户服务中心）负责受理并网申请。岗位：受理员；时限要求：当日录入系统。

2.1 地市/区县公司营销部（客户服务中心）负责在正式受理申请后将接入申请材料转地市公司发展部。岗位：客户经理；时限要求：2个工作日。

2.2 地市/区县公司营销部（客户服务中心）负责在受理申请后组织现场勘查。岗位：客户经理；时限要求：2个工作日。

3 地市经研所负责在现场勘查后研究制订接入系统方案。岗位：设计；时限要求：光伏10（20）个工作日，其他分布式电源项目在30个工作日。

4 地市/区县公司营销部负责组织相关部门审查接入380（220）伏电网的分布式电源项目接入方案，出具评审意见。方案岗位：客户经理；时限要求：5个工作日。

5 地市/区县公司营销部（客户服务中心）将接入系统方案确认单（含接入方案）告知用户。岗位：客户经理；时限要求：3个工作日。

6 用户确认，并组织发电项目工程实施。

7 地市/区县公司营销部（客户服务中心）接受客户并网验收申请，并将申请资料转地市公司运检部、调控中心。岗位：客户经理；时限要求：2个工作日。

8.1 地市/区县公司营销部（客户服务中心）负责电能计量装置安装工作。岗位：客户经理；时限要求：8个工作日。

8.2、9 地市/区县公司营销部（客户服务中心）组织完成《发用电合同》签订。岗位：客户经理；时限要求：8个工作日。

10 地市/区县公司营销部（客户服务中心）在计量装置安装完成、合同签订完毕后，组织并网验收。岗位：客户经理；时限要求：10个工作日。

11 分布式电源并网后，地市/区县公司营销部（客户服务中心）应将客户并网申请、接入方案、工程设计、并网验收意见、合同等资料整理归档，同时在分布式电源项目属地县公司留存复印件。岗位：客户经理；时限要求：验收调试合格并网后。

（7）对于 35kV、10kV 接入项目，在项目业主确认接入系统方案后，地市供电企业发展部负责将接入系统方案确认单、接入电网意见函，及时抄送地市供电企业财务部、运检部（检修公司）、营销部（客户服务中心）、调控中心、信通公司，并报省公司发展部备案。项目业主根据接入电网意见函开展项目核准（或备案）和工程设计等工作。

（8）公司为自然人分布式光伏发电项目提供项目备案服务。地市、县供电企业发展部（发展建设部）在收到客户接入系统方案确认单后，根据当地能源主管部门项目备案管理办法，按月集中代自然人项目业主向当地能源主管部门进行项目备案，备案文件抄送财务部、营销部（客户服务中心）。

3. 客户工程设计与建设

（1）项目业主自行委托具备资质的设计单位，按照答复的接入系统方案开展工程设计。

（2）地市、县供电企业营销部（客户服务中心）负责受理项目业主设计审查申请，接受并查验客户提交的设计文件，审查合格后方可正式受理。

（3）在受理客户设计审查申请后，地市供电企业营销部（客户服务中心）负责组织地市供电企业发展部、运检部（检修公司）、调控中心等部门（单位），依照国家、行业标准以及批复的接入系统方案对设计文件进行审查，并出具审查意见告知项目业主，项目业主根据答复意见开展接入系统工程建设等后续工作。工作时限：10 个工作日。

（4）因客户自身原因需要变更设计的，应将变更后的设计文件提交供电公司，审查通过后方可实施。

（5）由用户出资建设的分布式电源及其接入系统工程，其设计单位、施工单位及设备材料供应单位由用户自主选择。承揽接入工程的施工单位应具备政府主管部门颁发的承装（修、试）电力设施许可证。设备选型应符合国家与行业安全、节能、环保要求和标准。

4. 电网配套工程建设

（1）地市、县供电企业负责分布式电源接入引起的公共电网改造工程，包括随公共电网线路架设的通信光缆及相应公共电网变电站通信设备改造等建设。其中，对于纳入公司年度综合计划的公共电网改造工程，执行公司现行项目管理规定；对于未纳入的，按照项目性质分为基建项目和技改项目，在项目业主确认接入系统方案后，分别由地市供电企业发展部、运检部（检修公司）组织编制项目可研，其中技改项目由地市供电企业运检部（检修公司）组织地市供电企业经研所完成技改项目建议书，提出投资计划建议并送地市供电企业发展部，地市供电企业发展部安排投资计划并报省公司发展部、财务部备案。工作时限：20 个工作日。

（2）在收到地市供电企业项目建议书和投资计划备案后，省公司发展部会同财务部完成 ERP 建项。工作时限：5 个工作日。

（3）在省公司完成 ERP 建项后，地市供电企业运检部（检修公司）或建设部按照公司工程建设管理程序先行组织工程实施，以满足分布式电源接入电网需求。

5. 并网验收与调试

（1）地市、县供电企业营销部（客户服务中心）负责受理项目业主并网验收与调试申请，协助项目业主填写申请表，接收、审验、存档相关材料，并报地市、县供电企业运检部（检修公司）、调控中心。工作时限：2 个工作日。地市、县供电企业营销部（客户服务中心）负责参照公司发布的参考合同文本办理发用电合同签订工作。其中，对于发电项目业主与电力用户为同一法人的，与项目业主（即电力用户）签订发用电合同；对于发电项目业主与电力用户为不同法人的，与电力用户、项目业主签订三方发用电合同。地市供电企业调控中心负责起草、签订 35kV 及 10kV 接入项目调度协议。合同提交地市、县供电企业财务、法律等相关部门会签。其中，自发自用余电上网的分布式电源发用电合同签订后报省公司交易中心备案。工作时限：8 个工作日。

（2）地市、县供电企业营销部（客户服务中心）负责电能计量表计的安装工作。电能计量装置配置应符合 DL/T 448—2016《电能计量装置技术管理规程》的要求。分布式电源的发电出口以及与公用电网的连接点均应安装电能计量装置，原则上应通过一套用电信息采集设备，实现对用户上、下网电量信息的自动采集。分布式电源并网运行信息采集及传输应满足《电力二次系统安全防护规定》等相关制度标准要求。计量表、用电信息采集设备均应集中安装在电能计量箱（柜）中，其中居民客户的所有计量表计须安装在便于管理的户外公共场所。现场电能计量装置的计量屏（柜、箱）互感器二次接线盒、联合接线盒、电能表接线端钮盒均应实施专用封印，并签字认可。工作时限：8 个工作日。

（3）电能计量表安装完成、合同与协议签订完毕后，地市、县供电企业负责组织分布式电源并网验收、调试工作。其中：35kV、10kV 接入项目，地市供电企业调控中心负责组织相关部门开展项目并网验收工作，出具并网验收意见，并开展并网调试有关工作，调试通过后直接转入并网运行；380（220）V 接入项目，地市、县供电企业营销部（客户服务中心）负责组织相关部门开展项目并网验收及调试，出具并网验收意见，验收调试通过后直接转入并网运行。若验收调试不合格，提出整改方案。工作时限：10 个工作日。

6. 检查与考核

（1）各单位要建立分布式电源并网服务常态稽查机制。各级营销部门要全过程督办分布式电源并网各环节工作进度。

（2）国网客服中心应建立分布式电源并网服务关键环节过程回访机制，开展业主回访和满意度调查，定期提出改进分布式电源并网服务工作的建议。回访率应达到 100%。

（3）各单位要建立健全分布式电源并网服务责任追究制度，对分布式电源并网服务工作过程中造成重大社会影响的事件，应严格追究责任。

复 习 思 考 题

1. 什么是电力需求侧管理？其作用有哪些？
2. 可以从哪些方面优化电力营商环境？
3. 什么是市场化售电？什么是综合能源服务？
4. 分布式电源并网服务的业务流程是什么？

附录 1 名 词 解 释

（1）用电地址：用电人受电设施的地理位置。

（2）用电容量：又称协议容量，用电人申请并经供电人核准使用电力的最大功率或视在功率。

（3）受电点：供用电双方产权分界点用电人侧受电装置装设地点。

（4）主供电源：在正常情况下的供电电源。

（5）备用电源：在正常情况下处于备用状态，当主供电源失电时供电的电源。备用电源用电容量不能超过约定的供电容量。

（6）保安电源：在主供电源、备用电源失电的情况下，仅限于对保安负荷供电的电源。保安电源用电容量不能超过约定的保安供电容量。

（7）转供电：经供电人同意，用电人使用自有受配电设施将供电企业供给的电能转供给其他用电人使用的行为。

（8）电能质量：供电电压、频率和波形。

（9）计量方式：计量电能的方式，一般分为高压侧计量、低压侧计量、高压侧加低压侧混合计量三种方式。

（10）计量点：用于贸易结算的电能计量装置装设地点。

（11）计量装置：包括电能表、互感器、二次连接线、端子牌及计量箱柜。

（12）冷备用：需经供电人许可或启封，经操作后可接入电网的设备，本合同视为冷备用。

（13）热备用：不需经供电人许可，一经操作即可接入电网的设备，本合同视为热备用。

（14）闭锁：防止双电源误并列或反送电所采取的技术措施，一般有机械闭锁、电气闭锁两种方式。

（15）谐波源负荷：用电人向公共电网注入谐波电流或在公共电网中产生谐波电压的电气设备。

（16）冲击负荷：用电人用电过程中周期性或非周期性地从电网中取用快速变动功率的负荷。

（17）非对称负荷：由三相负荷不平衡引起电网三相电压平衡度发生变化的负荷。

（18）自动重合闸装置重合成功：供电线路事故跳闸时，电网自动重合闸装置在整定时间内自动合闸成功，或自动重合不成功，在运行规程规定的时间内一次抢送成功的。

（19）倍率：间接式计量电能表所配电流互感器、电压互感器变比的乘积。

（20）线损：线路在传输电能时所发生的有功损耗和无功损耗。

（21）变损：变压器在运行过程中所产生的有功损耗和无功损耗。

（22）无功补偿：为提高功率因数而采取的补偿和控制措施。

（23）计划检修：按照年度、月度检修计划实施的设备检修。

（24）临时检修：由供电设备故障、改造等原因引起的临时性停电（如事故检修、临时接电等）。

（25）依法停、限电：由于电网发生故障或电力供需紧张等原因需要停电、限电时，供电人按照政府有关部门批准的相应预案，实施错峰、避峰、停电或限电的。

（26）违法用电：客户违反电力法律、法规和规章的用电行为。

（27）紧急避险：电网发生事故或者发电、供电设备发生重大事故，电网频率或电压超出规定范围、输变电设备负载超过规定值、主干线路功率值超出规定的稳定限额以及其他威胁电网安全运行，有可能破坏电网稳定，导致电网瓦解以至大面积停电等运行情况时，供电人采取的避险措施。

（28）不可抗力：不能预见、不能避免并不能克服的客观情况，包括火山爆发、龙卷风、海啸、暴风雪、泥石流、山体滑坡、水灾、火灾、来水达不到设计标准、超设计标准的地震、台风、雷电、雾闪等，以及核辐射、战争、瘟疫、骚乱等。

（29）逾期：超过双方约定的交纳电费的截止日的第二天算起，不含截止日。

（30）最近月：距离现在月份最近的、已过去的月份。如果现在月份为 6 月，则最近月为 5 月；如果现在月份为 5 月，则最近月为 4 月，以此类推。

（31）受电设施：用电人用于接受供电企业供给的电能而建设的电气装置及相应的建筑物。

（32）国家标准：国家标准管理专门机构按法定程序颁发的标准。

（33）电力行业标准：国务院电力管理部门依法制定颁发的标准。

（34）基本电价：按用户用电容（需）量计算的电价。

（35）电度电价：按用电人用电度数计算的电价。

（36）单一制电价：只执行一种电价的制度（主要是电度电价）。

（37）分类电价：按不同用电性质确定，一般分为大工业、非工业及普通工业、非居民照明、商业用电、农业生产用电、居民生活用电、趸售用电七类。

（38）告知方式：包括报纸、广播、电视、电话、传真、电子邮件等。

（39）差额电费：按实际违约使用日期计算差额电费；违约使用起讫日难以确定的，按 3 个月计算。

（40）供电方案：指由供电企业提出，经供用双方协商后确定，满足客户用电需求的电力供应具体实施计划。供电方案可作为供电工程及客户内部工程设计、施工建设的依据。

（41）双回路：为同一用电负荷供电的两回供电线路。

（42）保安负荷：用于保障用电场所人身与财产安全所需的电力负荷。

一般认为，断电后会造成下列后果之一的，为保安负荷：

1）直接引发人身伤亡的。

2）使有毒、有害物溢出，造成环境大面积污染的。

3）将引起爆炸或火灾的。

4）将引起重大生产设备损坏的。

5）将引起较大范围社会秩序混乱或在政治上产生严重影响的。

（43）用电信息采集终端：安装在用电信息采集点的设备，用于电能表数据的采集、数据管理、数据双向传输以及转发或执行控制命令。用电信息采集终端按应用场所分为专变采集终端、集中抄表终端（包括集中器、采集器）、分布式能源监控终端等类型。

（44）谐波源：

1）向公共电网注入谐波电流或在公共电网中产生谐波电压的电气设备，如电气机车、电弧炉、整流器、逆变器、变频器、相控的调速和调压装置、弧焊机、感应加热设备、气体放电灯以及有磁饱和现象的机电设备；

2）大容量非线性负荷，指接入 110kV 及以上电压等级电力系统的电弧炉、轧钢设备、地铁、电气化铁路牵引机车，以及单台 4000kVA 及以上整流设备等具有波动性、冲击性、不对称性的负荷。

（45）减容：客户在正式用电后，由于生产经营情况发生变化，考虑到原用电容量过大，不能全部利用，为了减少基本电费的支出或节能的需要，提出减少供用电合同约定的那个点容量的一种变更用电业务。减容分为临时性减容和永久性减容。

（46）减容恢复：客户减容到期后需要恢复原容量用电的变更用电业务。

（47）暂停：客户在正式用电后，由于生产经营情况发生变化，需要临时变更或设备检修或季节性用电等，为了节省和减少电费支出，需要短时间内停止使用一部分或全部用电设备容量的一种变更用电业务。

（48）暂换：因客户受电变压器故障而无相同容量变压器替代，需要临时更换大容量变压器暂换变压器到期，恢复原有容量变压器。

（49）暂换恢复：客户暂停期间或到期后需要恢复原容量用电的变更用电业务。

（50）迁址：客户供电点、容量、用电类别均不变的前提下迁移受电装置用电地址。

（51）移表：客户因修缮房屋或其他原因需要移动电能计量装置安装位置。

（52）暂拆：客户因修缮房屋等原因需要暂时停止用电并拆表。

（53）过户：由于客户产权关系的变更，为客户办理过户申请，现场勘查核实客户的用电地址、用电容量、用电类别未发生变更后，依法与新客户签订供用电合同，注销原客户供用电合同，同时完成新客户档案的建立及原客户档案的注销。

（54）更名：在用电地址、用电容量、用电类别不变条件下，只是由于客户名称的改变，而不牵涉产权关系变更的，完成客户档案中客户名称的变更工作，并变更供用电合同。

（55）分户：由一个用电客户变为两个或两个以上用电客户的一种变更用电业务。

（56）并户：同一供电点、同一用电地址相邻两个及以上客户并户的变更用电业务。

附录 2　业扩报装工作危险点及预控措施

业扩报装工作危险点及预控措施见附表 1。

附表 1　　　　　　　　　　　**业扩报装工作危险点及预控措施**

序号	工作内容	危险点	预控措施
1	工作部署	工作无计划，不按照工作计划随意安排工作	1）无工作计划禁止安排工作。 2）没有特殊情况，尽量不安排临时工作。 3）工作班成员根据工作计划接受工作任务
		工作票填写签发不正确	1）工作票签发人或工作负责人填写工作票，工作票签发人签发。严禁其他人员签发工作票。 2）工作票填写时应将工作范围、工作内容、险点、安全措施等内容完整填写在工作票中，无遗漏。 3）不具备工作票开具的情况，必须填写工作任务单
		工作负责人职责不清	1）正确安全地组织现场工作。 2）负责检查工作票所列安全措施是否正确完备、是否符合现场实际条件，必要时予以补充。 3）工作前对班组成员进行危险点告知。 4）严格执行工作票所列安全措施。 5）督促、监护工作班成员遵守电力安全工作规程规定，正确使用劳动防护用品和执行现场安全措施。 6）检查工作班成员精神状态是否良好，变动是否合适。 7）交代作业任务及作业范围，掌控作业进度，正确组织工作班成员完成作业任务。 8）监督工作过程，保障作业质量
		专责监护人职责不清	1）明确被监护人员和监护范围。 2）作业前对被监护人员交代安全措施，告知危险点和安全注意事项。 3）监督被监护人遵守电力安全工作规程和现场安全措施，及时纠正不安全行为。 4）确保所监护范围的工作质量
		工作班成员职责不清	1）熟悉工作内容、作业流程，掌握现场安全措施，明确工作中的危险点，并履行确认手续。 2）严格遵守安全规章制度、技术规程和劳动纪律，对自己工作中的行为负责，互相关心工作安全，并监督电力安全工作规程的执行和现场安全措施的实施。 3）正确使用安全工器具和劳动防护用品。 4）完成工作负责人安排的工作任务并保障工作质量
		工作班成员分工不合理	1）根据工作类别、工作内容及工作风险程度，对工作人员业务状况和技术水平进行审核。合理安排工作人员、工作负责人、现场监护人员。 2）工作人员必须经过安全工作培训和通过《电力安全工作规程》考试合格。 3）如果工作班成员分工不合理，工作班确实不能担当工作，不能保质保量完成工作任务，应及时调整更换工作人员。 4）工作负责人、小组负责人和现场监护人员要安排有经验的安全、技术骨干担任
		工作负责人对现场安全措施交代不清楚，工作班成员对安全措施不清楚	1）对于工作现场停电范围、保留的带电部位和工作现场的条件、环境及其他危险点不清楚时，工作负责人应组织进行现场查勘并做好记录。 2）现场危险点要有记录并保证工作班每位成员都清楚。

序号	工作内容	危险点	预控措施
1	工作部署	工作负责人对现场安全措施交代不清楚，工作班成员对安全措施不清楚	3）工作负责人要手持工作票交代工作内容、人员分工、带电部位和现场安全措施，进行危险点告知，进行技术交底，并履行确认手续。 4）如果工作班成员对现场危险点、安全措施与工作任务不清楚或有疑问，工作负责人必须耐心细致地讲清楚。 5）严禁工作班成员不清楚安全措施和危险点就宣布开工
		工作所需的设备、材料、备品备件、工器具、技术资料等准备不充分不合格	1）针对工作内容进行工作前准备，由工作人员列出清单，工作负责人审核修改后组织实施，对照清单一项一项准备，完成一项进行对应打钩，准备好工作所需的设备、材料、备品、备件、工器具，安全防护措施应充足且符合现场工作要求。 2）由工作人员列出工作现场所需技术资料清单，工作负责人审核修改后组织实施，对照清单一项一项准备，完成一项进行对应打钩，准备好相关的技术资料，技术资料主要包括现场使用所需的技术规程、图样、使用说明书、试验记录等。 3）由工作负责人检查工作人员所选用的安全工器具完好、齐备并经试验合格，检查工作设备、材料、备品备件、技术资料齐全有效
2	安全措施	未按工作票安全措施要求，对现场可能误碰的带电设备进行停电	1）对现场可能误碰、安全距离不满足要求的带电设备，必须要求客户按照作票要求进行停电并做好相关全措施。 2）对于客户设备状态不清楚的，应视为带电电气设备。 3）客户设备已经与电网形成电气连接的，应视为带电电气设备。 4）现场工作负责人必须认真审查工作票，发现工作内容有与现场实际不符者应立即退回重新填写工作票，禁使用错误工作票
		办理工作票许可不正确，未经许可就进入现场	1）安全监督人员必须现场到位，严禁安全措施未落实就许可开工。 2）安全监督人员必须现场到位，严禁安全措施未按照工作票内容布置就许可开工。 3）安全监督人员必须现场到位，严禁没有工作许可人许可就私自进入现场开工。 4）同一张工作票，工作票签发人、工作负责人、工作许可人三者不得相互兼任
		工作期间误碰带电设备导致人身触电	1）在客户受电设施上工作，必须实行供电方、客户方"双许可"制度。 2）现场工作负责人必须与客户方许可人共同检查现场安全措施，确认工作范围内的设备已经停电、安全措施符合工作票措施要求，掌握带电设备的位置和注意事项。双方签字确认后方能许可开始工作。 3）在客户受电设施上工作，现场必须要有监护人监护，监护人不得做与监护工作无关的事情，监护人要始终在现场进行监护，严禁工作人员失去监护工作。 4）工作班成员对现场危险点、工作现场周围带电设备的情况，安全措施与工作任务必须清楚且没有疑问，履行签字手续后方可开工
		工作负责人没有履行安全责任	1）工作负责人在工作中要严格履行安全职责，及时纠正工作人员的不安全行为，合理安排工作进度，严把工作流程及工作质量。 2）工作负责人在工作前必须向全体工作人员进行现场安全交底，使所有工作人员做到"四清楚"（清楚工作内容，清楚工作流程，清楚安全措施，清楚工作中的危险点），并签字确认
		现场工作人员身体状况、心理因素不佳影响工作	1）工作负责人在布置工作时应尽量安排精神状况良好、责任心强的人员参加工作。 2）工作负责人发现工作人员有精神不振、注意力不集中现象时，应立即询问调查清楚，对于确实因精神状况不佳，已经妨碍工作的，应立即更换工作人员或停止本次工作

序号	工作内容	危险点	预控措施
2	安全措施	工作前未验电就装设接地线	1）在操作票中，装设接地线前要有验电内容，填写好的操作票要经过值班负责人的审核，审核无误后方可进行操作。 2）操作前要进行模拟操作，如果发现没有验电就装设接地线，说明有漏项，应重新填写操作票。 3）操作时应有两人进行，一人操作，另一人监护，当监护人发现操作人没有验电就进行装设接地线操作时应立即制止操作人，防止误操作发生
		工作前未正确装拆接地线或接地不正确	1）填写好的操作票要经过值班负责人的审核，审核无误后方可进行操作。 2）操作前要进行模拟操作，如果发现缺少装设接地线内容，说明有漏项，应重新填写操作票。 3）操作时应有两人进行，一人操作，另一人监护，当监护人发现操作人没有按照操作票内容装设接地线时应立即纠正操作人不正确操作行为，防止误操作发生。 4）各工作班工作地段各端和有可能送电到停电线路工作地段的分支线（包括用户）都要验电、装设工作接地线直流接地极线路，作业点两端应装设地线。 5）配合停电的线路可以只在工作地点附近装设一组接地线。 6）装、拆接地线应在监护下进行。 7）接地线应全部列入工作票，工作负责人应确认所有接地线均已装设完成方可宣布开工。 8）装设接地线时，应先接接地端，后接导线端，接地线应接触良好、连接应可靠。 9）拆接地线的顺序与 8）相反。 10）装、拆接地线均应使用绝缘棒。人体不准碰触接地线
		工作地点周围的带电设备无安全标志牌，未设防护围栏	1）工作负责人必须与客户方许可人一起认真检查现场所做的安全措施，对接地线装设、安全标志牌悬挂、防护遮栏设置等情况进行检查，确认工作范围内的设备已停电、安全措施符合现场工作需要。 2）在城区、人口密集区地段或交通道口和通行道路上施工时，工作场所周围应装设遮栏（围栏），并在相应部位装设标志牌。必要时，派专人看管。 3）禁止工作人员在工作中移动或拆除围栏和标志牌。 4）安全措施应全部列入工作票，工作票上所列安全标志牌和防护围栏应正确无误，工作负责人应确认所有安全措施全部完成后方可宣布开工
		登高工作发生坠落，高处作业时上下抛掷物品	1）严禁高处工作不系安全带或将安全带系在不牢固的物件上。 2）登高工作穿软底绝缘鞋。 3）杆塔作业应使用工具袋，较大的工具应固定在牢固的构件上，不准随便乱放。应正确使用工具包和合格的登高工具，并应有专人监护。 4）在杆塔上作业，工作点下方应按坠落半径设围栏或其他保护措施。 5）上下传递物件应用绝缘绳索拴牢传递，禁止上下抛掷。 6）杆塔上下无法避免垂直交叉作业时，应做好防落物伤人的措施，作业时要相互照应，密切配合。 7）现场工作人员全部戴安全帽，穿工作服
3	安全防护	使用不合格的安全工器具	1）工作人员必须对安全工器具和安全防护用品进行检查、试验，保证安全工器具和安全防护用品合格好用。 2）安全工器具必须经过国家规定的型式试验、出厂试验和使用中的周期性试验，并有试验记录。 3）对于规程要求进行试验的安全工器具、新购置的及自制的安全工器具、检修后或关键零部件经过更换的安全工器具，对安全工器具的机械、绝缘性能产生疑问或发现缺陷时应对安全工器具进行试验。 4）安全工器具经试验合格后，应在不妨碍绝缘性能且醒目的部位粘贴合格证。工作人员通过检查合格证就可以确认安全工器具是否合格

序号	工作内容	危险点	预控措施
3	安全防护	使用安全工器具前没有认真检查	1）安全工器具使用前的外观检查应包括绝缘部分有无裂纹、老化、绝缘层脱落、严重伤痕，固定连接部分有无松动、锈蚀、断裂等现象。 2）工作人员对安全工器具的绝缘部分外观进行检查工器具时，如果有疑问，应进行绝缘试验，合格后方可使用。 3）绝缘工具使用前应进行外观检查，检查电压等级与实际是否相符，并保持干燥、洁净。 4）工作人员应正确使用合格的安全工器具和安全防护用品现场，进入客户工作现场，所有人员必须正确佩戴安全帽，穿棉制工作服
		进入工作现场，不戴安全帽	进入客户工作现场，所有人员必须正确佩戴安全帽，穿棉制工作服
		低压带电作业不按照规定执行	1）低压带电作业应使用有绝缘柄的工具，其外裸的导电部位应采取绝缘措施，防止操作时相间或相对地作业不短路。 2）低压带电作业时，应穿绝缘鞋和全棉长袖工作服，并戴手套、安全帽和护目镜，站在干燥的绝缘物上进行。 3）低压带电作业应设专人监护
4	工作环境	恶劣气候条件下进行室外工作，未采取有效安全措施	1）在六级及以上的大风以及暴雨、雷电、冰雹、大雾、沙尘暴等恶劣天气下，应停止露天高处工作、带电工作。 2）雨天在户外操作电气设备时，操作杆的绝缘部分应有防雨罩或使用带绝缘子的操作杆。使用时人体应与带电设备保持安全距离，并注意防止绝缘杆被人体或设备短接，以保持有效的绝缘长度
		野外工作，现场工作人员制定防护措施不当	1）工作人员到达现场开始工作前，应观察现场周围环境，必要时做好防范意外伤害的应对措施。 2）现场工作应制定防暑防寒防护措施。 3）现场工作应制定预防蛇咬、蜂蜇等意外发生的防护措施。 4）野外工作，现场工作人员必须保证两人及以上，且与单位保持通信畅通
		夜间作业现场照明设施亮度不足	1）工作现场光线较差时，工作人员要准备充分的照明工具，确保工作现场设备标志清晰，设备清楚。 2）夜间工作，应采用照明车。 3）夜间工作，照明车光线不能照到的地方，严禁工作。 4）夜间工作，在照明光线充足的情况下，必须设监护人
5	交通安全	车辆存在缺陷，驾驶人员违章	1）车辆应定期保养，到工作现场前驾驶人员应提前检查车辆，定期做好车辆年审和检测工作，确保车辆安全状况良好。 2）遇有大雨、大雾、冰雪、雷电等恶劣天气时，驾驶人员出车要谨慎驾驶。 3）工作前，驾驶人员应注意休息，保证良好精神状态和体力，遇有身体不适应避免开车上路。 4）驾驶人员在行车过程中要遵守交通法规，车辆行驶过程中驾驶人员应系好安全带，乘车人员禁止与驾驶员交谈。 5）车辆行驶过程中驾驶人员严禁接打电话，驾驶人员开车期间严禁做与驾驶无关的事情。 6）严禁驾驶人员酒后驾驶车辆，严禁驾驶人员疲劳驾驶车辆，严禁车辆带缺陷上路
6	业扩受理	用电客户申请资料不完整，造成安全隐患	1）受理用电客户申请时要根据用电客户性质确定其资料内容和数量，并对资料内容信息进行全面细致审理，全面收集用电客户信息，认真审核用户提供资料的有效性和完整性。经审查无误签字后方可进入流程下一个环节。 2）对用电客户申请资料欠缺或不完整的，必须告知用电客户进行补充完善，达到标准后方可进入流程下一个环节

序号	工作内容	危险点	预控措施
6	业扩受理	用电客户申请资料与现场实际不符，造成安全隐患	1）经核实用电客户申请资料与现场实际确实存在不符者，必须告知用电客户进行修改直至达到与现场实际一致后方可进入流程下一个环节。 2）如果用电客户需要现场指导，应会同用电客户到现场指导客户填写申请资料，使资料达到与现场实际一致后方可进入流程下一个环节
7	业扩现场勘查	现场勘查工作，误碰带电设备造成人身伤亡	1）进入带电设备区进行现场勘查工作时，必须由用电客户电气值班人员带领。在进入施工现场或设备区时，必须与带电设备保持安全距离，不得移开或越过遮栏，不得操作客户设备。 2）现场勘查人员至少两人共同完成工作，实行现场勘查用电客户方人员和供电方人员双监护制度。 3）勘查人员应掌握带电设备的位置，与带电设备保持足够安全距离，严禁误碰、误动、误登运行设备。 4）增容业扩项目现场勘查前，业务主办方应协调客户电气负责人书面告知工作人员现场电气设备接线、运行情况、危险点和安全注意事项。勘查工作必须严格执行业扩报装安全控制卡。 5）进入用电客户带电设备区要设专人监护，严格监督带电设备与周围设备及工作人员的安全距离是否足够，不得操作用电客户设备。对用电客户设备状态不明时，均视为运行设备。 6）工作人员进入用电客户设备运行区域，应掌握带电设备的位置，工作人员必须戴安全帽并穿工作服，携带必要照明器材。 7）工作人员进入用电客户设备区需攀登杆塔或梯子时，应掌握带电设备的位置，要采取防坠落措施，并在监护人的监护下进行。不得在高空落物区通行或逗留
8	供电方案拟定与执行	供电方案制定中存在缺陷和安全隐患	1）工作人员要严格执行《供电营业规则》《业扩供电方案编制导则》《关于加强重要电力客户供电电源及自备应急电源配置监督管理的意见》等规定。 2）工作人员要认真审核客户用电需求、负荷特性、负荷重要性、生产特性、用电设备类型等，确保供电方案制定中不留缺陷、不留安全隐患。 3）供电方案的制订要符合现场实际，不到现场勘查就套用修改的供电方案严禁采用。 4）供电单位要建立供电方案审查制度，规范供电方案审查流程，严把审查关，消除供电方案制定中存在的缺陷和安全隐患
		擅自变更供电方案	1）因客户原因造成供电方案出现变更的，供电单位应书面通知客户重新办理用电申请，不得随意变更供电方案，擅自变更供电方案的应视为无效。 2）因电网原因造成供电方案出现变更的，供电单位应与客户协商，重新确定供电方案后书面答复客户，不得随意变更供电方案，擅自变更供电方案的应视为无效
9	受电工程设计审查	设计单位资质达不到规定要求	严格审核设计单位资质，对于设计资质达不到要求的单位，严禁使用其设计的图样
		客户提供的受电工程设计资料和其他相关资料不全	对客户受电工程设计文件和有关资料要按照相关规定进行对照审查，实行审查签字制，可分为审查、审定等，确保受电工程设计资料的完整性、准确性
		受电工程设计图样审查中，由于审核人员审核不到位、不正确造成客户工程设计图样存在问题出现安全隐患。受电工程设计图样不符合规范要求，存在装置性违章现场	严格按照国家、行业电气设计标准、规范、规定、制度、办法等，审查客户设计资料，实行审核签字制，可分为初审、审核、审定、会审等，确保受电工程设计图样的正确性，杜绝装置性违章现象存在

续表

序号	工作内容	危险点	预控措施
9	受电工程设计审查	电气设备防误闭锁装置达不到"五防"闭锁要求	1）受电工程设计图样中防误闭锁装置的内容应具有完善的"五防"（防止误拉、合断路器，防止负荷拉、合隔离开关，防止带接地线或带接地开关合闸送电，防止带电挂接地线或合接地开关，防止误入带电间隔）闭锁功能，对于遮栏网门应加装带电显示器。 2）对于有倒送电源可能的电力线路，受电工程设计图样中应设置带电显示功能的强制闭锁装置
10	中间检查	误碰客户带电设备触电	1）中间检查工作至少两人共同进行。 2）中间检查期间检查人员要求客户方或施工方进行现场安全交底，确认客户方或施工已经做好安全技术措施，工作范围内的设备已经停电、安全措施符合现场工作需要。 3）中间检查人员应明确现场设备带电与不带电部位，施工现场电源供电情况，现场必须有监护人监护，不得随意触碰或操作现场带电设备，防止发生人身触电
		误入客户运行设备区域触电	中间检查人员进入客户设备运行区域，至少两人共同进行检查工作，中间检查人员工作中要保持与运行电气设备的安全距离。必须穿工作服、戴安全帽，携带必要照明器材
		中间检查人员登高无防坠落措施	中间检查人员需攀登梯子时，要确保防坠落措施到位，现场必须要有监护人监护，监护人不得做与监护工作无关的事情，监护人要始终在现场进行监护。中间检查人员不得在高空落物区通行或逗留
		隐蔽工程没有经过检查验收合格就回填土或浇筑完成施工	中间检查人员必须事先通知客户，隐蔽工程实施前必须通知中间检查人员到现场检查验收隐蔽工程质量，并检查有无装置性违章现象，如果验收不合格，应及时出具书面整改意见，督导客户落实整改措施，直至达到要求为止
		现场安装设备与审核合格的设计图样不符，客户私自改变接线方式或运行方式	中间检查人员还应检查施工现场是否与审核合格的设计图样相符，有无存在安全隐患现象。检查合格后才能进行后续工程施工。中间检查时发现的隐患及客户私自改变接线方式或运行方式，应及时出具书面整改意见，督导客户落实整改措施，直至达到要求为止
11	现场安装更换低压电能表	现场安装低压电能表工作没有监护人或监护不到位	1）现场安装低压电能表工作至少两人同时进行，必须保证现场工作有监护。 2）现场安装低压电能表工作必须使用工作票，工作前工作人员应验电、装设接地线，与带电设备保持足够的安全距离，将工作设备与运行设备前后以明显的标志隔开。 3）工作现场附近有带电盘和带电设备，必须设专人监护，监护人不得做与监护无关的事情，监护人应始终在工作现场监护
		工作人员触摸金属计量箱前没有进行箱体验电，就进行安装低压电能表工作	工作人员触摸金属计量箱前必须进行箱体验电，无电后方可打开计量箱，如果有电，严禁进行现场安装低压电能表工作
		低压计量箱未有效接地	低压金属计量箱外壳应确保有效接地，现场安装低压电能表工作前，工作人员要检查计量箱外壳是否有效接地，并用验电笔确认无电后方能进行工作
		打开计量箱门未验电就开始工作	工作人员打开计量箱门后必须进行验电，无电后方可进行工作，如果有电严禁进行现场安装低压电能表工作，只有将低压计量箱内电源停电后，方可进行低压电能表的安装、更换工作
		使用的工具未采取绝缘措施，引发短路或触电	1）电气工具使用前应检查电线是否完好，有无接地线。不合格的不准使用。 2）使用时应按有关规定接好剩余电流动作保护器和接地线。使用中发生故障，应立即修复。使用金属外壳的电气工具时，应戴绝缘手套。 3）使用电气工具时，不准提着电气工具的导线或转动部分。在梯子上使用电气工具时，应做好防止感应电坠落的安全措施。 4）在使用电气工具工作中，因故离开工作场所或暂时停止工作以及遇到临时停电时，应立即切断电源。

序号	工作内容	危险点	预控措施
11	现场安装更换低压电能表	使用的工具未采取绝缘措施，引发短路或触电	5）电气工具和用具的电线不准接触热体，不要放在湿地上，并避免载重车辆和重物压在电线上。 6）手持电动工具的单相电源线应使用三芯软橡胶电缆。三相电源线在三相四线制系统中应使用四芯软橡胶电缆，在三相五线制系统中宜使用五芯软橡胶电缆。电动工具的电气回路应单独设开关或插座，并装设剩余电流动作保护器（漏电保护器），金属外壳应接地。电动工具应做到"一机一闸一保护"
		计量装置接线错误	1）工作人员要认清设备接线标志，严格按照规程规定进行安装，一人安装，另一人监护。 2）工作完毕接电后，要进行检查核验，确保接线正确
		工作中误碰带电设备致使相间短路，造成电弧灼伤	1）工作前工作人员应清楚带电设备，对现场工作要履行验电程序，对裸露线头进行包扎，检查设备接线正确性。 2）在带电设备上工作，必须使用绝缘工具
		计量表计带电更换时，拆下的接线头不及时包裹绝缘	1）计量表计带电更换时，对拆下的接线头必须使用绝缘胶布及时进行绝缘包裹。 2）计量表计带电更换时，工作人员应佩戴手套、护目镜，采取防止触电或使带电导体接地、短路现象发生的安全措施
12	现场安装高压计量装置	工作中误碰带电设备发生触电	1）现场安装计量装置工作应至少两人共同进行。 2）现场安装计量装置必须使用工作票，要求客户方做好安全技术措施，确认工作范围内的设备已经停电、安全措施符合工作票要求。 3）现场安装计量装置人员应明确客户现场设备带电与不带电部位，现场安装计量装置人员进入客户运行设备区，现场必须有客户单位监护人监护。 4）现场安装计量装置工作前必须验电、装设接地线，工作中必须与带电设备保持足够的安全距离。 5）现场安装计量装置中工作人员不得随意触碰或操作现场带电设备，防止造成人身触电，触摸金属计量箱前必须进行箱体验电接地
		工作中误碰带电设备致使相间短路，造成电弧灼伤	1）工作前工作人员应清楚带电设备，对现场工作要履行验电程序，对裸露线头进行包扎，检查设备接线正确性。 2）在带电设备上工作，必须使用绝缘工具
		计量表计带电更换时，拆下的接线头不及时包裹绝缘	1）计量表计带电更换时，对拆下的接线头必须使用绝缘胶布及时进行绝缘包裹。 2）计量表计带电更换时，工作人员应佩戴手套、护目镜，采取防止触电或使带电导体接地、短路现象发生的安全措施
		使用的工具未采取绝缘措施，引发短路或触电	1）电气工具使用前应检查电线是否完好，有无接地线。不合格的不准使用。 2）使用时应按有关规定接好剩余电流动作保护器和接地线。使用中发生故障，应立即修复。使用金属外壳的电气工具时应戴绝缘手套。 3）使用电气工具时，不准提着电气工具的导线或转动部分。在梯子上使用电气工具时，应做好防止感应电坠落的安全措施。 4）在使用电气工具工作时，因离开工作场所或暂时停止工作以及遇到临时停电时，应立即切断电源。 5）电气工具和用具的电线不准接触热体，不要放在湿地上，并避免载重车辆和重物压在电线上。 6）手持电动工具的单相电源线应使用三芯软橡胶电缆。三相电源线在三相四线制系统中应使用四芯软橡胶电缆，在三相五线制系统中宜使用五芯软橡胶电缆。电动工具的电气回路应单独设开关或插座，并装设剩余电流动作保护器，金属外壳应接地。电动工具应做到"一机一闸一保护"
		计量箱未有效接地	金属计量箱外壳应确保有效接地，现场安装电能表工作前，工作人员要检查计量箱外壳是否有效接地，并用验电笔确认无电后方能进行工作

续表

序号	工作内容	危险点	预控措施
12	现场安装高压计量装置	打开计量箱门未验电就开始工作	工作人员打开计量箱门后必须进行验电，无电后方可进行工作，如果有电严禁进行现场安装电能表工作，只有将计量箱内电源停电后，才能进行电能表的安装、更换工作
		现场工作失误造成电流互感器二次开路、电压互感器二次短路	1）在二次回路上工作时，应有专人监护，使用绝缘工具，并站在绝缘垫上。工作人员要防止振动，防止误碰，要使用绝缘工具。 2）工作前电流互感器和电压互感器二次绕组应有一点且仅有一点永久性地、可靠地保护接地。工作中禁止将回路的永久接地点断开。 3）在带电的电流互感器二次回路上工作时，应采取防止将电流互感器二次侧开路的安全措施。 4）短路电流互感器二次绕组，应使用短路片或专用短路线，禁止用导线缠绕。 5）在电流互感器与短路端子之间导线上进行任何工作，应有严格的安全措施，并填用《二次工作安全措施票》。必要时申请停用有关保护装置、安全自动装置或自动化监控系统。 6）在带电的电压互感器二次回路上工作时，应采取防止短路或接地的安全措施。应使用绝缘工具，戴手套。必要时，工作前申请停用有关保护装置、安全自动装置或自动化监控系统
		计量装置接线错误	1）工作人员要认清设备接线标志，严格按照规程规定进行安装，一人安装，另一人监护。 2）工作完毕接电后，要进行检查核验，确保接线正确
		登高工作发生坠落，高处作业上下抛掷物品	1）严禁高处工作不系安全带或将安全带系在不牢固的物件上。 2）登高工作穿软底绝缘鞋。 3）杆塔作业应使用工具袋,较大的工具应固定在牢固的构件上,不准随便乱放。应正确使用工具包和合格的登高工具，并应有专人监护。 4）在杆塔上作业，工作点下方应按坠落半径设围栏或其他保护措施。 5）高处作业上下传递物件应用绳索拴牢传递，禁止上下抛掷。 6）杆塔上下无法避免垂直交叉作业时，应做好防落物伤人的措施，作业时要相互照应，密切配合
		现场安装高压电能表工作没有监护人或监护不到位	1）现场安装高压电能表工作至少两人同时进行，一人安装，另一人监护，必须保证现场工作有监护。 2）现场安装高压电能表工作必须使用工作票，工作前工作人员应验电、装设接地线，与带电设备保持足够的安全距离，将工作设备与运行设备前后以明显的标志隔开。 3）工作现场附近有带电盘和带电设备，必须设专人监护
13	竣工检验	误碰带电设备触电，误入带电运行设备区域触电	1）竣工检验工作至少两人共同进行。 2）竣工检验期间检查人员要求客户方或施工方进行现场安全交底，确认客户方或施工方已经做好安全技术措施，工作范围内的设备已经停电、安全措施符合现场工作需要。 3）竣工检验人员应明确客户现场设备带电与不带电部位，竣工检验人员进入客户运行设备区，现场必须有客户单位监护人监护。 4）竣工检验中工作人员不得擅自操作客户设备,如果确需操作,必须由客户操作人员操作。 5）竣工检验中工作人员不得随意触碰或操作现场带电设备，防止造成触电伤害
		客户竣工报验资料或竣工手续不全	1）对于报验资料不完整的，不安排竣工检验，直至达到报验资料完整方可安排竣工检验。 2）对于施工单位资质不符要求的，不安排竣工检验，直至达到施工单位资质要求方安排竣工检验。 3）严把送电关，对未经竣工检验就私自接电的客户受电工程，必须立即停电，严肃处理有关责任人和责任单位，按照业扩报装程序重新办理业扩报装竣工报验手续，不留安全隐患，杜绝装置性违章现象存在

序号	工作内容	危险点	预控措施
13	竣工检验	客户工程未竣工检验或检验不合格即私自送电	严把送电关，对于检验不合格的客户受电工程，严禁送电运行，按照业扩报装程序重新办理业扩报装竣工报验手续，不留安全隐患，杜绝装置性违章现象存在
		现场安装设备与审核合格的设计图样不符，私自改变接线方式或运行方式	竣工检验人员还应检查现场安装设备是否与审核合格的设计图样相符，有无存在安全隐患现象。检查合格后才能在验收报告中签字。竣工检验时如果发现存在隐患，应及时出具书面整改意见，督导客户落实整改措施，复验合格后，方可安排设备送电投运工作
		施工现场照明不足，施工现场易发生高空落物、碰伤砸伤等意外事故	1）竣工检验人员进入客户设备运行区域，必须穿工作服、戴安全帽，携带必要照明器材。 2）竣工检验人员需攀登梯子时，要确保防坠落措施到位，现场必须要有监护人监护，监护人不得做与监护工作无关的事情，监护人要始终在现场进行监护。竣工检验人员不得在高空落物区通行或逗留
14	客户设备送电投运	投运手续不完整就送电	1）投运手续不完整的，必须补齐手续。经检验合格后方能将客户受电工程送电。 2）严把送电关，对未经竣工检验或投运手续不完整就私自接电的客户受电工程，必须立即停电，严肃处理有关责任人和责任单位，按照业扩报装程序重新办理业扩报装竣工报验手续，不留安全隐患，杜绝装置性违章现象存在
		业扩工程投运启动方案编制不正确，业扩工程投运启动方案执行不到位造成事故发生	1）35kV 及以上业扩工程，应成立启动委员会，编制启动方案并经过专业人员审核，如果发现方案编制存在缺陷和不正确的地方，应立即组织进行修改，方案经审定无误后方可行文执行。 2）35kV 以下双电源、配有自备应急电源和客户设备部分运行的项目，也应制定切实可行的投运启动方案。 3）所有高压受电工程接电前，必须明确设备投运现场负责人，由现场负责人组织各相关专业人员参加，成立设备投运工作小组，现场完成设备投运工作。 4）由现场负责人组织开展安全交底和安全检查，依据业扩工程投运启动方案明确人员职责和分工，各分工人员分别落实相关安全措施并向负责人确认设备是否具备投运条件
		设备投运现场清理不到位	1）投运工作必须有客户方或施工方熟悉环境和电气设备，且具备相应资质人员配合进行。 2）设备投运前，客户方电气负责人应认真检查设备状况，如果发现设备投运现场清理不到位，应及时清理，直至达到送电条件
		投运设备临时安全措施未拆除	设备投运前，客户方电气负责人应认真检查设备状况，如果发现投运设备临时安全措施未拆除，应及时了解送电设备现场状况，如果确定必须拆除临时安全措施方能送电，客户方运行人员应全部拆除设备临时安全措施后方能送电
		投运设备存在缺陷，达不到投运条件	设备投运前，必须进行设备验收。如果发现投运设备存在缺陷，达不到投运条件，应终止送电工作，书面通知客户进行整改消缺，缺陷消除后并经验收合格后方能送电
		双电源及自备应急电源与电网电源之间切换装置不可靠	1）送电前，必须检查客户自备应急电源是否有向电网反送电的可能，如果有，客户自备应急电源与电网电源之间必须正确安装切换装置和可靠的连锁装置，确保在任何情况下，不并网的自备应急电源均无法向电网倒送电。 2）送电前，必须检查双电源客户是否有向电网反送电的可能，如果有，双电源客户与电网电源之间必须正确安装切换装置和可靠的连锁装置，确保在任何情况下，均不会向电网倒送电

附录3 引 用 文 献

引用文献见附表2。

附表2 引 用 文 献

序号	规范名称
1	DL/T 448—2016《电能计量装置技术管理规程》
2	《国家电网公司分布式电源并网服务管理规则》（国网营销〔2014〕174号）
3	《国家电网公司电力客户档案管理规定》[国网（营销/3）382—2014]
4	《国家电网公司关于印发〈国家电网公司供电服务质量标准〉和〈国家电网公司供电客户服务提供标准〉的通知》（国家电网企管〔2014〕1466号）
5	《国家电网公司关于开展业扩全流程信息公开与实时管控平台建设推广应用的通知》（国家电网营销〔2016〕550号）
6	《国家电网公司业扩报装管理规则》[国网（营销/3）387—2017]
7	《国家电网公司计量资产全寿命周期管理办法》[国网（营销/4）390—2017]
8	《国家电网公司计量用低压电流互感器质量监督管理办法》[国网（营销/4）379—2017]
9	《国家电网有限公司关于印发持续优化营商环境提升供电服务水平两年行动计划的通知》（国家电网办〔2018〕1028号）
10	《国网营销部关于印发优化营商环境评价迎检暨国有企业"三供一业"供电分离移交推进电视电话会会议纪要的通知》（营销营业〔2019〕18号）
11	《国网冀北电力有限公司营销部关于落实国网业扩全流程系统应用推进会有关要求的通知》（冀营销〔2017〕18号）
12	《国网冀北电力有限公司关于做好华北能源监管局用户"获得电力"优质服务情况重点综合监管迎检工作的通知》（冀营销〔2017〕18号）
13	《国网冀北电力有限公司营销部关于开展业扩存大清查活动的通知》（冀营销〔2017〕35号）
14	《国网冀北电力有限公司营销部关于做好2017年末业扩报装重点工作的通知》（冀营销〔2017〕57号）
15	《国网冀北电力有限公司关于做好华北能源监管局用户"获得电力"优质服务情况重点综合监管迎检工作的通知》（冀北电营销〔2018〕372号）
16	《国网冀北电力有限公司关于印发报装接电专项治理行动优化营商环境实施方案的通知》（冀北电办〔2018〕511号）
17	《国网冀北电力有限公司营销部关于转发〈国网营销部2019年营销专业网络安全重点工作安排〉的通知》（冀营销〔2019〕2号）
18	《国网冀北电力有限公司营销部关于开展报装接电自查自纠优化电力营商环境专项工作的通知》（冀营销〔2019〕33号）
19	《国网冀北电力有限公司营销部关于印发2019年优化电力营商环境专项攻坚活动方案的通知》（冀营销〔2019〕36号）

参 考 文 献

[1] 王晴. 电力用户用电检查工作手册 [M]. 北京：中国电力出版社，2016.

[2] 贵州电网公司. 客户服务与业扩报装 [M]. 北京：中国电力出版社，2012.

[3] 王晴. 业扩报装知识图册 [M]. 北京：中国电力出版社，2016.

[4] 张俊玲. 业扩报装 [M]. 北京：中国电力出版社，2013.

[5] 国网天津市电力公司电力科学研究院，国网天津节能服务有限公司. 综合能源服务技术与商业模式 [M]. 北京：中国电力出版社，2018.

[6] 陈兆庆. 电能替代技术及应用 [M]. 北京：中国电力出版社，2017.

[7] 山西省电力公司. 业扩报装 [M]. 3 版. 北京：中国电力出版社，2009.